A+U

住房城乡建设部土建类学科专业"十三五"规划教材

A+U 高校建筑学与城市规划专业教材

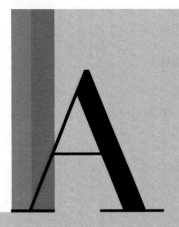

建筑声学
设计原理

华南理工大学　吴硕贤　主编
浙江大学　张三明　编著
葛　坚

第 **2** 版

中国建筑工业出版社

图书在版编目（CIP）数据

建筑声学设计原理 / 吴硕贤主编 . —2 版 . —北京：
中国建筑工业出版社，2019.6（2024.6 重印）
住房城乡建设部土建类学科专业"十三五"规划教材
A+U 高校建筑学与城市规划专业教材
ISBN 978-7-112-23623-7

Ⅰ．①建…　Ⅱ．①吴…　Ⅲ．①建筑声学 – 声学设
计 – 高等学校 – 教材　Ⅳ．① TU112.4

中国版本图书馆 CIP 数据核字（2019）第 072681 号

责任编辑：陈　桦　柏铭泽　王玉蓉
书籍设计：付金红
责任校对：姜小莲

住房城乡建设部土建类学科专业"十三五"规划教材
A+U 高校建筑学与城市规划专业教材

建筑声学设计原理（第 2 版）

华南理工大学　吴硕贤 主编　浙江大学　张三明 葛坚 编著
＊
中国建筑工业出版社出版、发行（北京海淀三里河路 9 号）
各地新华书店、建筑书店经销
北京方舟正佳图文设计有限公司制版
建工社（河北）印刷有限公司印刷
＊
开本：787×1092 毫米　1/16　印张：$14\frac{1}{2}$　插页：4　字数：373 千字
2019 年 9 月第二版　2024 年 6 月第十三次印刷
定价：**40.00** 元（赠课件）
ISBN 978-7-112-23623-7
　　（42605）

再版前言　Second Edition Preface

　　《建筑声学设计原理》第一版自 2000 年付梓以来，已过了 18 个年头。本书出版后，深受各界的好评，曾多次重印，被许多高校采用作为本科生或研究生的教材，也为广大从事建筑声学的工程技术人员作为重要的参考书。鉴于这十多年来，特别是党的十八大召开以来，国家事业取得历史性成就，发生了历史性变革，我国也迈上了全面建设社会主义现代化国家新征程。在建筑声学的科学研究、技术开发和工程实践方面都有了不少新进展，相关的规范标准也作了修订或颁布了新的规范与标准，因此，亟待利用此次再版的机会对第一版的部分内容予以修改和更新。

　　由于时间较为紧迫，故此次修改、更新自然未能全面反映建筑声学这些年来的新进展与新变化，只能作出若干较重要的补充和修订。同时，由于编著者不在同一学校，沟通不甚方便，故此次修订与更新，采用文责自负的办法，分别由各位编著者对原先所负责的章节自行修订与更新。希望通过这次修订，能使得《建筑声学设计原理》重新焕发出青春的活力，与时俱进，更加符合当今建筑声学科技的发展，同时继续为建筑声学的教学、科研与工程实践发挥应有的作用。欢迎广大读者对书中不当之处，提出批评指正。

吴硕贤

2018.10.09

前版前言 First Edition Preface

众所瞩望的 21 世纪已经到来了。21 世纪将是科学技术飞速发展的时代，是人类与自然更好地协调共处的时代，是人类追求并实现更加舒适宜人的人居环境的时代。新世纪将对建筑师提出更高的要求，即要为人类创造更加健康、美好的空间与环境。随着我国加入 WTO 的脚步的临近，随着人们生活水平的提高，人们对改造声环境质量的要求也越来越高。在此世纪之交，回顾并总结有史以来，尤其是一个世纪以来的建筑声学，特别是观演建筑声学领域的理论研究和工程实践成果，是十分有意义的事情。

原始人类早期的生活实践，就已经包括艺术的活动，其中重要的内容之一就是观演艺术的创造。最早可考的观演建筑包括古希腊的露天剧场和中国古代的"宛丘"。后来，观演活动渐次转入以室内为主，出现了室内剧场、音乐厅等观演建筑。为了追求良好的声环境，历史上人类一直进行着建筑声学方面的探求，并取得了许多成就。然而，现代建筑声学的科学基础却是在 20 世纪初奠定的。百年来，建筑声学理论和技术水平取得了长足的进步。在此世纪之交，总结这份宝贵的科学遗产，将其写入教科书，是十分有价值的事情。

尽管国内此前已出版或翻译出版了若干建筑声学方面的著作和教科书，但是鉴于近年这一领域的许多重要的新成果尚未被较详尽地加以介绍，因此，亟需一本内容较新、系统性较强的建筑声学教科书。笔者多年来潜心于这一领域的研究和教学工作，同时参加了许多观演建筑声学设计工程实践，始终不懈地追踪国内外这一领域的新发现、新成果及新技术，感到有责任将之较系统、深入地介绍给广大读者。这是我打算写作此书的初衷。

在全国高校建筑学学科专业指导委员会 1995 年广州、深圳会议及 1996 年西安会议上，与会委员认真讨论并审议了组织出版一套内容更新的建筑学专业本科生和研究生教材事宜，在建议组织编写的重点书目中，就有"建筑声学设计原理"。我作为指导委员会委员，更感到责无旁贷，理应负起一些编著教材的任务。这是促使我决定主编此书的契机。

于是我和浙江大学建筑系环境物理研究室张三明、葛坚副教授分工合作，以近年来我们用于教学实践的讲义为基础，又补充更新了若干章节，写出了此书。其中我本人承担了前言、第一、三、五、十、十一、十二、十六、十八、二十一章及附录中的附四、附五、附六等的写作；张三明承担第六、八、九、十三、十四、十五、十七、十九、二十二章及附录中的附一、附二、附三等的写作；葛坚承担了第二、四、七、二十章的写作。全书最后由我修改、统稿。何光华、李青梅绘制了部分插图。谨此一并致谢！

鉴于建筑声学的内容较为庞杂，尚包括环境声学、噪声控制学等内容，要在一本教科书中全面介绍，虽面面俱到，却容易不深不透。为此，我们决定本书的内容侧重阐述观演建筑声学设计原理。噪声控制学部分主要介绍室内噪声控制方面的内容。

鉴于目前国内尚缺少建筑声学方面的研究生教材，而目前出版这方面的研究生教材尚有困难，因此，本书决定编入部分专题性较强的章节，以＊号加以标记。这部分内容对本科生可不讲授，可作为研究生的教学内容，或作为有兴趣的本科生课外阅读教材，同时也为广大建筑师、从事室内设计与装修以及环保、广播、音响及音像制作等工程技术人员提供一本内容新颖、先进，阐述系统、深入的参考读物。

本书稿于1997年写出后，经全国高校建筑学学科专业指导委员会送三位专家评审，又经指导委员会全体委员一致投票通过作为向全国推荐的本科生及研究生教学用书，由建设部人事教育司下文交中国建筑工业出版社出版。在出版社朱象清总编、欧剑常务副总编以及王玉容责任编辑的关心和大力支持下，终于得以付梓，令人感到欣慰！在此谨向上述有关专家、领导致以诚挚的谢意！

由于我们的水平所限，本书不当之处在所难免，还望广大读者批评指正。

吴硕贤

2000.01.09

目 录　　　　　　　　　　　　　　　Contents

第1章 Introduction
绪论

1.1 观演建筑声学发展简史

1995年6月5日至7日，美国声学学会在麻省理工学院（MIT）隆重举行关于赛宾（W.C.Sabine，1868—1919）研究建筑声学一百周年的纪念活动。著名的波士顿流行乐交响乐团在波士顿音乐厅举行音乐会，东京弦乐四重奏乐队也在MIT的克雷斯格大厅举行演奏会，以缅怀这位杰出的声学家在建筑声学方面奠基性的功绩。

在赛宾之前，建筑声学可说是仅仅停留在感性认识和实践经验阶段。尽管19世纪世界各地也曾建造过以维也纳音乐友协会音乐厅为代表的厅堂建筑，音质也非常出色，但是这些音乐厅的设计与建造主要依靠的是建筑师的经验和直觉判断，并未经过科学计算。这种情况直到赛宾定义了混响时间这一评价厅堂音质的物理指标之后，方才发生根本的改变。

赛宾发现混响公式的经过是颇富有戏剧性的。1895年，他年仅28岁，是哈佛大学物理系最年轻的助理教授。他受命对校园内新落成的Fogg艺术博物馆礼堂音质模糊不清的问题进行处理。这成为他开创性研究工作的开始。研究工作于1896年春夏之交进入高潮。当时他利用风琴管作为声源，依靠耳朵作为声接收器，并用一只停表作为计时器，大量的坐垫作为吸声材料，夜以继日地进行实验研究。探索吸声量A与混响时间RT的关系，获得有关RT与A的关系的实验曲线。1898年，赛宾被邀请担任波士顿音乐厅的声学顾问。起初他踌躇不决，因为他当时尚未从RT与A的曲线中得出明确的数学公式。是年秋天的一个晚上，他苦思冥想，忽然疑团顿释，发现了规律。他兴奋地对母亲喊道："妈妈，这是一个双曲线。"他意识到房间的吸声量A乘以RT是一个常数，并正比于房间的体积V。这就是著名的赛宾混响公式。1900年，他发表了题为《混响》的著名论文，奠定了厅堂声学乃至整个建筑声学的科学基础。混响时间至今仍是厅堂音质评价的首选物理指标，为指导厅堂声学设计提供科学依据。

发现混响时间公式后，赛宾欣然答应出任波士顿音乐厅声学顾问。波士顿音乐厅于1900年10月15日开幕，至今仍被评为世界上最好的三个音乐厅之一。波士顿音乐厅是世界上第一个经过科学计算设计而建成的音乐厅。此后，赛宾继续为许多建筑工程担任声学顾问，直至第一次世界大战爆发，他在军事部门担任战时的职务，占据他的余生。

自赛宾之后至"二战"之前，声学家们的注意力都集中于改进RT的计算，改进测试技术，研究材料的吸声性能及探讨RT的优选值上。1929～1930年间，有几位声学家各自用统计声学方法导出混响时间的理论公式。其中最有代表性的是依林（C.Eyring）公式。1930年，麦克纳尔

（W.A.MacNair）发表了有关厅堂最佳RT值的论文。这时期还有莫尔斯（P.M.Morse）等人（包括我国的马大猷）在室内波动声学和简正理论上获得了开创性的研究成果。1932年努特生（V.O.Knudsen）出版的《建筑声学》和1936年莫尔斯出版的《振动与声》标志着建筑声学已初步形成一门系统的学科。20世纪30年代声学缩尺模型开始出现。声学家们采用1：5的模型和变速录音的方法研究混响过程。从1940年代开始，声学家们探求将缩尺模型应用于指导厅堂声学设计。

在探讨最佳混响时间的过程中，人们发现，在同一大厅中，RT值大致相同，但位置不同，可以具有不同的音质；RT值相同的不同大厅也可以具有不同的音质，RT值不同的大厅也可以被评定为具有同等良好的音质。可见，RT并非决定厅堂音质的唯一指标。此外，无论赛宾公式还是依林公式，都认为RT与房间的形状无关，与吸声材料的空间分布无关。这与实际情况有所差别。这些疑问启示着进一步研究的方向。

"二战"后，对房间的声脉冲响应进行了较系统的研究。所谓声脉冲响应，指的是在房间某处用短促的脉冲声激发，而在接收处测得的直达声和各界面的反射声依到达时间和强度排列的响应图。脉冲响应充分反映了房间的声学特性。当时声学家们对反射声的延时和相对强度与主观听觉的关系进行了深入的研究。首先是1951年，哈斯（H.Haas）发现延时大于35ms且具有一定强度的延迟声可以从听觉上被分辨出来，但其方向仍在未经延时的声源方向。只有延时50ms时，第二声源才可以被听到。这就是著名的哈斯效应。哈斯效应的发现促使声学家们自20世纪50年代以来掀起了寻找新的厅堂音质指标的热潮，RT不再是唯一的指标。

在所提出的音质指标中，有一类是从时域上求出声能比的，即把直达声以及在50ms（对于音乐声可放宽至80ms）内到达的反射声称为早期声，而把余下的反射声称为混响声，定义出早期声与混响声的声能比。属于这类指标的有1950年由白瑞纳克（L.L.Beranek）和舒尔茨（T.J.Schultz）提出的混响声能与早期声能的比值（1965年，他们把此比值的对数的10倍定义为行进活跃度R），席勒（R.Thiele）于1953年提出的清晰度D以及克莱默（L.Cremer）和库勒（Kürer）于1969年建议的涉及能量重心到达时间的指标，称为重心时间t_s。另一类是与RT相类似的用于描述稳态声能衰变快慢的指标。其中最重要的是乔丹（V.L.Jordan）于1975年提出的早期衰变时问EDT。它被定义为据稳态声能衰减10dB的衰变率推出的混响时间。这类指标后来都被证明与RT高度相关，并非独立的指标。60年代末，厅堂声学研究的一个重大进展是认识到侧向反射声能对于听觉空间感的重要性。这意味着对反射声的研究从时间域发展到空间域。最早是德国声学家施罗德（Schroeder）等人于1966年在测量纽约菲哈莫尼音乐厅时，发现了早期侧向声能与非侧向声能比例关系的意义。接着，新西兰声学家马歇尔（H.Marshall）发现，第一个反射声若来自侧向，对音质有好处。这方面系统的研究工作是由英国声学家巴隆（M.Barron）及德国声学家达马斯克（P.Damaske）于60年代末、70年代初进行的。他们的研究证实，早期侧向反射声与良好的音乐空间感有关。据此，声学家们又提出了若干与空间感有关的物理指标。较重要的是侧向能量因子LEF（由乔丹和巴隆分别于1980年和1981年提出）以及双耳互相关系数$IACC$。后者由德国声学家戈特洛伯（Gottlob）于1973年提出。LEF的定义是早期侧向声能（5~80ms）与早期总声能之比；$IACC$是衡量双耳声信号差异性的指标。它是用两个传声器在听者耳道入口处测量声场，再用专门编制的计算程序计算测量声音不一致的程度。$IACC$值越低，空间感越佳。

20世纪50~60年代，一批重要的建筑声学著作相继出版，如1950年努特生和哈里斯（C.M.Harris）合著的《建筑中的声学设计》，1954年白瑞纳克的《声学》和1949~1961年克莱默的《室内声学的科学基础》等。

从20世纪50年代开始，厅堂缩尺模型研究有了长足的进展。首先是关于模型相似性原理的研究取得成果，其次是测试技术有所改进，使这一技术在厅堂声学研究与设计中获得初步应用。由于厅堂模型的尺度按比例缩小，因此在其中传播的声波波长也相应缩小，因此声音频率必须按相同的比例增大。这意味着吸声材料也必须相应改变。相似性理论即是要解决这类问题。从60年代起，日本、英国、荷兰等国都加入了研究和应用缩尺模型的行列，推动这方面的研究达到了极盛期。如日本的伊藤毅（1965）等人开展了界面吸声系数模拟的研究，石井圣光（1967）等人提出用氮气置换法来解决空气吸声模拟的问题等，使缩尺模型开始大量应用于指导厅堂设计实践。例如乔丹在纽约歌剧院及悉尼歌剧院等大厅设计中，都应用了缩尺模型技术。60年代，厅堂音质测试技术及方法本身也取得了突破。特别值得一提的是施罗德提出用脉冲响应积分法来测量 RT，并提出了室内声场增长和衰变的互补理论。

这一时期，厅堂声学的数字仿真技术也发展起来。最早可查到的文献为阿尔雷德（C.J.Allred）和纽豪斯（A.Newhouse）于1958年发表的用蒙特卡罗法计算声线在界面上碰撞几率的论文。1968年，挪威国立物理技术研究所的克罗克斯塔德（A.Krokstad）等人首次发表了关于用声线跟踪法模拟室内声场的文章。自1967年起，他们在这方面的工作持续了15年之久。

"二战"后，世界各地尤其是欧洲和北美兴建了许多多功能厅、音乐厅和歌剧院，例如建于1951年的伦敦皇家节日厅（声学顾问P.H.Parkin）。为了弥补 RT 的不足，该厅采用后来称为"受援共振"的电声系统来延长 RT，成为世界上第一个成功地采用此项技术的音乐厅。20世纪50年代末，白瑞纳克为拟建的纽约林肯中心菲哈莫尼音乐厅的设计作准备，调查了20个国家的54个厅堂，于1962年出

版了《音乐、声学和建筑》一书，总结了当时厅堂设计的经验。60年代，厅堂建筑尝试不规则形环绕式布局等新的空间形式。这方面成功的例子当首推柏林爱乐音乐厅（由克莱默任声学顾问，于1963年建成）。据说该厅的设计灵感来自山地葡萄园。它开创了葡萄园式错落包厢座席的新形式，并同样达到了完美的音质效果，是音乐厅建造史上又一座里程碑。60年代，"浮云式"反射板开始引入音乐厅和多功能厅，以提供早期反射声（例如纽约菲哈莫尼厅）。其中不乏成功的例子，例如美国麻省的Tanglewood音乐棚。

20世纪70年代以来，继续提出若干新的音质指标（包括前述的 LEF、$IACC$ 等）。但这时研究的重点已不在于提出新的指标，而在于研究这些指标的独立性，它们与主观听觉的关联以及音质的综合评价。由于60年代建成的纽约菲哈莫尼厅在落成初期存在若干音质缺陷，使声学界意识到人们对于音质物理指标与主观感受的相互关系实际上不甚明了。为此，施罗德向德国科学基金会（DFG）申请资助这项基本研究。以此为契机，开始了厅堂声学研究不断深化并取得多方面成就的新时期。

20世纪70年代中期以来，由施罗德领导的哥廷根大学研究小组与由克莱默领导的柏林技术大学研究小组进行了一系列有关音质主观优选试验的研究工作，其中有两项工作最为重要。一是柏林小组的威尔肯斯（H.Wilkens）及列曼（P.Lehmann）于1975～1976年跟随一个交响乐队对六个厅堂作了研究。它们将在厅堂记录下的音乐在实验室内重放，由试听者根据一种六个等级的语义学标度进行音质判断，再将此结果进行因子分析。与此同时，测量有关厅堂的物理参量，然后分析物理参量与主观听音结果的关系。另一项研究是哥廷根小组的戈特洛伯和席伯拉斯（Siebrasse）于1972～1973年采用高保真录音重放技术在25个音乐厅中重放先在消声室中录制的"干"的音乐片断，用人工头记录接收信号，然

后再到消声室中重放，由试听者判断哪个厅堂的音质较佳，最后进行因子分析，试图找到听者独立的判断指标，并与厅堂物理参数相关。后来，哥廷根小组又进行了利用计算机数字仿真声场作主观优选的研究。他们对音乐信号通过计算机进行调制脉冲响应处理，再进行试听者的主观优选试验和相关分析。用这种方法允许对声场参量加以系统的改变。日本神户大学的安藤四一（Y.Ando）参加并总结了哥廷根小组近十年的工作，于1985年出版了《音乐厅声学》一书。该书提出4个独立的音质指标：①混响时间RT；②听者处声压级L_p；③初始延时间隙$ITDG$（指直达声与第一个强反射声之间的时间间隔）；④双耳互相关系数$IACC$。他还提出用这四个参数的主观优选值的指数进行计权相加的方法来综合评价厅堂音质。另一种方法是用模糊集理论来综合评价厅堂音质。这是由笔者于1991年发表于《美国声学学会志》上的一篇论文提出的（我国学者包紫薇、王季卿也独立地提出或建议用模糊数学的方法评价音质）。此外，笔者与奥地利声学家奇廷格（E.Kittinger）还建议用乐队齐奏强音标志乐段的平均声压级L_{pf}来作为表征厅堂响度的物理指标。

20世纪70~80年代，豪特古斯特（T.Houtgust）和斯邓肯（H.J.M.Steenken）提出了基于调制传输函数（MTF）的对厅堂语言清晰度作快速定量测量与评价的新方法。1973年，他们首先提出将MTF作为厅堂语言清晰度的评价指标。为了加速测量过程，豪特古斯特又于1988年提出快速测量语言传输指数（$RASTI$）的简便方法。该方法已得到国际电工委员会（IEC）的认可。测试仪器已商品化，如语言传输测试仪BK3361，使室内语言清晰度可用电子仪器作快速客观评价。

声场计算机数字仿真技术自20世纪70年代以来进入蓬勃发展期。1972年，琼斯（D.K.Jones）和吉布斯（B.M.Gibbs）创造了利用虚声源法模拟室内声场的工作方式。此后，计算机模拟沿两个方向进行：一是利用计算机试验来研究室内声学，对经典理论进行验证；二是致力于仿真技术实用化，用于指导厅堂声学设计。此外，利用有限元和边界元法计算室内声学参量的数值计算技术也发展了起来。80年代计算机仿真技术不断发展，如声象法用于复杂形体仿真的新算法以及声线跟踪法用于衍射效应仿真的算法等都在80年代先后提出。近年，计算机仿真着重考虑扩散问题。浙江大学建筑环境物理研究室也进行了三维声线随机跟踪算法的研究，并取得了成果。另一个新的进展是关于声场的可听化研究。其基本原理是将一个"干"的音乐或语言信号（指在消声室自由声场内录制的未经厅堂影响的原始信号），输送至一数字滤波器（该滤波器具有与所研究的房间相同的脉冲响应）进行调制。从数学上讲即将原始声信号与脉冲响应进行卷积计算。调制后的声信号再经由耳机或扬声器组重放，听者便可预听到该厅堂的声学效果。为达到逼真的听觉效果，数字滤波器不仅要模拟房间本身的声学特性，还要模拟人的头部和外耳对声信号的影响，也即要包括人的头部和外耳的传递函数。该函数可通过实际人头或人工头的测量得到，并加入到数字滤波器中。这意味着计算机声场仿真已发展到可听化技术（Auralisation）的新阶段。

20世纪70年代以来，在厅堂设计实践中，陆续有许多环绕式大厅建成。这些大厅的平面是圆形、椭圆形或多边形，座位区三面或四面将乐台包围。1986年建成的美国加州橘子郡演艺中心剧场，别出心裁地将3000座的观众厅分割成4个局部小厅，共享一个舞台。大厅中间插入一块墙面，使各厅的局部宽度减少至20~25m。这种新颖的创意，为厅堂设计提供了新鲜而又成功的经验。

20世纪70年代以来，厅堂声学方面的重要著作除了前述的《音乐厅声学》外，尚有1973年库特鲁夫著的《室内声学》、1978年克莱默和缪勒（H.Müller）合著的《室内声学的原理和应用》以及白瑞纳克1996年的新作《音乐厅和歌剧院的音质》等。

尽管70年代以来建筑声学在理论上和实践上均取得了巨大的成就，人们对于影响厅堂音质的若干独立参量有了更为清楚的认识，然而由于音质感受与评价涉及人的主观心理、生理过程，而人类目前对于自身的认识尚处于初级阶段，因此这方面的探索可谓未有尽期。目前，以安藤四一为首的研究小组正在日本神户大学开展关于听觉的心理、生理机制的研究，试图揭示音质感受的内在奥秘。尽管这已涉及心理与生理声学的范畴，但这是厅堂声学欲取得重大突破的必由之路。另一方面，对于音质的主观参量与客观物理指标相互关系的许多环节至今仍不十分清楚。这二者之间并非简单的一一对应的关系，而是一种复杂的多元映射关系。此外，若干独立的物理指标虽已提出，但其优选值和容许范围仍不十分明确。这些都有待于进一步研究解决。在厅堂设计方面，何种新颖的厅堂空间新形式能产生良好的音质效果，也值得深入探讨。

随着计算机软硬件技术的飞速发展和电声器件与设备质量的不断提高，目前，声场计算机仿真与高保真立体与环绕声技术相结合，已能在设计阶段忠实地预演厅堂的音质效果，使声场仿真达到视听一体化，并较逼真地模拟任何声景（Sound-scape）。在华南理工大学亚热带建筑与城市科学国家重点实验室，[①]也已研究成功基于三维视听一体化的座位选择系统，并在厦门国际会议中心音乐厅及意大利费拉之歌剧院实现。在未来厅堂设计方面，也将花样翻新，不断推出能产生优良音质的观演建筑空间新形式。

研究适用于不同民族与地方特色的音乐、戏剧厅堂音质设计理论是一项值得注意的新方向。进入21世纪以来，以笔者和赵越喆教授领衔的华南理工大学亚热带建筑与城市科学国家重点实验室研究团队，以社会主义核心价值观为引领，弘扬中华优秀传统文化，坚持创新发展、推陈出新，对中国30多种重要民族乐器的发声强度、频谱及指向特性采用混响室法与半消声室法开展科学、系统的测试，同时对重要音质指标的优选值开展研究。基于此，初步建立了中国民族音乐厅堂的音质理论，将科学理论赋予鲜明的中国特色。这是一项重要进展。进一步树立了文化自信，进一步推动中华文化更好地走向世界。

最后想指出的是，建筑声学，从广义而言，尚包括环境声学和噪声控制。100年来，在材料与构件吸声与隔声研究、城市环境声学研究以及噪声控制包括消声、隔声等相关技术的研究方面，均取得了长足的进展。由于本书内容主要侧重于观演建筑声学设计，所以本节内容也主要涉及观演建筑声学（即厅堂声学）的发展。

1.2 观演建筑的形成与演变

历史上最古老的剧院可以上溯至公元前7世纪古希腊为祭祀酒神狄俄尼索斯而建的剧场。这种露天剧场是用石块在山坡上修筑起层层看台，围绕着一小片平坦的表演区，由此发展出古希腊露天圆形剧场。其中古典晚期最著名的露天剧场之一是建于公元前350年的埃比道拉斯剧场。演员位于称为歌坛的直径约20m的中心圆形表演区。歌坛后面有舞台。舞台面高3.5m，进深3m，长26.5m。舞台背后有12个壁柱作为背景。观众位于建于自然山坡上的扇形看台上。看台半径为59m，以220°的弧线环绕着表演区。看台分为上下两区，中间设横过道。过道下有32排座位，过道上还有20排座位。看台升起坡度接近1：2（图1-1），这种布置可以使同一水平的观众容量最大，同时又尽可能地接近舞台。古希腊露天剧场没有多少反射声，唯有从歌坛的石头铺砌及位于演出区后面的建筑物上（景屋）能产生若干反射声。

随着喜剧的出现，戏剧表演区开始移到歌坛与景屋之间的舞台上。景屋扩大，并用壁柱、檐口及门廊装饰起来，成为戏剧的建筑背景。歌坛则变成了乐池。这个过程大约经历了一个世纪。除了埃比道拉斯以外，现在还可以从雅典、普里恩尼和德洛

---

① 原名为"华南理工大学亚热带建筑科学国家重点实验室"，于2023年更名。

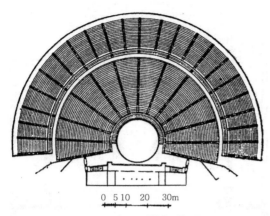

图1-1 古希腊埃比道拉斯剧场平面

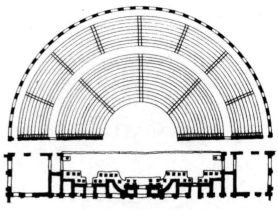

图1-2 古罗马奥朗日剧场平面

斯等地看到古希腊露天剧场的遗址。古希腊雅典还出现过室内观演场所。那是覆盖有木屋顶的中等尺寸的四方结构，设有圆形台阶状的多排座位区。容纳观众200～2000人。演奏音乐时，靠悬挂在顶棚上的织物来控制混响。

古罗马的圆形剧场是从古希腊露天剧场发展而来的。其座位坡度更陡，用一层层放射状的石料或混凝土拱券支承。演出区后面已建有较大的楼房，其两端的化妆室向前凸出，从三面抱住舞台。这样可以形成短延时侧向反射声，增强直达声强度。罗马人还把圆形歌坛改为半圆形乐队席，使听众更接近声源。有的圆形剧场在舞台上方还修建斜屋顶，将更多的反射声投向观众。公元50年，古罗马人在法国南部奥朗日修建的剧场是典型的古罗马露天剧场。该剧场观众区直径达64m，可容纳6000名观众。舞台面宽62m，深14m。舞台顶部建有大型声反射顶棚（图1-2）。由于古希腊与古罗马露天剧场均修建在噪声很低的处所，座位区接近演出区，座位升起较高，可保证视听不受遮挡，后期的剧场还能提供早期反射声，因此视听效果都比较好。

罗马帝国被推翻以后，中世纪建造的唯一厅堂形式就是教堂，后期还有会议室。中世纪教堂的声环境特点是混响时间相当长，音质特别丰满，适合演奏管风琴，但语言清晰度较差。

直至意大利文艺复兴时期戏剧有进一步发展，

经过了整整一千年。14～16世纪文艺复兴时期，欧洲一些城市已建有固定的剧场。在西班牙、英国和意大利发展着两类剧场形式。西班牙沿海城市出现了旅馆庭院式剧场。在三层楼内院中，底层为柱廊，上两层是围廊或有阳台的居室。这些就是剧场的边座或包厢。内院一端搭有戏台，其余是观众区。

后来，在英国出现了独具特色的有伊丽莎白式舞台的剧场。其中著名的环球剧场建于1600年。在这里首次上演了莎士比亚的许多剧作。该剧场可容纳1500人，其三层环廊成为包厢。中间平地一侧搭起1.2～1.8m高的舞台。舞台上方是带有坡屋顶的木构建筑，其下部支柱以外的区域为前部表演区，其余内院平地为观众区（图1-3）。

在意大利则建造了仿古的室内剧场。早期例子是帕拉第奥设计的建于1579～1584年间意大利维琴察的奥林匹克剧院。该剧院有3000个座席。它完成了从露天剧场向室内剧场的过渡，但其舞台和观众席的布置仍然近似于罗马露天剧场。它有一个较宽的呈半椭圆形的座位区。舞台则扩大，并发展了古罗马舞台上的大壁龛，并在拱券中装进当时刚刚发明的透视绘景。由于剧场中间有大量石砌表面，所以空场时混响严重。但由于这些石砌表面提供了丰富的反射声，故满场时还不至于过多地影响语言的清晰度（图1-4）。

剧院发展过程中的另一个重要建筑是1618年

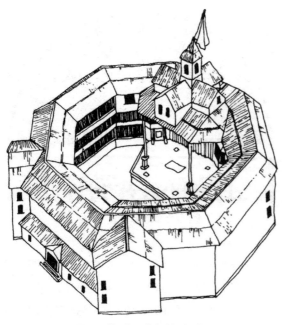

图1-3 英国伊丽莎白式舞台剧场

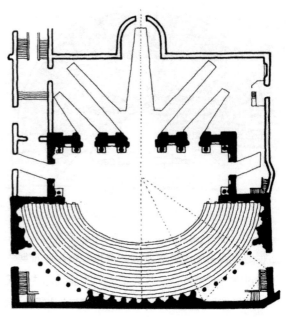

图1-4 意大利奥林匹克剧场平面

由亚历奥迪设计的，建于意大利帕尔马市的法内斯剧院。该剧院平面呈长方形，其观众席是由后部的半圆形区和边座的直线形区构成的，中间留出很大的空间和舞台相连，可容纳约2500人。该剧场首次将原先舞台上的拱形画龛改为宽12.5m的镜框式舞台，将主要表演区从画龛外的横宽台面转移到镜框以内。原先的舞台就变成了台唇。这标志着剧院形式完成了向箱形舞台的演进（图1-5）。

17世纪上半叶，起源于西班牙旅馆庭院式剧场的多层围廊式看台与意大利镜框舞台相结合，形成了以箱形舞台及马蹄形多层包厢观众厅为特征的剧场形式，并成为了欧洲剧场的主要形式。这种剧场的最早例子是建于1632年的布恩·略梯罗剧场。

早先的剧场，演员表演区和乐队伴奏区之间并无明显的区分。16世纪末，在意大利佛罗伦萨产生了最早的歌剧。由于歌剧艺术要求较大规模的乐队伴奏，因此，演员与乐队的分离就有了必要。这种分离最终体现在建于1737年意大利那不勒斯的圣卡洛剧场上。该剧场中，乐队已经位于舞台前专有的区域，其标高比舞台低，从而形成乐池。演员则位

于舞台上。舞台较大，观众厅平面为马蹄形，具有台阶式座位和环形包厢，排列至接近顶棚。其声学特点是利用观众席面积大量吸收声音，同时舞台区悬吊有布景等织物吸声体，使混响时间较短，适合于歌剧的演出（图1-6）。

建于1778年意大利米兰的歌剧院是当时最大、设备最好的歌剧院，具有2289个座位，但最远包厢离舞台中心仅31.25m。该剧院观众厅是意大利式观众厅中最成熟的一个，音质效果很好（图1-7）。除了米兰歌剧院外，建于1861～1875年的巴黎大歌剧院和建于1869年的维也纳皇家歌剧院均为较成熟、音质较好的古典歌剧院。古典歌剧院观众厅的构造使用了大量的木板，以吸收低频声音，使得混响时间的频率特性曲线较为平直。这也是其音质较好的原因之一。

19世纪开始了对新型观众厅形式的探讨。1872～1876年，在德国拜罗伊特市，由音乐家瓦格纳策划建造了费斯特施皮尔歌剧院。该歌剧院的一个显著特点是观众厅为扇形平面。它不设包厢，仅在后部有浅浅的两层楼座。另一个特点是将乐池封闭，仅

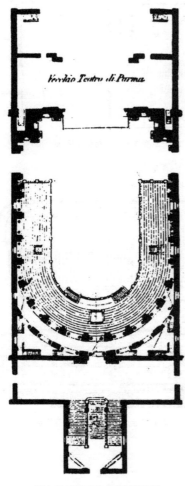

图1-5 意大利法内斯剧场平面

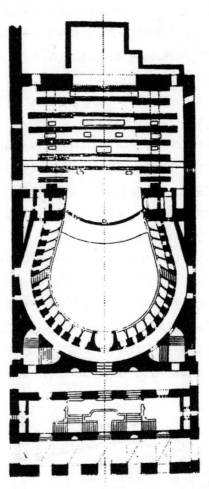

图1-6 圣卡洛剧场平面

以有限的空隙朝向观众。费斯特施皮尔大厅是歌剧院演变史上的一个里程碑。20世纪世界各地建造的剧院中，许多都采用源于该厅的扇形平面（图1-8）。

古典音乐厅的出现要比歌剧院晚得多。直至18世纪，交响乐队才从小型的室内乐队发展出来。与此相适应，音乐厅也从小型的室内乐厅发展而来。

较大的古典音乐厅原型是1780年建成的莱比锡格万特豪斯音乐厅。它最初也仅有400个座位，后来才增加至600个座位，体积为2000～2500m³，适合于40～50个乐师的规模。这个音乐厅存在一个多世纪，后来被1886年建成的新格万特豪斯音乐厅所代替。新音乐厅座位达1560个，其中2/3为乐池，其余分布在楼座与包厢上（图1-9）。

这一时期在欧洲其他地方也陆续兴建了一批音乐厅。著名的音质良好的音乐厅有1870年建于维也纳的音乐之友协会音乐厅，1876年建于瑞士巴塞尔的斯塔德卡西诺音乐厅，1877年建于英国格拉斯哥的圣·安德鲁斯音乐厅，1888年建于阿姆斯特丹的音乐厅。这些古典音乐厅具有一些共同的特点，都是矩形平面，有高的顶棚，1～2个浅的楼座和丰富的装饰物，被称为鞋盒式音乐厅。

现代建筑声学的科学理论是哈佛大学物理系的青年助理教授W·C·赛宾（1868－1919）于19世纪末20世纪初创立的。1895年，他受命对哈佛大学新落成的音质模糊不清的Fogg艺术博物馆大厅进行研究。这促使他发现了计算混响时间的著名公式。1898年赛宾被邀请担任波士顿音乐厅的声学顾问。波士顿音乐厅于1900年10月15日开幕。它是世界上第一个经过科学计算设计的音乐厅。它的容积虽比前述欧洲古典音乐厅都大，为2600座，但其音质仍然达到优良水平。赛宾在设计波士顿音乐厅时，将乐队席设置在厅堂的尽端，使顶棚和围墙都很靠近乐队。这有利于声能的发送和提供丰富的早期反射声。但他这样做显然是出于直觉，因为当时他并不了解早期反射声的重要性（图1-10）。

　　总之，到19世纪末，剧院和音乐厅都发展到了成熟阶段，并奠定了厅堂声学的科学理论基础。

　　20世纪的剧院比以往更重视兼顾听和看。为了适应写实表演艺术的需要以及为了改善视觉质量，20世纪初建成的某些剧院开始取消侧面的包厢，座席也开始排成平行于舞台的浅弧线状。这时期观众

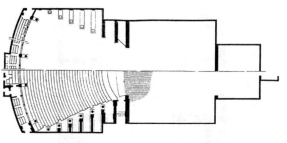

图1-8　德国科罗伊特费特施皮尔厅平面

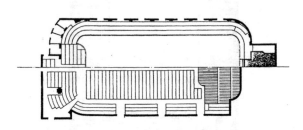

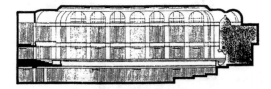

图1-9　新格万特豪斯音乐厅平剖面

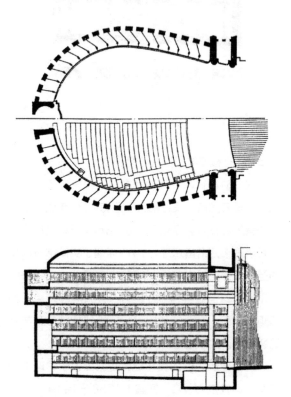

图1-7　米兰歌剧院平剖面

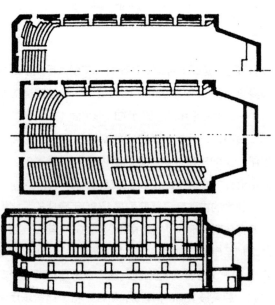

图1-10　波士顿音乐厅平剖面

厅式样很多，除了马蹄形多层包厢及古典半圆形看台等形式外，还出现了扇形、矩形、钟形等平面新形式，并开始了伸出式舞台等剧院新形式的尝试。例如1919年法国导演雷因哈特与德国建筑师波尔兹格合作，用一个旧马戏场改建成的柏林大话剧院，把宽13m的舞台向观众席伸出达21m。

剧院建筑较系统的科学知识大致在20世纪30年代已形成。20～30年代较著名的剧院建筑有英国的莎士比亚纪念剧院（1932年）、巴黎的夏乐·普列耶尔厅（1927年）等。其中莎士比亚纪念剧院呈标准的扇形平面，内设1008个座位，楼座挑出很深。观众厅的顶棚是根据声学要求设计的，它把舞台上的声音反射到观众厅后部。舞台口的顶棚把声音反射到观众厅的中部。舞台的台唇很大，向前伸出，演员可从左右两个候演室的门直接走上台唇。

20世纪30年代，美国的音乐厅设计深受瓦特森出版于1937年的《建筑声学》一书中某些不正确理论的影响，在舞台上为演员提供反射面，而在观众厅中则尽量多地布置吸声材料。按这一思路建成的有克利夫兰的席瓦伦斯音乐厅、麻省列诺克斯的唐列坞音乐棚及普渡大学音乐厅等。这些音乐厅后来都经过了改造。这一时期建造的音质较好的观演建筑有哥德堡音乐厅（1935）等。

"二战"后，世界各地，主要是欧洲和北美，陆续兴建了一批剧院和音乐厅。对伸出式舞台、中心式舞台等新形式的探讨更加活跃。例如建于1944年瑞典玛尔摩的市立剧院，其观众厅平面为蚌形，在镜框式舞台前面有一个舌形的可升降的伸出式舞台。其楼座挑台也很别致，采用跌落式，使观众厅楼座与池座浑然一体。正式的伸出式舞台在20世纪50～60年代才在英、美等国出现，如建于50年代的英国奎斯特剧场，建于1962年的切斯特剧场和建于1963年的美国古塞勒剧场等。

1947年美国女戏剧家琼尼斯在达拉斯城建造了第一个中心式舞台剧场。正式的设计最完善的中心式舞台剧场则是华盛顿中心舞台剧场。

战后兴建的多功能厅和音乐厅中有许多是非鞋盒式厅，较重要的是建于1951年的伦敦皇家节日厅、建于1956年的斯图加特的里德厅、建于1959年的波恩贝多芬音乐厅及建于1960年的萨尔茨堡节庆厅等。其中伦敦皇家节日厅为了弥补混响时间的不足，后来采用称为"受援共振"的电声系统来延长混响时间，成为世界上第一个成功地采用此技术的音乐厅。所谓"受援共振"，就是在大厅中安设若干共鸣器，在共鸣器中放置传声器来接收音乐频谱中的某一部分，接收后经放大反馈到扬声器，使混响时间得以延长。在皇家节日厅中共用了172个通道，提高了100～700Hz低频段的混响时间，效果很好。

1958年北京建成世界上最大的厅堂——人民大会堂。它有10000个座位，有效容积达91400m³。该厅音质良好，经多次主观听音评价认为清晰度高。音乐演出时声音清晰，无回声干扰等缺陷。

20世纪60年代以来出现了环绕式不规则形音乐厅等新形式。这方面成功的例子当首推1963年建成的柏林菲哈莫尼音乐厅。为了声扩散，该观众厅的平、剖面形状及座席布置都是不规则的，所有平顶都为凸弧形。观众席被分为若干块，高低错落地分布在大厅四周，将乐池紧紧环抱。据说该厅设计灵感来自于葡萄园。尽管与传统鞋盒式音乐厅在形式上大异其趣，但同样达到了完美的音质效果，是音乐厅建造史上的又一座里程碑（图1-11）。

20世纪60年代初，"浮云式"反射板开始引入音乐厅以提供早期反射声。1962年建成的纽约林肯表演艺术中心的菲哈莫尼音乐厅，就是采用浮云式反射板。但该厅的音质没有预期的好。为了改造该音乐厅，请了许多资深的声学顾问，进行了许多的努力。以此为契机，推动国际声学界对音质物理指标与主观音质感受的相互关系进行深入研究。

尽管在剧院建筑中出现多种新形式，但世界各地新建的较大型歌剧院建筑，多数仍采用传统的箱形舞台和柱廊式多层包厢。据不完全统计，

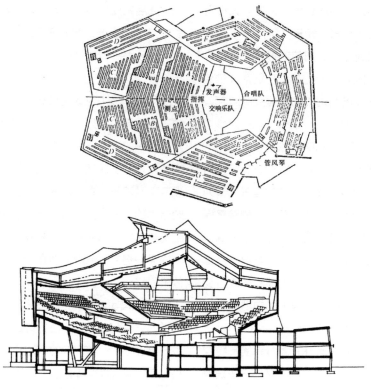

图1-11 柏林菲哈莫尼厅平剖面

1969～1979年间各国建成的剧院中有62%是箱形舞台，30%是伸出式舞台，6%是中心舞台，2%为边舞台。这是由于传统的歌剧院形式容量较大，可大大缩短后排观众至舞台的距离，从而获得较强的直达声。此外，观众厅中的柱廊、包厢、浮雕等能扩散声能，使大厅声场分布比较均匀。从视觉上分析，这种形式也可使除边座外的绝大多数观众处于较佳视觉范围。例如建于1971年的美国肯尼迪表演艺术中心歌剧院以及1973年重建的意大利都灵歌剧院等，仍然采用传统形式。但对小型歌剧院，则采用矩形、钟形、扇形平面和跌落式包厢的形式。

20世纪60～70年代值得一提的歌剧院有建于1966年的美国大都会歌剧院。这是世界上最大的歌剧院，其舞台设备和机械化程度也是全世界最高的。观众厅容积达24724m³，有3816座。为了获得声扩散和良好的音色，大厅侧墙采用大量由花梨木制作的扩散板。楼座包厢的形式也有助于声扩散。

该歌剧院中频满场混响时间为1.7s。另一个著名歌剧院是建于1973年的悉尼歌剧院。它实际上是个艺术表演中心。除歌剧院外，还有2679座的音乐厅及话剧、电影厅、排练厅等。歌剧院容积为8200m³、1547座。悉尼歌剧院的赫赫声名更多地是由于其独特的建筑形式。它坐落在悉尼港湾，三面临水，以其白色的壳状屋顶成为悉尼市的象征。

20世纪70年代以来，陆续出现了许多环绕式大厅。这些大厅平面呈圆形、椭圆形或多边形。观众席分布在演奏台周围，三面甚至四面将表演区包围。如1972年建成的新西兰克赖斯特彻奇大厅、1978年建成的加拿大维多利亚大学礼堂和美国丹佛表演艺术中心的贝彻音乐厅等，都是这类厅堂建筑的例子。

多功能厅是20世纪观演建筑发展的方向。20世纪以来，一直有模糊剧院和音乐厅设计的倾向。到60～70年代，可以说是进入了多功能厅的时代。这一时期建成的多功能厅包括新西兰克赖斯特彻奇

厅（1972）、日本东京的NHK厅（1973）和挪威
的格里格厅（1978）等。由于使用目的不同，对
音质的要求也不同，因此多功能厅应能灵活改变声
学条件。通常采用的办法是利用可变吸声材料和结
构，或通过改变观众厅的容积来调节混响时间。例
如建于1976年的日本高知县文化厅剧场，设有五条
锥状扩散体，其中三条可以自由升降。升降体上部
为吸声体，下部为反射体，以此来调节混响时间。
此外还设有活动隔断，必要时将楼座封闭成350
座的会议厅，同时观众厅座席由原先的1504座变成
1004座，通过改变容积来改变混响时间。再如美国
阿克伦大学的埃德温·托马斯艺术厅，其观众厅的
体积和容量通过可升降的38块不锈钢板进行调节，
可使混响时间从1.9s变化至1.3s。墙上还挂有38块
墙幔，通过调节帐幔面积可改变厅内的声学条件。
为了在多功能厅中创造类似于专用音乐厅的演出条
件，许多厅堂都设有舞台音乐罩。

20世纪80年代较重要的观演建筑有莱比锡
格万特豪斯音乐厅（1981）、伦敦巴比肯音乐厅
（1982）、多伦多罗伊·汤普逊厅（1982）、慕
尼黑菲哈莫尼厅（1985）、柏林东部绍斯皮尔音乐
厅（1986）、美国加州橘子郡的表演艺术中心剧
场（1986）及美国达拉斯的麦克德尔莫特音乐厅
（1989）等。其中橘子郡表演艺术中心剧场有效容
积为27800m³，可容纳2903名观众。剧场观众厅的
平面和空间处理别出心裁。观众厅分设在不同标高的
4层平面内。大厅空间插入不规则形墙面，使大厅局
部宽度变为20~25m，目的是要在大容量观众厅内
使听众都获得足够强的早期反射声。这座厅堂的音质
很好，被誉为"打破传统之佳作"（图1-12）。

20世纪80年代以来，除了多功能厅继续得到发
展外，世界各地还注重修建一些专用厅堂如专用剧
院、专用音乐厅等，甚至出现了专为演出某种类型
和风格的音乐作品而设计的音乐厅。如建于1987年
的柏林室内乐厅、建于1982年的日本熊本县剧院、
大阪音乐厅及1986年建成的东京三得利音乐厅等。

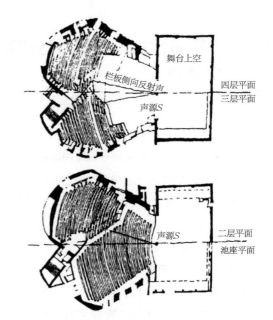

图1-12 加州桔县表演艺术中心剧场平面

其中三得利音乐厅是专为演出古典音乐而设计的。

改革开放以来，各地陆续斥巨资兴建了许多音
乐厅、大剧院等观演建筑。其中影响较大的包括北
京的国家大剧院和广州大剧院等。由著名建筑师扎
哈·哈迪德担任建筑设计，由Marshaii.Day声学顾
问公司担任声学顾问，由华南理工大学亚热带建筑
与城市科学国家重点实验室承担缩尺模型实验和测
试的广州大剧院被国际上评为亚州唯一入选世界十
大歌剧院之一的观演建筑。认真总结这一时期我国
厅堂建筑的声学设计实践与成就，是研究观演建筑
史的重要课题。

综上所述，观演建筑发展至今，更加注重音质
设计，更多采用新技术、新构造、新材料来对厅堂
声学条件进行灵活控制和调节。由于室内声学研究
的进展，对产生良好音质的客观物理参量有了新认
识。在厅堂形式上更加注意提供早期（包括侧向）
反射声。在顶棚设计中，注意采用新的构造形式使
声能产生均匀扩散等。在观众厅形式上则出现了环
绕式座席、伸出式舞台及不规则空间等新形式。相
信今后观演建筑将会不断花样翻新，推出更能产生
优良视听和观演心理环境的空间新形式。

1.3 中国古代剧场演变及音质设计成就

古代世界存在着四大建筑体系：中国、印度、伊斯兰、欧洲。中华文明是唯一没有中断的久远文明。中国古代建筑体系一脉相承、源远流长，更具有独特价值。从唯物史观的角度看，经济基础决定上层建筑。我国古代剧场也是伴随着各个朝代社会经济的发展而更迭和衍变。

早在公元前一千多年的殷代，中国已出现利用自然地形观看歌舞表演的"宛丘"。《诗经·陈风》就描述了"坎其击鼓，宛丘之下"的演出场景。居高临下的宛丘，就是围观者的看席。

关于汉代公共演剧场所的记载，最早见于《东汉书》。该文献记述了位于洛阳城西的平乐观："皇帝于平乐观下起大坛，上建十二层五彩华盖，高十丈，坛东北有小坛，重建九层华盖，高九丈……天子住盖下……设秘戏以示远人。"由此可以想象当时观坛建筑之宏伟。同时可以看出，当时的观演建筑在形式上仍是观者自上而下观看坛上的表演。

两晋、南北朝时，寺院常成为民间音乐的演出场所。《洛阳伽蓝记》记载当时的景乐寺："至于大斋，常设女乐，歌舞绕梁，舞袖徐转，丝管嘹亮，谐妙入神。"

隋代剧场建筑被称为"戏场"、"屋场"。据《隋书·音乐志》载："每岁正月，万国来朝，留至十五日，于端门外，建国门内，绵亘八里，列为戏场，百官起棚夹路，从昏达旦，以纵观之，至晦而罢。"

唐代观演场所有歌场、变场、道场、戏场与乐棚等。唐元稹《哭女樊四十韵》诗中，就有"腾踏游江舫，攀缘看乐棚"的描写。当时演戏多在寺内，往往一寺有多个戏场。宋钱希白《南部新书》

图1-13 敦煌壁画"西方净土变"中的锦筵

说："长安戏场，多集于慈恩。小者在青龙，其次荐福、保寿。"在寺院中，搭设高出地面的戏台，戏台上搭建"乐棚"。另外，还有一些戏场设在宫内，其戏台别称"舞筵"，或"锦筵"。今人可从敦煌壁画"净土变"中，看到关于"锦筵"的描绘。它是一个在周边设有低矮栏杆的方形舞台，装饰华丽，演艺人在台上歌舞，四周则是为其伴奏的乐队（图1-13）。

宋初的舞台亦称为"露台"，它和唐代的"舞筵"相似，不过是露天而建，用石垒或木头筑成，不设盖顶，仅在四周"采结栏槛"。后来又出现了营业性的演艺场所，称"瓦子"，亦称"瓦舍"或"瓦市"。演戏的地方称"勾栏"，亦称"构阑"。单杭州就有南瓦、中瓦、大瓦、北瓦和蒲桥瓦等。北瓦一处有勾栏13座。北宋都城汴梁的里瓦，大小勾栏50多座。《东京梦华录》记载："街南桑家瓦子，近北则中瓦，次里瓦，其中大小勾栏五十余座。内中瓦子、莲花棚、牡丹棚，里瓦子、夜叉棚、象棚。最大可容达数千人。"勾栏的景状，在元初作家杜仁杰的散曲《耍孩儿·庄家不识构阑》中有详尽的描写，观众"入得门上个木坡，见层层叠叠团栾坐，抬头觑，是个钟楼模样；往下觑，却是人旋涡"。勾栏正面"钟楼模样"的，是戏台建筑，戏台后部有戏房。"旋涡"可能是指半圆形座席区，"木坡"说明座位有坡度。其中间正对戏台设有神楼，两侧则为腰棚。整座勾栏是四周围以板壁的箱形木构建筑。勾栏的规模很大，有的可以容纳数千人。

宋代宫廷雅乐乐队，分为堂上和堂下两套。堂上的乐队，在堂上演唱，称为"登歌"或"升歌"，堂下的乐队，规模很大，具备东、西、南、北四个方面，包含着多架钟磬与乐器，称为"宫架"或"宫悬"。伴随音乐的还有大规模的舞蹈。

金、元代出现了大量的民间戏台建筑。其中有的戏台保存至今，如临汾东羊村东狱庙戏台。元代戏台由前台和戏房组成，形成三面围观的形式。部分戏台加大了戏房建筑，并建有八字形侧墙，以此加强反射声，提高正面观众席处的响度，并强调正面为主的演出效果。山西平阳县圣母祠的金代戏台（1218年建）是迄今可以查考的最早民间戏台建筑（图1-14）。

图1-14 山西平阳圣母祠金代戏台

明代出现了许多工商行会会馆，许多会馆中建有戏台。同时，宫廷及富豪之家养有家庭戏班，并自建戏厅，以供私家观赏自娱，形成了公共与私家两种演剧空间并存的局面，并延续到近代。其中尤以明清宫廷园囿中的庭院式戏台最为雄伟壮观。记载中最大的是承德福寿园中的清音楼和北京故宫宁寿宫的畅音阁，其次是颐和园的德和大戏台，其高21m，分3层，上层设有活动盖板及升降滑车和机关，在舞台机械方面有相当的成就（图1-15）。某些庭院式剧场最后演变成了在功能、结构、造型上都更为完善的室内剧场。由于会馆建筑乃是同行、同乡间合作、社交、经营、交易的场所，因此其中的戏台、剧场便是节庆、仪典、聚会、娱乐的中心。

综上所述，中国古代的观演建筑经历了宛丘、观坛、戏场、勾栏等，最后到明清发展成为以庭院围廊环绕戏台为基本形式的剧场，历时3000多年，对亚洲各国的观演建筑有着深刻的影响。

伴随着中国古代剧场建筑发展的，是音质设计方面的杰出成就。古人早就懂得通过乐队的合理排列来达到较好的音质效果。据《礼仪·大射仪》记

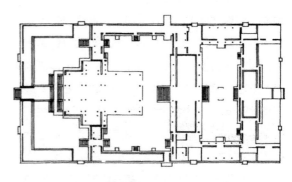

图1-15 颐和园德和大戏台平剖面

载，西周大射礼时，乐队的排列是以贵族席位为中心的，专业乐工的歌唱和音量较小的瑟的弹奏距离最近；音量较大的管乐器稍远一些；更响的打击乐则距离最远。弹奏时，各种乐器的声音贵族都能听到，而且不至于觉得声音过响或过弱。这样的排列显然已顾及音响的效果。

在各种演奏场所，人们也懂得采取一些措施来提高音质效果。例如在室内，多挂有能吸声的帷帐来控制混响。后来室内坛棚还有"藻井"来扩散反射声音。《列子》中有"余音绕梁三日不绝"的记载，说明人们早已注意到了混响的问题。在露天演奏场所，四周多有围墙、栏杆、障壁等，或是利用天然屏障，说明古人在选择建造露天演奏场所时注

意到了利用反射声来加强直达声的强度。其他如建筑隔声方面，也有许多措施。据对咸阳秦宫的发掘发现，当时楼面是在木板上加滑秸泥10cm，然后铺抹一层1~2cm的细砂泥。这说明早在秦代，人们就已注意到建筑物隔声的功能。

中国古代还出现了一些声学设计极佳的建筑。例如建于15世纪的天坛，设计者就有意识地利用了回声的知识来建造回音壁、三音石和圜丘。回音壁是半径为32.5m的施工极精确的圆形围墙，高约6m。整个围墙用坚硬的灰砂粉刷，光滑平整，曲率均匀。声音在墙上不断地反射，传播途径形成圆的内接多边形。由于反射介质刚硬，每次反射声能损失很少，经过多次反射，传播100m，仍能听到声源的声音（图1-16）。圜丘的三层圆形石台，最高层离地面近5m，半径为11.4m。周边有青石栏杆。在台中心讲话、奏乐，会觉得声音响亮。原因就是经由栏杆和台边地面的反射声，增强了直达声的强度。从天坛穹宇下往南数第三块石头正处围墙中心。在此处击掌，据说可听到三响，故称三音石。这是因为此处击掌声等距离地传到围墙，又被等距离地反射回来，回声在中心处汇成一响后又向外传播，再次被反射回来，汇成另一响声，如此反复几次。由于声音传播过程中高频声比低频声较易被吸收，故听到的声音越来越低沉。又如古代的"琴室"设计，也注意到了反射声的作用。据宋代赵希鹄所著的《洞天清禄集·古琴辨》记述："弹琴之室，宜实不宜虚，最宜重楼之下，盖上有楼板，则声不散。"在舞台设计方面，古人也注意到将舞台口设计成喇叭口形状，有利于把台上的声音投射到观众区。如前文提到的元代临汾东羊村民间舞台，就是这种构形。

特别值得一提的是，我国在东汉已建成了世界上最早的物理实验室——"缇室"。据《后汉书》记载，"候气之法，为室三重，户闭，涂衅必周，

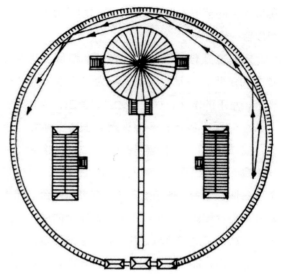

图1-16 天坛回音壁声线分析

密布缇缦。室中以木为案，每律各一，内庳外高，从其方位，加律其上，以葭莩抑其内端，案历而候之。气至者灰（动），其为气所动者其灰散，人及风所动者其灰聚。"这说明所谓缇室是用丝绸布置的一个帐房，此外，有三层套间，有三重曲折的过道，进入垂帘密布的缇室，将一道道门关闭起来，在门缝上涂抹调和老粉的牲血，便可造成一个没有外界干扰的环境了。这可以说是现代隔声室与消声室的鼻祖。古人在缇室中进行声学共振实验，利用声波在管内的振动来定出波节、波腹，这便是最早的声学驻波管。古人正是在这个声学实验室中确定度量衡的标准，为乐队乐器定音，还可以进行与测气候密切相关的声学实验。从缇室实验衍生出来的"律吕学"，更是一门博大精深的综合科学。

中华优秀传统文化源远流长、博大精深，是中华文明的智慧结晶。纵观我国古代剧场及音质设计的成就，可以看出，中华民族在这一领域中作出了重大的贡献，在世界文明史上占有重要的地位。

第2章　Basic Knowledge of Architectural Acoustics
建筑声学基础知识

2.1　声音的基本性质

1. 声音的产生与传播

　　声音是人耳所感觉到的"弹性"介质中的振动，是压力迅速而微小的起伏变化。

　　声音产生于物体的振动，例如扬声器的纸盆、拨动的琴弦等。这些振动的物体称之为声源。声源发声后，必须经过一定的介质才能向外传播。这种介质可以是气体，也可以是液体和固体。在受到声源振动的干扰后，介质的分子也随之发生振动，从而使能量向外传播。但必须指出，介质的分子只是在其未被扰动前的平衡位置附近来回振动，并没有随声波一起向外移动。介质分子的振动传到人耳时，将引起人耳耳膜的振动，最终通过听觉神经而产生声音的感觉。例如扬声器的纸盆，当音圈通过交变电流时就会产生振动。这种振动引起邻近空气质点疏密状态的变化，又随即沿着介质依次传向较远的质点，最终到达接收者，如图2-1所示。可以看出，在声波的传播过程中，空气质点的振动方向与波的传播方向相平行，所以声波是纵波。

2. 声波的频率、波长与速度

　　当声波通过弹性介质传播时，介质质点在其平衡位置附近来回振动。质点完成一次完全振动所经历的时间称为周期，记为T，单位是秒（s）。质点在1s内完成完全振动的次数称为频率，记作f，单位为赫兹（Hz），它是周期的倒数，即：

$$f = \frac{1}{T} \qquad\qquad （2-1）$$

　　介质质点振动的频率即声源振动的频率。频率决定了声音的音调。高频声音是高音调，低频声音是低音调。人耳能够听到的声波的频率范围约在20～20000Hz之间。低于20Hz的声波称为次声波，高于20000Hz的称为超声波。次声波与超声波都不能使人产生听感觉。

　　声波在其传播途径上，相邻两个同相位质点之间的距离称为波长，记为λ，单位是米（m）。或者说，波长是声波在每一次完全振动周期中所传播

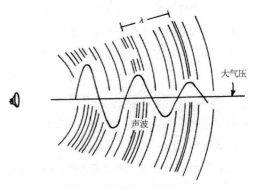

图2-1 声音的产生与传播

的距离。

声波在弹性介质中传播的速度称为声速，记为 c，单位是米每秒（m/s）。声速不是介质质点振动的速度，而是质点振动状态的传播速度。它的大小与质点振动的特性无关，而与介质的状态、密度及温度有关。在空气中，声速与温度有如下关系：

$$c = 331.4\sqrt{1+\frac{t}{273}} \qquad (2-2)$$

式中 t——空气温度，℃。

通常室温下（15℃），空气中的声速为340m/s。

声速、波长和频率之间有如下关系：

$$c = \lambda \cdot f \qquad (2-3)$$

或

$$c = \frac{\lambda}{T} \qquad (2-4)$$

在房屋建筑中，频率为100~10000Hz的声音很重要。它们的波长范围相当于3.4~0.034m。这个波长范围与建筑内部的一些部件尺度相近，故在处理一些建筑声学问题时，对这一波段的声波尤其要引起重视。

3. 波阵面与声线

声波从声源出发，在同一介质中按一定方向传播。声波在同一时刻所到达的各点的包络面称为波阵面。波阵面为同心球面的波称为球面波。它是由点声源所发出的。当声源的尺度比它所辐射的声波波长小得多时，可看成是点声源。波阵面为同轴柱面的波，称为柱面波。它是由线声源发出的。如果把许多靠得很近的单个点声源沿一直线排列，就形成了线声源。波阵面为与传播方向垂直的平行平面的波称为平面波。它是由面声源发出的。在靠近一个大的振动表面处，声波接近于平面波。如果把许多距离很近的声源放置在一平面上，也类似于平面波声源。

我们常用声线来表示声波的传播方向。在各向同性的介质中，声线与波阵面互相垂直。

4. 声波的反射、扩散与绕射

1）声波的镜像反射

声波在前进过程中，如果遇到尺寸大于波长的界面，则声波将被反射。图2-2所示的是光滑的表面对球面波反射的情况。图中虚线表示反射波，它像是从声源 O 的像——虚声源 O' 发出的，O' 是 O 对于反射平面的对称点。如果用声线表示声波的传播方向，反射声线可以看作是从虚声源 O' 发出的。这一关系可以用镜像反射定律来说明：入射声线、反射声线和界面的法线在同一平面内，入射声线和反射声线分居法线两侧，入射角等于反射角。反射的声能与界面的吸声系数有关。

2）声波的扩散反射

声波在传播的过程中，如果遇到一些凸形的界面，就会被分解成许多较小的反射声波，并且使传播的立体角扩大，这种现象称之为扩散反射。适当的声波扩散反射，可以促进声音分布均匀，并可防止一些声学缺陷的出现。但是，这些表面的凸出和粗糙不平处，最小需要达到声波波长的1/7时才能起到扩散作用。

扩散反射可分为完全扩散反射和部分扩散反射两种。前者是将入射的声线均匀地向四面八方反射，即反射的方向分布完全与入射方向无关，如图2-3所示；后者是指反射同时具有镜像和扩散两种性质，即部分作镜像反射，部分作扩散反射，如图2-4所示。

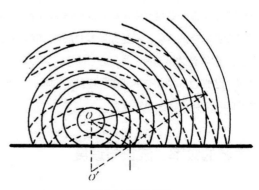

图2-2 声波的反射

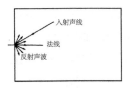

图2-3 完全扩散反射

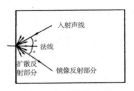

图2-4 部分扩散反射

图2-5 小孔对波的影响

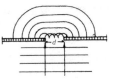

图2-6 大孔对波的影响

图2-7 声能的反射、透射与吸收

在室内声学中，大多数的情况都是部分扩散反射，如方格顶棚、有花纹的壁面、粗糙的墙面、观众区等。

3）声波的绕射（衍射）

当声波在传播过程中遇到一块有小孔的障板时，并不像光线那样直线传播，而是能绕到障板的背后继续传播，改变原来的传播方向，这种现象称为绕射。如果孔的尺度（直径 d）与声波波长 λ 相比很小时（$d \ll \lambda$），小孔处的空气质点可近似看作一个集中的新声源，产生新的球面波，见图2-5。当孔的尺度比波长大得多时（$d \gg \lambda$），新的波形则比较复杂，见图2-6。当声波遇到某一障板，声音绕过障板边缘而进入其背后的现象也是绕射的结果。例如有一声源在墙的一侧发声，在另一侧虽看不见声源，却由于声波的绕射而能听见声音。声波的频率越低，绕射的现象越明显。

5. 声波的透射与吸收

当声波入射到建筑材料或部件时，一部分声能被反射，一部分被吸收，还有一部分则透过建筑部件传递到了另一侧，如图2-7所示。根据能量守恒定律，如果单位时间内入射到构件上的总声能为 E_0，反射的声能为 E_γ，吸收的声能为 E_α，透过的声能为 E_τ，则三者之间有如下关系：

$$E_0 = E_\gamma + E_\alpha + E_\tau \qquad (2\text{-}5)$$

若等式两边同除以 E_0，则有：

$$\frac{E_\gamma}{E_0} + \frac{E_\alpha}{E_0} + \frac{E_\tau}{E_0} = 1 \qquad (2\text{-}6)$$

定义 $\gamma = \dfrac{E_\gamma}{E_0}$，称为声反射系数；$\alpha = \dfrac{E_\alpha}{E_0}$，称为吸声系数；$\tau = \dfrac{E_\tau}{E_0}$，称为声透射系数，分别表示被反射、吸收和透过的声能占入射声能的比例。

不同材料对声音的反射、透射和吸收有不同的特性。我们常把声透射系数 τ 值小的材料称为隔声材料，而把平均吸声系数较大，一般超过0.2的材料称为吸声材料。在进行建筑声学设计时，必须了解各种材料的隔声和吸声特性，从而合理地选材。

6. 声音的频谱

在通常的建筑声学测量中，为了全面了解声源的特性，除了要知道声源在某一点产生的声能外，还需了解声能在整个频率范围内的分布，即声音的频谱。所以，常常把声音的频率范围划分成一系列连续的频带。研究精度要求高时，频带可以划得较窄，而要求不高时，则可将频带放宽。通常采用倍频带和1/3倍频带两种划分。在倍频带中，上限频率 f_2 是下限频率 f_1 的2倍，即 $f_2 = 2f_1$。在较简易的测量中，常采用这种频谱。在1/3倍频带中，上限频率 f_2 是下限频率 f_1 的1.26（$\sqrt[3]{2}$）倍，即 $f_2 = \sqrt[3]{2}\,f_1$。在较详细测量中则应采用这种频谱。f_1 和 f_2 又称为截止频率。常用的倍频带与1/3倍频带划分是以频带的中心频率 f_m 来排列的。中心频率是截止频率的几何平均，即：

$$f_m = \sqrt{f_1 f_2} \qquad (2\text{-}7)$$

表2-1、表2-2分别表示了倍频带与1/3倍频带的中心频率与截止频率。

声音的频谱分为线状谱和连续谱。音乐的频谱是断续的线状谱，如图2-8所示的是单簧管的频谱。而

倍频带的中心频率与截止频率（Hz）　　表2-1

中心频率f_m	下限频率f_1	上限频率f_2
63	45	89
125	89	178
250	178	355
500	354	709
1000	707	1414
2000	1411	2822
4000	2815	5630
8000	5617	11233

1/3倍频带的中心频率与截止频率（Hz）　　表2-2

中心频率f_m	下限频率f_1	上限频率f_2
63	56	71
80	71	89
100	89	112
125	112	141
160	141	178
200	178	224
250	224	282
315	282	355
400	355	447
500	447	563
630	562	708
800	708	892
1000	891	1122
1250	1122	1413
1600	1412	1779
2000	1778	2240
2500	2238	2820
3150	2817	3550
4000	3547	4469
5000	4465	5626
6300	5621	7082
8000	7077	8916

噪声大多是连续谱，图2-9表示了几种噪声的频谱。

音乐声中往往包含有一系列的频率成分，其中的一个最低频率声音称为基音，人们据此来辨别音调，其频率称为基频；另一些则称为谐音，它们的频率都是基频的整数倍，称为谐频。这些声音组合在一起，就决定了音乐的音色或音质。

了解声源的频谱特性很重要。在噪声控制中，必须了解噪声是由哪些频率成分组成的，哪些频率成分比较突出，从而首先处理这些成分，以便有效地降低噪声。在音质设计中，则应尽量避免声音频谱发生畸变，以保证良好的音质。

7. 声源的指向性

我们平时所涉及的单个声源，当声源的尺寸比声波波长小得多时，可看成是"点声源"。它向所有方向等量地辐射声音，所以是没有方向性的。当声源的尺度与声波波长相差不多，或大于波长时，就不能看成是点声源了，而应看成是许多点声源的组合，因而向各方向辐射的声音能量就不同了，即具有指向性。与波长相比，声源尺度越大，其指向性就越强。例如扬声器的尺寸与低频声波波长相比很小，这时，扬声器就可以看作是点声源，其发出的声音没有方向性。但是对于高频声波而言，其尺寸就和波长相当或者更大，这时就不能视为点声源，因而也就具有明显的指向性。我们常用极坐标图来表示声源的指向性。图2-10给出了人们说话时声音的指向性。图中箭头方向是说话者面对的方

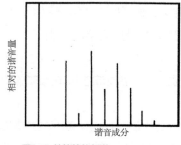

图2-8 单簧管的频谱

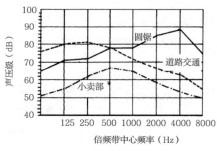

图2-9 几种噪声的频谱

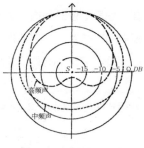

图2-10 声音的指向性图

向。从图中可以看出，频率越高，指向性越强，而指向性越强，则直达声越集中在声源辐射的轴线附近。在与发声者距离相同的前后位置，对于高频语言声，其响度可相差1倍以上。所以，在厅堂形体设计及扬声器布置时，均需考虑到声源的指向性。

2.2　声音的计量

1. 声功率、声强与声压

1）声功率

声源辐射声波时对外做功。声功率是指声源在单位时间内向外辐射的声能，记作W，单位是瓦（W）。声源声功率或指全部可听频率范围所辐射的功率，或指在某个有限频率范围所辐射的功率（通常称为频带声功率）。在建筑声学中，声源所辐射的声功率一般可看作是不随环境条件而改变的，它是属于声源本身的一种特性。表2-3中列出了几种声源的声功率。

室内声源的声功率一般是很微小的。人讲话时，声功率大致是10～50μW；40万人同时大声讲话时所产生的功率也只相当于一只40W灯泡的功率；独唱或一件乐器发出的声功率是几百至几千微瓦。如何充分合理地利用有限的声功率，是室内声学设计应注意的中心问题之一。

2）声强

声强是衡量声波在传播过程中声音强弱的物理量。声场中某一点的声强，即指单位时间内，在垂直于声波传播方向的单位面积上所通过的声能，符号为I，单位是瓦每平方米（W/m²），由下式表示：

$$I = \frac{W}{S} \tag{2-8}$$

式中　W——声源声功率，W；
　　　S——声能所通过的面积，m²。

对平面波而言，在无反射的自由声场中，由于在声波的传播过程中，其声线相互平行，波阵面大小相同，故同一束声波通过与声源距离不同的表面时，声强不变，如图2-11所示。

对于球面波而言，随着传播距离的增加，波阵面也随之扩大。在与声源相距r处，球面的面积为$4\pi r^2$，则该处的声强为：

$$I = \frac{W}{4\pi r^2} \tag{2-9}$$

由此可知，对于球面波而言，其声强与声源的声功率成正比，而与到声源的距离平方成反比，如图2-12所示。

以上现象均未考虑声能在介质中传播时由于介质的吸收而导致的能量损耗。实际上，这种损耗是存在的。声音的频率越高，传播的距离越长，损耗就越大。

几种不同声源的声功率　　表2-3

声源种类	声功率
喷气飞机	10kW
气　锤	1W
汽　车	0.1W
钢　琴	2mW
女高音	1000～7200μW
对　话	20μW

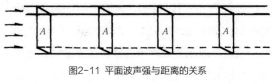

图2-11 平面波声强与距离的关系

图2-12 球面波声强与距离的关系

3）声压

介质质点由于声波作用而产生振动时所引起的大气压力的起伏称为声压，记作p，单位是帕斯卡，简称帕（Pa）。任何一点，声压都是随时间而变化的。每一瞬间的声压称为瞬时声压。某段时间内瞬时声压的均方根值称为有效声压。通常我们所说的声压，即指有效声压。

声压与声强有着密切的关系。在无反射、吸收的自由声场中，某点的声强与该处声压的平方成正比，而与介质的密度和声速的乘积成反比，即：

$$I=\frac{p^2}{\rho_0 c} \qquad （2-10）$$

式中　p——有效声压，Pa；

　　　ρ_0——介质密度，kg/m^3，一般空气取 1.225kg/m^3；

　　　c——介质中的声速，m/s。

　　　$\rho_0 c$又称空气的特性阻抗。

由此可知，在自由声场中，如果测得某点的声压和该点离开声源的距离，就可以算出该点的声强，并进一步用式（2-9）得到声源的声功率。

2. 声功率级、声强级与声压级

正常的人耳所能感知的声强和声压的范围是很大的。对于1000Hz的纯音，人耳刚能听见的闻阈声强是$10^{-12}W/m^2$，相应的声压是2×10^{-5}Pa；而使人耳产生痛觉的痛阈声强是$1W/m^2$，相应的声压为20Pa。可以看出，人耳可容许的声强范围相差10^{12}倍，即1万亿倍，其声压也相差1000万倍。因此，很难直接用声强或声压来计量。如果改用对数标度，就可以压缩这个范围。同时，人耳对声音大小的感觉也并非与声强、声压成正比，而是近似地与声强或声压的对数值成正比。所以，对声音的计量常采用对数标度，于是就引入了级的概念。在声学中，级表示一个量与同类基准量之比的对数。

1）声功率级L_w

声功率级是声功率与基准声功率之比的对数的10倍，记作L_w，单位是分贝（dB），表达式为：

$$L_w=10\lg\frac{W}{W_0} \qquad （2-11）$$

式中　W——某点的声功率，W；

　　　W_0——基准声功率，10^{-12}W。

2）声强级L_I

声强级是声强与基准声强之比的对数的10倍，记作L_I，单位也是分贝（dB），可用下式表示：

$$L_I=10\lg\frac{I}{I_0} \qquad （2-12）$$

式中　I——某点的声强，W/m^2；

　　　I_0——基准声强，$10^{-12}W/m^2$。

3）声压级L_p

声压级是声压与基准声压之比的对数乘以20，记作L_p，单位也是分贝（dB），可表示为：

$$L_p=20\lg\frac{p}{p_0} \qquad （2-13）$$

式中　p——某点的声压，Pa；

　　　p_0——基准声压，2×10^{-5}Pa。

声功率级、声强级、声压级都是无量纲量，是相对比较的值，其数值大小与所规定的参考值有关。在级的分贝标度中，压缩了人耳感觉上下限范

一些声源在一定距离处产生的声压级　　表2-4

声源	距离	声压级
4引擎喷气飞机	距100m处	120dB
钢板铆接	距10m处	105dB
风　钻	距10m处	95dB
圆盘锯	距10m处	80dB
重型运输车辆	距10m处	75dB
电话铃声	距10m处	65dB
男子语言声（平均）	距10m处	50dB
细声交谈	距10m处	25dB
1000Hz声音的闻阈		0dB

围的数量级，并接近人耳的感觉变化。表2-4列出了一些声源在一定距离处产生的声压级。

3. 声级的叠加

当几个声音同时出现时，其总声强是各个声强的代数和，即：

$$I=I_1+I_2+\cdots+I_n \qquad (2\text{-}14)$$

而它们的总声压是各个声压平方和的平方根：

$$p=\sqrt{p_1^2+p_2^2+\cdots+p_n^2} \qquad (2\text{-}15)$$

声强级、声压级叠加时，不能进行简单的算术相加，而是要按照"级"的加法规律进行，即要采用对数运算规则。对于几个声压均为p的声音，叠加

后的声压级是：

$$L_p=20\lg\frac{\sqrt{np^2}}{p_0}=20\lg\frac{\sqrt{n}p}{p_0}=20\lg\frac{p}{p_0}+10\lg n \ (2\text{-}16)$$

从上式可以看出，几个声压相等的声音叠加，它们的总声压级并不是$n\cdot20\lg\frac{p}{p_0}$，而是只增加了$10\lg n$。例如两个数值相等的声压级叠加时，只比原来增加了3dB，而不是增加一倍。

声压级的叠加也可用表2-5来进行。由两个声压级的差（$L_{P1}-L_{P2}$）从表中求得对应的附加值，将它加到较高的那个声压级上，即可求出两者的总声压级。当数个声压级进行叠加时，可按从大到小的顺序，反复运用这个方法逐次进行。如果两个声压级差超过15dB，则附加值可以忽略不计。

声压级的差值与增值的关系 表2-5

$L_{P1}-L_{P2}$	0	0.1	0.2	0.3	0.4	0.5	0.6	0.7	0.8	0.9
0	3.0	3.0	2.9	2.9	2.8	2.8	2.7	2.7	2.6	2.6
1	2.5	2.5	2.5	2.4	2.4	2.3	2.3	2.3	2.2	2.2
2	2.1	2.1	2.1	2.0	2.0	1.9	1.9	1.9	1.8	1.8
3	1.8	1.7	1.7	1.7	1.6	1.6	1.6	1.5	1.5	1.5
4	1.5	1.4	1.4	1.4	1.4	1.3	1.3	1.3	1.2	1.2
5	1.2	1.2	1.2	1.1	1.1	1.1	1.1	1.0	1.0	1.0
6	1.0	1.0	0.9	0.9	0.9	0.9	0.9	0.8	0.8	0.8
7	0.8	0.8	0.8	0.7	0.7	0.7	0.7	0.7	0.7	0.7
8	0.6	0.6	0.6	0.6	0.6	0.6	0.6	0.6	0.5	0.5
9	0.5	0.5	0.5	0.5	0.5	0.5	0.5	0.4	0.4	0.4
10	0.4	—	—	—	—	—	—	—	—	—
11	0.3	—	—	—	—	—	—	—	—	—
12	0.3	—	—	—	—	—	—	—	—	—
13	0.2	—	—	—	—	—	—	—	—	—
14	0.2	—	—	—	—	—	—	—	—	—
15	0.1	—	—	—	—	—	—	—	—	—

例如已知一台风扇的倍频带声压级为：

倍频带中心频率 (Hz)	31.5	63	125	250	500	1000	2000	4000	8000
声压级 (dB)	85	88	92	87	83	78	70	63	50

求其总声压级。

声压级的大小顺序依次为92、88、87、85、

83、78、70、63、50dB，利用表2-5逐个依次叠加：

最后可得，该风扇的总声压级为95.2dB。

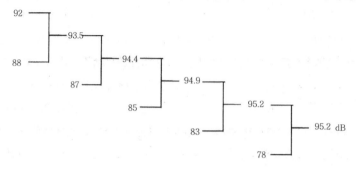

2.3 声音与人的听觉

1. 可听的频率与声压范围

人耳是声波最终的接收者。当声波的交变压力到达外耳时，可使鼓膜按入射声波的频率振动。这些振动经过几个听小骨放大，并通过内耳中的液体传递到神经末梢，最终传至大脑皮层，产生声音的感觉。人对声音的识别主要是依据音调的高低、声音的大小和音色（音品）这三个基本性质，称声音的三要素。音调的高低主要取决于声音的频率，频率越高，音调就越高。同时，音调还与声压级和组成成分有关。声音的大小可用响度级表示。它与声音的频率和声压级有关。而音色则反映出复合声的一种特性，它主要是由复合声中各种频率成分及其强度，即频谱决定的。人耳可听闻的范围在频率、响度等方面均有一定的上、下限。

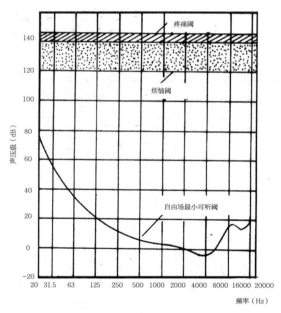

图2-13 人耳的听觉范围

人可听到20000Hz左右的声音，而中年人只能听到12000~16000Hz的声音。可听频率的下限，通常是20Hz。

1）最高和最低可听频率极限

对于可听频率的上限，不同人之间可有相当大的差异，而且和声音的声压级也有关系。一般青年

2）最大和最小的可听声压极限

人耳可接受的声音的声压变化范围是很大的。人耳的最小可听声压极限与测试方式有关。在建筑

声学中，通常用自由场最小可听阈表示。一般正常年轻人在中频附近的最小可听极限大致相当于基准声压，即$2×10^{-5}$ Pa（声压级为0dB）。当一个人最小可听极限提高时，意味着听觉灵敏度降低了。

人耳的最大可听极限可根据对由于极高声压级作用下致聋人员的调查来作出统计判断。在高声压级的作用下，人耳会感觉不舒服，甚至会产生疼痛的感觉。当声压级在120dB左右时，人耳就会感觉不适；130dB左右的声音会引起人耳发痒或产生痛觉；150dB左右的声音可能会破坏人耳的鼓膜等听觉机构，引起永久性的损坏。当然，可容忍的最大声压级还与个人对声音暴露的经历有关。通常，经常处于强噪声环境中的人，可达到130～140dB；而未有此经历的人，其极限约为125dB。图2-13给出了自由场中人耳可听声压级极限的范围。

起来一样响，则它们应具有不同的声压级。人耳对2000～4000Hz的声音最敏感。在低于1000Hz时，人耳的灵敏度随着频率的降低而降低；而在4000Hz以上时，人耳的灵敏度也是逐渐降低的。图2-14表示了以大量具有良好听力的人的试验为依据而得到的等响曲线。这是由国际标准化组织ISO于1964年确定的。可以看出，在1000Hz时，40dB的声音正好与100Hz的50dB或5000Hz的35dB一样响。表示人耳响度级感觉的量称为方（Phon），它考虑了人耳对不同频率的声音的灵敏度的变化。图2-14中右侧的坐标就是响度级。某一频率具有某个声压级的声音，落在哪条等响曲线上，它的响度级就是多少方。等响曲线在声压级低时斜率大，即变化快，而声压级高时，等响曲线比较平坦。这种情况在低频时尤为明显。

2. 声音的主观响度

前述以分贝表示的声音强弱的量度是纯粹的客观量，并没有与人们的主观感觉联系起来，并不是人耳对声音大小主观感觉的度量。人们的响度感觉取决于许多因素，其中最主要的是频谱。

人耳对声音的响应是随频率而变化的。也就是说，相同声压级的声音如果频率不同，人耳听起来是不一样的；反之，不同频率的声音若要听

3. 双耳听闻与声像定位

人耳分布在头部两侧。由于声源发出的声波到达双耳有一定的时间差、强度差和相位差，人们就可以据此来判断声源的方向和远近，进行声像的定位。这种由双耳听闻而获得的声像定位能力，在频率高于1400Hz时，主要取决于到达双耳的声音的强度差；低于1400Hz时，则主要取决于声音到达的时间差。通常，人耳分辨水平方向声源位置的能力比

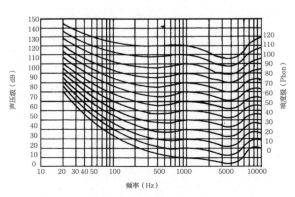

图2-14 等响曲线

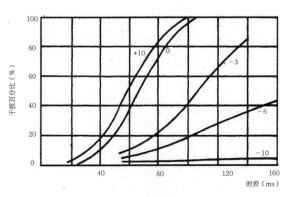

图2-15 哈斯效应图

垂直方向的要好。正常听觉的人在安静和无回声的环境中，水平方向可以辨别出1°～3°的方位变化。在水平方向0°～60°范围内，人耳具有良好的定位能力。超过60°，则迅速变差。而垂直方向的定位，有时要达到60°的方位变化才能分辨出来。

4. 时差效应与回声感觉

声音对人听觉器官的作用效果并不随着声音的消失而立即消失，而是会暂留一段时间。如果到达人耳的两个声音的时间间隔小于50ms，那么人耳就不会觉得这两个声音是断续的。但是，当两者的时差超过50ms，也就是相当于声程差超过17m时，人耳就能判别出它们是来自不同方向的两个独立的声音。在室内，当声源发出一个声音后，人们首先听到的是直达声，然后陆续听到经过各界面的反射声。一般认为，在直达声后约50ms以内到达的反射声，可以加强直达声，而在50ms以后到达的反射声，则不会加强直达声。如果反射声到达的时间间隔较长，且其强度又比较突出，则会形成回声的感觉。回声感觉会妨碍语言和音乐的良好听闻，因而需要加以控制。人耳对回声感觉的规律，最早是由哈斯发现的，故又称哈斯（Hass）效应。图2-15表示了哈斯效应。图中横坐标是两个声音的时差，纵坐标代表了全体被测者中感到受干扰的人数的百分比。各条曲线代表两个声音声级差不同时的干扰情况。可以看出，时差越小，声级差越大，则干扰越小。

5. 掩蔽效应

某一个声音，虽然在安静的房间中可以被听到，但如果在听这个声音时存在着另一个声音，则人耳的听闻效果就会受到影响。这时，若要听清该声音，就要提高它的听阈。入耳对一个声音的听觉灵敏度因为另一个声音的存在而降低的现象，称为掩蔽效应。存在的干扰声音称为掩蔽声。听阈所提高的分贝数称为掩蔽量。提高后的听阈叫做掩蔽阈。因此，若要听到某个声音，它的声压级不仅要超过听者的听阈，而且要超过其所在环境中的掩蔽阈。一个声音被另一个声音所掩蔽的量，取决于这两个声音的频谱、两者的声压级差和两者到达听者的时间和相位关系。通常，掩蔽量有以下特点：

（1）当被掩蔽的声音和掩蔽声频谱接近时，掩蔽量较大，即频率接近的声音掩蔽效果明显；

（2）掩蔽声的声压级越高，掩蔽量就越大；

（3）低频声对高频声会产生相当大的掩蔽效应，特别是在低频声声压级很大的情况下，其掩蔽效应就更大，而高频声对低频声的掩蔽效应则相对较小。

第3章 Sound Characteristics of Language and Music
语言声和音乐声的特性

3.1 语言声的特性

1. 语言声的频率特性

汉语是单音节语言，一字一个音节。音节由元音和辅音组成，元音比辅音容易辨别。通常影响语言清晰度的因素是辅音听错，所以辅音对听懂语言具有很重要的作用。

语声主要由声带振动产生，男子的声带长而厚，故发声频率较低，其基音约为 150Hz；女声基音比男音高，约为 230Hz。汉语普通话的标准平均频谱见图 3-1，其他汉语方言的频谱与此差别不大。语声的频谱形状随着嗓音的大小而有较大变化。图 3-2（a）、图 3-2（b）分别为英语和汉语在不同发音声级时的长时平均频谱。

由于语言声频率范围并不很宽，因此，用于语言扩声的设备只要在 300 ～ 4000Hz 的频率范围内具有平直的频率响应特性即可满足要求。如果兼顾播放音乐节目的需要，可采用具有 100 ～ 4000Hz 的平直的频响特性的扩声设备。

2. 语言声的指向特性

人讲话时是带有方向性的，一般而言，在讲话

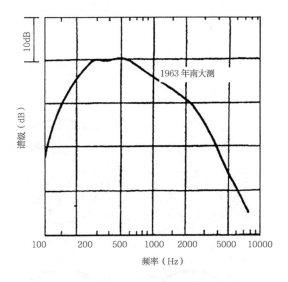

图 3-1 汉语普通话的标准平均频谱

者正前方 140° 范围内声级较高，听音较清楚。语言声的指向特性图与频率有关，低频时指向性不明显，随着频率提高，指向性越来越明显。图 3-3 所示为语声在 5 个不同频率（分别代表低、中、高频声）时的水平面和垂直面的指向性图案。

3. 语言声的声压级与声功率

人讲话时连续发出声级不断变化的声音，因此，语言声压级通常以长时间平均值表示。一般而言，当人用正常嗓音讲话时，在讲者正前方 1m 处声压

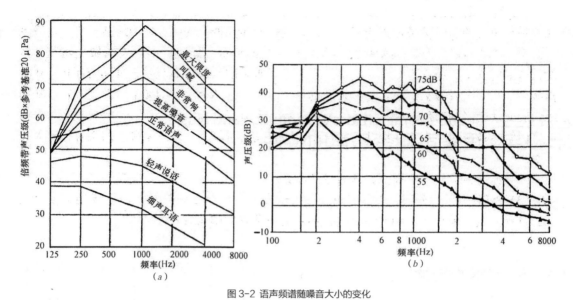

图 3-2 语音频谱随噪音大小的变化

（a）典型男声用不同噪音时的长时间平均语言频谱（英语），距讲者 1m 处的倍频带声压级与频率的关系；
（b）汉语在五种发话总声级时的长时间平均频谱（中科院声学所资料）

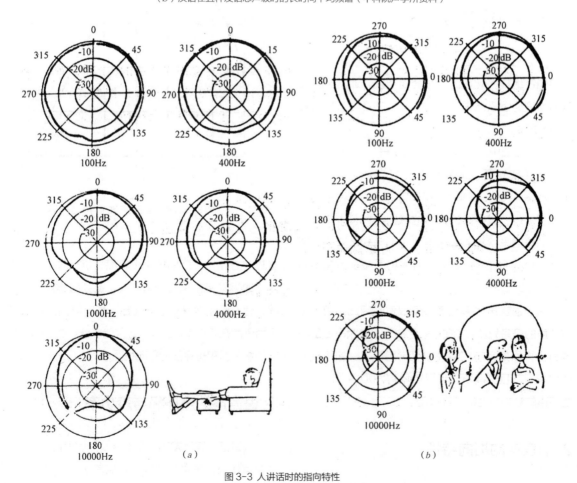

图 3-3 人讲话时的指向特性

（a）通过嘴的水平面指向性图案；（b）通过嘴的垂直面指向性图案

级大约为 50 ~ 65dBA，从最轻的细语至最大的嗓音，其声压级约从 40dBA 变化至 88dBA。实用中可取：正常的嗓音 66dBA；提高的嗓音 72dBA；很响的嗓音 78dBA；喊叫时的嗓音 84dBA。

根据一些实测结果表明，人在大于 60s 的较长时间内讲话时测得的平均声功率输出（包括音节和语句的自然停顿），男子为 34μW（共 5 人，10 ~ 91μW），女子为 18μW（共 6 人，8 ~ 55μW）；如取 1/8s 短时间来统计，其平均声功率则要高得多，男子超过 230μW，女子超过 150μW。选用上述数据时要注意这些取值的含义和统计条件。

3.2　音乐声的特性

音乐声由各种乐器（包括民族乐器、西洋乐器和电声乐器）以及歌唱演员（包括声乐演员和戏曲演员）的发声构成。本节首先介绍各种乐器和乐队的组成与编制，然后介绍各种音乐声的特性。

1. 民族与西洋常用乐器

从古至今，世界上大约出现过 4 万多种乐器。目前比较普遍使用的大约有 200 多种乐器。对乐器的分类，通常使用音乐会分类法，即根据乐器的发音机理，把发音和音色相近的乐器分为木管乐器组、铜管乐器组、弓弦乐器组、打击乐器组及特性乐器组等。下面对常用的中外乐器作一简单的介绍。

1）中国民族乐器

中国传统民族乐器有着悠久的发展历史。中国古代乐器的发明和使用最早可以追溯到新石器时代。中国民族乐器蕴含了中华民族传统文化，体现了人民群众的艺术造诣和工匠精神。

（1）管乐器

管乐器是用来吹奏的乐器，中国民族管乐器主要有：

笛子——用竹管制作，横吹。短的称为梆笛，发音高而明亮清脆；较长的称为曲笛，发音稍低而甜润。

箫——又名洞箫，竖吹，发音深沉而优雅。

排箫——由 16 支或 23 支长短不同的竹管排列制成，竖吹，发音明亮清脆。

唢呐——管身用硬木制成，上安铜管，管上口以芦苇茎制成双簧片哨嘴，竖吹。唢呐又分为小海笛、高音唢呐和中音唢呐数种。

笙——由 13 支或 17 支长短不同的竹管排列制成，管内装有金属簧片，吹之而发声。音色明亮而带金属声。

排笙——是传统笙的改进型，由多支金属管排列制成，管内装簧片，发音较笙略低。

管子——管身木制，以芦苇制成双簧哨嘴，竖吹，发音宽广而略带沙哑。

（2）弹奏乐器

通过拨弦发声的乐器称为弹奏乐器。我国常用的弹奏乐器有：

琵琶——高约 1m，音箱形状上窄下宽，背隆起，用硬木制成，腹平坦，用桐木制作，张 4 根弦，其音清悦。

柳琴——又称柳叶琴，比琵琶小，发音比琵琶高，音色尖锐清脆。

月琴——音箱为圆形，4 根弦，但一、三弦同音，二、四弦同音，音色圆润。

阮——外形与月琴相似，但指板比月琴长，发音清脆圆润，可分为低音阮、大阮、中阮及小阮等。

三弦——其共鸣箱由蟒皮蒙在木槽上制成，张 3 根弦。乐师戴假指甲弹奏，发音清脆。

扬琴——又名洋琴，其共鸣箱扁而宽，上张许多根金属弦。每音二或三弦不等。用两支琴竹击弦发声，音色铿锵，犹如钢琴。

筝——其音箱由木制成，呈窄长方形，上张 16 根金属弦。每弦有一个琴码，用以调节音高。乐师戴假指甲弹奏，音色婉转、清雅、悠长。

古琴——又名七弦琴。琴身窄长，木制，板面上张 7 根弦。琴身上有 13 个圆形标志，称为徽，用以标明音高位置。发音婉转深沉。

扎木聂——又称六弦琴，是藏族传统乐器。琴箱木制，蒙以羊皮或蟒皮，用拨子拨弦弹奏。音色深厚粗犷。

冬不拉——哈萨克族传统乐器。音箱呈瓢形，木制，张 2 根钢丝弦，用拨子弹奏。发音明亮清脆。

热瓦普——又称拉布卜，流行于新疆地区。音箱半圆形，木制，蒙以蟒皮，用拨子弹奏。音色响亮。

独弦琴——京族传统乐器。琴身木制，共鸣箱为立体长方形，右侧稍宽，左侧置一角质琴杆，张 1 根弦。乐师用左手按琴杆改变弦的张力来改变音高，右手用拨子拨弦。音色柔和纤细。

（3）弓弦乐器

这类乐器依靠琴弓摩擦琴弦发声。我国民乐中主要的弓弦乐器（也称拉弦乐器）有：

二胡——又称胡琴、南胡。琴筒木或竹制，一端蒙以蟒皮，张 2 根弦，弓夹在两弦间，其音婉转优美。

高胡——又称粤胡，是广东音乐的重要乐器。外形很像二胡，张 2 根弦，发音比二胡高，明亮而华丽。

中胡——外形类似二胡，但大一号，发音比二胡低。

京胡——是京剧主要伴奏乐器，琴筒竹制，蒙蛇皮，张 2 根弦，发音响亮高亢。

椰胡——琴筒用椰壳制成，以桐木做面板，张 2 根弦，发音圆润、深厚。

板胡——又名秦胡。琴筒用椰壳制作，以桐木做面板，张 2 根弦，发音高亢、响亮而略带沙哑。

革胡——是低音胡琴，张 4 根弦。琴筒木制，蒙以蟒皮。

马头琴——是蒙古族传统乐器。音箱用松板制成，上窄下宽，两面蒙以马皮，张 2 根弦，弓与弦分开，音量洪大。

（4）打击乐器

这类乐器用手或器具敲击而发声。打击乐器分为定音和不定音两种。我国民乐的主要打击乐器有：

木鱼——木制，中空，大小不一，以木槌敲击发声。

拍板——又称檀板、绰板，用紫檀木制成，一副两块，相互碰击发声。

板鼓——又称皮鼓。鼓框用硬木制成，一面蒙皮，用两根竹制鼓签敲击发声。音色尖脆。

锣——铜制，用软槌敲击发声。音色深沉、悠长。

小锣——铜制，用薄木片敲击发声。音色柔和清亮。

钹——又称镲，铜制。由两片组成，合击发声，有大、中、小三种。音色响亮。

达卜——又名手鼓，鼓框木制，上安许多铜圈，蒙蟒皮或羊皮，手击发音。音色清脆响亮。

萨巴依——维吾尔族乐器。用两根并排的小木棍，穿上许多小铁环制成，手摇或敲击肩部发声。

堂鼓——又称大鼓。鼓框木制，两面蒙皮，用两根鼓槌敲击发声。声音低沉有力。

长鼓——朝鲜族乐器。鼓腔木制，两头大、中间小、两端蒙皮。演奏时左手拍鼓，右手执竹片敲打。音色柔和。

象脚鼓——傣族乐器。鼓身木制，上端蒙皮。演奏时斜挂肩上，双手拍打。音色雄壮深厚。

编钟——以铜铸成一系列大小不同的钟，悬挂于架上，用小木槌敲击发声，可演奏音乐。

编磬——以石或玉制成大小不同的磬，悬于架上（通常悬 16 磬，上下各 8 个），用小木槌敲击发声。音色清脆。

十面锣——又称云锣。由 10 面不同音高的小锣组成，挂于架上，用木槌演奏。音色清脆响亮。

2）西洋乐器
（1）木管乐器

木管乐器从发声机理上可分为三种类型：一种是气流直接从吹口吹入管内，引起管内气柱振动发声，如笛类乐器；另一种是气流通过一个簧片的振动而引起管内气柱振动发声，称为单簧管类乐器；还有一种是气流通过两个簧片的振动而引起管内气柱振动而发声，称为双簧管类乐器。

西洋木管乐器原先均用硬木制成，后来出现了胶木管或金属管，但其发声原理和音色仍属木管组。例如现代长笛已改用金属制作，但仍归木管乐器。常用西洋木管乐器有：

长笛（Flute）——又称横笛，其上有用以改变音高的按键。发声原理与笛子同，从中央 C 开始，可吹奏三个八度音程。音色甜美华丽。

短笛（Piccolo）——是一种最高音木管乐器，长约 0.3m，相当于长笛之半，外形与长笛相似，但其音高比长笛高八度。音色尖锐而透明。

双簧管（Oboe）——是一种直吹木管乐器，长约 0.6m，上有许多按键，通过双簧哨嘴吹奏，从中央 C 下方的 B 音开始，可吹奏近三个八度音程。音色甜美柔和。

英国管（English Horn）——实际上是中音双簧管，样子类似双簧管，但管身较大。音色很美，鼻音较重。

单簧管（Clarinet）——亦称竖笛或黑管，是一种直吹木管乐器，长约 0.6m，上有许多按键，通过单簧片吹奏发声，有小、高、中、低音多种。音色明亮优美。

大管（Bassoon）——又名低音管、巴松管，是一种低音双簧木管乐器，长约 1.2m。吹嘴装在一条弯曲的铜管上。高音区音色甜美，低音沙哑、苍劲。

萨克管（Saxophone）——又称沙克斯风，是一种装有单簧片的金属制木管乐器，上有许多按键。从高音到低音，大小共分 6 种，常用的有高、中、次低、低音 4 种。音色甜润、响亮。

（2）铜管乐器

铜管乐器都是由金属制成的管状吹奏乐器。它们是通过嘴唇代替簧片振动发声的器。号管都是圆锥体。现代铜管乐器分为无键和有键两种。无键类铜管乐器只有长号一种。它是利用双套管的伸缩来改变音高。有键类乐器则利用活塞的机械装置来改变音高。常用的铜管乐器有：

小号（Trumpet）——是一种装有杯形吹嘴的高音铜管乐器。音色嘹亮。

短号（Cornet）——是一种军乐队所用的高音铜管乐器。外形与小号相似，但号身较短。音色较小号柔和。

圆号（French Horn）——又称法国号，是一种唯一装有漏斗形吹嘴的铜管乐器。音域可达三个半八度音程。音色温和而高雅。

长号（Trombone）——又称拉管，是一种不设活塞装置，靠双套管的伸缩来改变音高的铜管乐器，有中音和低音两种。音色宏大而庄严。

大号（Tuba）——又称土巴号，是铜管乐器中最低音乐器，有 4 个活塞，发音低沉、广阔、浑厚。

（3）弓弦乐器

弓弦乐器指提琴类乐器。这类乐器由琴体和琴弓组成，通过弓和弦摩擦发声。有时也可以用手指拨弦弹奏。常用的弓弦乐器有：

小提琴（Violin）——琴身木制，张 4 根钢丝弦，定音由低至高依次为 G、D、A、E。音色华丽、明亮，有乐器中之皇后的美称。

中音提琴（Viola）——又称中提琴，是管弦乐之第二号弦乐器，其调律较小提琴低五度，较大提琴高八度，介乎二者之间。音色柔和浑厚。

大提琴（Cello）——管弦乐之第三号弦乐器。其高约 121.9cm，靠夹在两腿间来演奏。

低音提琴（Double-Bass）——又称倍大提琴，是提琴类乐器中的低音乐器，发音低沉、丰厚。

（4）打击乐器

在交响乐队中使用的打击乐可分为有固定音高的打击乐器及无固定音高的打击乐器两类。有固定音高的常用打击乐器有：

定音鼓（Timpani）——由数个尺寸不同的鼓组成，形状犹如半个圆球，鼓身用金属制成，一面蒙以鞣制的皮革。鼓身上还装有螺旋，用来调整鼓皮的张力以便改变音高，用软槌敲击发声。

排钟（Bells）——由 12 根长短不等的金属管制成，悬于架上，用软槌敲击发声。声音悠长。

钟琴（Glockenspiel）——由若干长短不等的长条状合金块排列组成，以架子相托，用两支小槌演奏（另有一种是键盘式的），音色优美、明亮。

无固定音高的常用打击乐器有：

钹（Cymbals）——又名大镲，铜制，分中国式与土耳其式两种，后者音色较亮，乐队多采用之。铜钹一副两片，合击而发声，也可用鼓槌敲击发声。

三角铁（Triangle）——也称三角铃，用金属条弯成三角形制成，用金属小棒敲击发声。音色清亮。

铃鼓（Tambourine）——亦称手鼓。鼓框木制，一面蒙以羊皮，框之四周满装小铃，靠手摇或手击鼓边及鼓面发声。

响板（Castanets）——是一种介壳状木制打击乐器，固定于一木柄上，摇动而发声。

大鼓（Bass Drum）——又称土耳其鼓或低音鼓，扁桶形，鼓框木制或用金属制成，两面蒙皮，发声低沉有力。

小军鼓（Side Drum）——又叫小鼓，圆桶形，鼓身用木或金属制成，两面蒙皮，下边鼓面上张着几根响弦，用两支木槌敲击发声。

大锣（Gong）——原是中国民族乐器，以青铜制作，也在西洋乐队中使用。

（5）特性乐器

指非管弦乐队常规乐器，常见的有：

钢琴（Piano）——分直立式、三角式及音乐会大型钢琴三种。

木琴（Xylophone）——由红木板条编成，以架相托，下悬金属或木制共鸣管，用两根木槌演奏。音色清脆爽利。

竖琴（Harp）——是一种大型拨弦乐器，在弓状琴架上张 47 根弦，下方有 7 个升音踏板，用手指拨弹。音色柔和、优美、华丽。

吉他（Guitar）——又名六弦琴。琴箱木制，张六根弦，分西班牙式与夏威夷式两种。前者音色

清脆明亮，后者华丽悠长。

管风琴（Pipe Organ）——由数十根长短不一的金属管制成，通过电吹风机鼓风发声。演奏者通过键盘演奏。音域很广，声音宏大辉煌。

其他常见的特性乐器还有手风琴、风琴、钢片琴、古钢琴及钢鼓等，就不一一介绍了。

（6）电声乐器

常见的电声乐器有：

电子风琴（Electronic Organ）——又名电风琴，外形类似普通风琴，可分一排、二排及三排键盘几种，有的还有脚踏键盘。可模拟合成数十种以上声音，还可演奏各种自动和弦和伴奏音型。

电吉他（Electric Guitar）——外形类似普通吉他，演奏方式也相似，但要通过放大器和扬声器发声。音色明亮圆润。

电贝司（Bass Guitar）——又称低音吉他，外形及演奏方式均与吉他相似，但指板较长，发音低沉。

合成器（Music-Synthesis）——外形与电子琴相似，可模拟包括人声在内的各种乐器音色，甚至非乐音音响，并可产生闻所未闻的音色，可进行各种和弦及节奏类型的自动伴奏。

组合鼓（Trap Drum）——又名架子鼓、爵士鼓或套鼓，是由一人演奏的一组打击乐器，由踩鼓（1~2个）、小军鼓、桶鼓（4~5个）、镲及吊镲（2~3片）等组成。

2. 民族乐队与管弦乐队的编成

1）民族乐队的编成
（1）大型民族交响乐队

目前，我国一些大型民族交响乐队，如广播民族交响乐团、电影民族交响乐团等，已形成相对较固定的编制，参见表 3-1。

（2）小型民族乐队

小型民族乐队的基本编制，参见表 3-2。

大型民族交响乐队的编成（50人左右）（单位：个）　　　　　表 3-1

木管乐器		弹弦乐器		拉弦乐器		打击乐器		特性乐器	
乐器	数量	乐器	数量	乐器	数量	乐器	数量	乐器	数量
竹笛	3	琵琶	2～3	二胡	6	定音鼓（高、中低）	3	埙、	需要时使用，或作为独奏乐器
唢呐	3	柳琴	1	高胡	4			巴乌	
（高、中、次中音）		扬琴	1～2	中胡	2	大鼓	1	管子独弦琴	
		阮	4	大胡	2	小堂鼓	1		
笙	2	（小、中大、低阮）		大提琴	4～6	钹	1	冬不拉马头琴	
		筝	1	低音提琴	4	小镲	1	京胡	
		月琴	1～2					板胡	
								云锣	
		三弦	2					板鼓	
								木鱼	

小型民族乐队的编成（20人左右）（单位：个）　　　　　表 3-2

木管乐器		弹弦乐器		拉弦乐器		打击乐器	
乐器	数量	乐器	数量	乐器	数量	乐器	数量
竹笛（或箫）	1	琵琶（或柳琴）	1	二胡	3～4	大鼓（兼锣）	1
笙	1	扬琴	1	中胡	1	排鼓（兼云锣）	1
		阮	3	大提琴	1		
唢呐	1	（大、中、小）筝	1	低音提琴	1	小堂鼓	1
						钹	1
						镲	1

西洋三管乐队的编成（通常 80～85 人）（单位：个）　　　　　表 3-3

木管乐器 *		铜管乐器		拉弦乐器		打击乐器		特性乐器	
乐器	数量	乐器	数量	乐器	数量	乐器	数量	乐器	数量
长笛	3	圆号	4	小提琴（I）	10～12～16	定音鼓	3～4	竖琴	1～2
双簧管	3	小号	3	小提琴（II）	8～10～14	大鼓	1	钢琴	1
单簧管	3	长号	3	中提琴	6～8～12	小军鼓	1		
大管	3	大号	1	大提琴	6～8～12	大镲	1	木琴钟琴响板锣	（需要时使用）（由打击乐手兼奏）
				低音提琴	4～8～10				
备注 *	木管乐器也可为长笛二支加短笛一支，双簧管二支加英国管一支，单簧管二支加低音单簧管一支，大管二支加低音大管一支								

2）西洋管弦乐队的编成

西洋管弦乐队的建制比较规范化，乐队的编成比较固定，按其规模可分为单管乐队、双管乐队和三管乐队以及特殊编制（四管）乐队几种。其中弦乐器组人数相对较灵活些，可根据情况适当增减。各种乐队的基本编成详见表 3-3 ～表 3-5。

除了单管、双管和三管乐队外，另有一种特大型交响乐队，称为特殊编制乐队或四管乐队，由 120 人左右组成。其中木管乐器组 16 人，铜管乐器组 18 人，拉弦乐器组 72 人，打击乐器组 6 人，其他特性乐器组 8 人。

3. 民族乐队及西洋管弦乐队的布置

1）民族乐队的布置

民族乐队在舞台上的布置，可参考图 3-4。

2）西洋管弦乐队的布置

西洋管弦乐队在舞台上的布置，大致可分为历史上的布置方式（图 3-5）及目前的布置方式（图 3-6）两种，但这也不是一成不变的。在现代交响乐演奏中，不少指挥家有意打破传统的位置布局，因此，不必拘泥于上述布局方式。

4. 音乐声频率范围

各种乐器的频率范围变化很宽，教堂中的管风琴可发出低于听觉阈限（16Hz）的低音和高达 10000Hz 的高音。一般乐队是由低音提琴发出最低音（41Hz），由短笛发出最高音（3729Hz）。小提琴的基音音域为 196 ～ 2093Hz；中提琴为 130 ～ 1046Hz；大提琴为 65 ～ 659Hz；而低音提琴则为 41 ～ 246Hz。歌唱演员嗓音的频率范围为：女高音 261 ～ 1046Hz；女低音 196 ～ 692Hz；男高音 141 ～ 466Hz；男中音 110 ～ 392Hz；男低音 81 ～ 329Hz。以上所列的仅是基音频率范围，而泛音将大大超过基频范围，甚至超出人的听觉上限（20000Hz）。有些乐器还能

西洋双管乐队的编成（42 ～ 60 人，通常 45 人左右）（单位：个）　　表 3-4

木管乐器		铜管乐器		拉弦乐器		打击乐器		特性乐器	
乐器	数量	乐器	数量	乐器	数量	乐器	数量	乐器	数量
长笛	2	圆号	4	小提琴（I）	6 ～ 8 ～ 12	定音鼓	2	竖琴	1
双簧管	2	小号	2	小提琴（II）	4 ～ 6 ～ 10	小军鼓	1	（或钢琴）	
单簧管	2	长号	2	中提琴	4 ～ 6	大鼓	1	其他打击乐器	（据需要由乐手兼奏）
大管	2			大提琴	4 ～ 6				
				低音提琴	3				

西洋单管乐队的编成（20 ～ 30 人）（单位：个）　　表 3-5

木管乐器		铜管乐器		拉弦乐器		打击乐器	
乐器	数量	乐器	数量	乐器	数量	乐器	数量
长笛	1	圆号	3	小提琴（I）	4 ～ 6	定音鼓	1
双簧管	1	小号	1 ～ 2	小提琴（II）	2 ～ 4		
单簧管	1	长号	1 ～ 2	中提琴	2 ～ 3		
大管	1			大提琴	1 ～ 2		
				低音提琴	1 ～ 2		

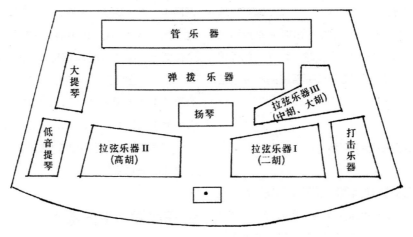

图 3-4 民族乐队的布置

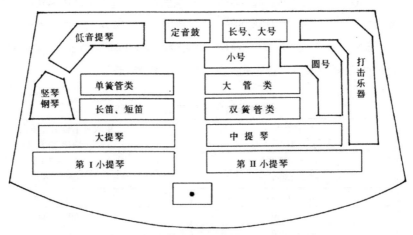

图 3-5 西洋管弦乐队历史上的布置

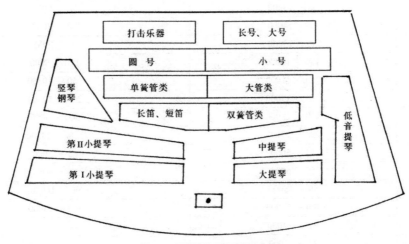

图 3-6 西洋管弦乐队目前的布置

产生低于基音的噪声和次谐音。

表3-6所列为各种乐器的频率范围(包括泛音)。当音乐和歌唱通过电声系统重放时,其频率范围将会有所变化。这种变化取决于有关系统的频率响应特性。

5. 音乐声功率与声压级

我国民族乐器的声功率级,根据华南理工大学亚热带建筑与城市科学国家重点实验室吴硕贤、赵越喆、邱坚珍及星海音乐学院黄虹、吴丽玲等人的测定,结果列于表3-7。民乐及部分演唱声级的动态范围见表3-8。该测试是在华南理工大学亚热带建筑与城市科学国家重点实验室混响室中进行的。该混响室的长、宽、高分别为6.9m、6.3m、4.6m。测试时,每种乐器均由广东民乐团的两位乐师分别用各自的乐器演

奏音阶,取平均值。乐器位于混响室中央一个半径为2m的圆心处,4个传声器分别位于距声源2m的4个位置上,高1.5m。演奏音阶的时间为8s。

各种主要西洋乐器的声功率级见表3-9,声功率级动态范围见表3-10。这是德国声学家J.Meyer根据他本人以及他人测量的结果汇总给出的。

演员演唱时的最大声功率见表3-11。各种乐器演奏时的声功率见表3-12。

6. 乐器发声指向特性

各种乐器发声都具有各自不同的指向特性。同一乐器发声的指向特性也随着所演奏音乐频率的变化而变化,频率越高,指向性也越明显。当需要了解各种乐器的指向特性时,可查阅有关文献,如《建筑声学设计手册》。

各种乐器的频率范围（包括谐频）　　　　表 3-6

声源	频率范围 (基频与谐频,Hz)	重放时不会引起重大音色 改变的频率极限(Hz)
低音提琴	41 ～ 10000	60 ～ 7000
大提琴	65 ～ 16000	90 ～ 8000
小提琴	196 ～ 16000	250 ～ 9000
低音大号	40 ～ 8000	60 ～ 6000
长号	80 ～ 7000	130 ～ 7000
小号	180 ～ 10000	180 ～ 8000
圆号	90 ～ 8000	160 ～ 6000
第五度音程巴松管	60 ～ 13000	80 ～ 9000
低音萨克管	58 ～ 14000	80 ～ 8000
低音单簧管	80 ～ 15000	80 ～ 10000
单簧管	150 ～ 15000	150 ～ 8000
双簧管	250 ～ 12000	250 ～ 10500
高音萨克管	200 ～ 17000	200 ～ 12000
短笛	500 ～ 18000	500 ～ 9000
长笛	250 ～ 17000	250 ～ 13000
定音鼓	45 ～ 5000	65 ～ 3000
鼓	55 ～ 6000	80 ～ 4000
中鼓	80 ～ 18000	90 ～ 16000
钹	300 ～ 18000	400 ～ 14000
管风琴	16 ～ 14000	
大钢琴	27 ～ 12000	

民族乐器声功率级（演奏强音标志乐段 forte 值）　　　表 3-7

拉弦乐器		弹拨乐器		吹奏乐器	
名称	L_{WF} (dB)	名称	L_{WF} (dB)	名称	L_{WF} (dB)
二胡	90	古筝	86	高音唢呐	103
中胡	89	扬琴	91	排箫	92
高胡	86	琵琶	86	洞箫	90
京胡	94	三弦	87	梆笛	99
板胡	91	中阮	85	曲笛	96
椰胡	89	柳琴	83	传统笙	98
		秦琴	82	巴乌	85
		大阮	86	葫芦丝	86
				埙	92
				新笛	97
				低音管	83
				中音唢呐	107
				低音笙	97
				中音笙	98
				高音笙	100

民乐及部分演唱声级的动态范围　表 3-8

声源	动态范围 (dB)	声源	动态范围 (dB)
扬琴	80 ~ 102	笙	60 ~ 103
筝	65 ~ 95	管子	60 ~ 100
板胡	48 ~ 100	锣	95 ~ 110
二胡	50 ~ 98	女中音	60 ~ 90
三弦	60 ~ 101	女高音	58 ~ 100
琵琶	46 ~ 93	男低音	60 ~ 102
笛子	59 ~ 100	男高音	60 ~ 100

西洋乐器声功率级
（演奏强音标志乐段 forte 平均值）　表 3-9

声源	声功率级 (dB)	声源	声功率级 (dB)
小提琴	89	单簧管	93
中提琴	87	巴松管	93
大提琴	90	喇叭（短号）	102
低音提琴	92	小号	101
长笛	91	长号	101
双簧管	93	大号	104

西洋乐器声功率级动态范围
（括号内为单音演奏数值，括号外为连续演奏数值）　表 3-10

声源	动态范围 (dB)	声源	动态范围 (dB)
小提琴	74 ~ 94 (58 ~ 99)	单簧管	77 ~ 98 (58 ~ 106)
中提琴	73 ~ 91 (63 ~ 95)	巴松管	81 ~ 96 (72 ~ 102)
大提琴	74 ~ 96 (63 ~ 98)	短号	86 ~ 107 (65 ~ 117)
低音提琴	79 ~ 96 (66 ~ 100)	小号	89 ~ 104 (78 ~ 111)
长笛	82 ~ 93 (68 ~ 101)	长号	89 ~ 105 (73 ~ 113)
双簧管	83 ~ 95 (70 ~ 103)	大号	93 ~ 108 (77 ~ 112)

演员演唱时的最大声功率　　表 3-11

歌唱演员	声功率（μW）	京剧演员	声功率（μW）
女中音	200 ~ 1100	青衣	200 ~ 20000
女高音	100 ~ 200000	老旦	80 ~ 50000
男低音	50 ~ 5000	小生	700 ~ 80000
男中音	80 ~ 40000	老生	280 ~ 7000
男高音	200 ~ 30000	花脸	700 ~ 50000

乐器演奏时的声功率　　表 3-12

声源	声功率（W）	声源	声功率（W）
75 人乐队	70	小号	0.3
低音鼓	25	大号	0.2
管风琴	13	低音提琴	0.16
小鼓	12	短笛	0.08
拉管	6	单簧管	0.05
钢琴	0.4	长笛	0.03

第4章　Room Acoustic Field
室内声场

在室外，某点声源发出的球面声波，其波阵面连续向外扩张，随着声波与声源距离的增加，声能迅速衰减。而在室内，声波在封闭空间中的传播及其特性比在露天场合要复杂得多。这时，声波将受到封闭空间各个界面，如顶棚、地面、墙壁等的反射、吸收与透射。室内声场因而存在着许多与自由声场不同的声学问题。研究室内声场，对室内音质设计和噪声控制具有重要的意义。

4.1　自由声场与室内声场

1. 自由声场中声音的传播与声压级计算

当点声源向没有反射面的自由空间辐射声能时，声波以球面波的形式辐射。这时，任何一点上的声强遵循与距离平方成反比的定律，见式（2-9）。如果用声压级表示，则距离增加一倍，声压级衰减6dB。如果是线声源，在自由场条件下，声波以柱面波的形式辐射。这时，距离增加一倍，声压级衰减3dB。若是平面波，则声压级不会随距离改变而改变。

在点声源向自由空间辐射声能的条件下，距声源 r 处的声压级为：

$$L_p=L_w- 20\lg r - 11 \qquad （4-1）$$

式中　L_w——声源的声功率级，dB；
　　　r——距声源的距离，m。

在半自由空间条件下，如点声源置于刚硬地面向半无限空间辐射声能的情况下，上式可改写为：

$$L_p=L_w- 20\lg r -8 \qquad （4-2）$$

2. 室内声场的特点

在建筑声学中，常常要面临许多封闭空间的声学问题。这时，室内声场将要受到封闭空间各个界面的影响，其主要特点有：

（1）声波在各个界面引起一系列的反射、吸收与透射；

（2）与自由声场有不同的音质；

（3）房间的共振可能引起某些频率的声音被加强或减弱；

（4）声能的空间分布发生了变化。

分析声波在室内传播的情况，可以用波动声学的理论进行，但这将涉及复杂的数学公式与推导。在工程实践中，主要采用"几何声学"的方法。几何声学适用的前提是：室内界面或障碍物的尺度以及声波传播的距离比声波波长大得多。除了低频段某些频率外，通常室内声学所考虑的问题，用几何声学来处理不致产生大的误差。在室内几何声学中，波的概念不太重要，而代之以声线的概念。声线具

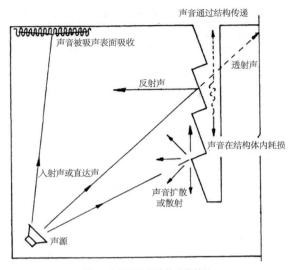

图 4-1 封闭空间内的声学特性

c——声速，m/s；

A——室内表面总吸声量，m^2；

V——房间容积，m^3；

t——声源发声后经历的时间，s。

由上式可以看出，在一定的声源声功率和室内条件下，随着时间 t 的增加，室内瞬时声能密度将逐渐增长。

2）稳态声能密度

从式（4-3）可知，当 $t=0$ 时，$D(t)=0$；当 $t \to \infty$ 时，$D(t) \to \dfrac{4W}{cA}$。这时，单位时间被室内吸收的声能与声源供给的声能相当，室内声能密度不再增加，而是处于一种稳定状态。在大多数情况下，大约经过 1 ~ 2s，室内声能密度就可以接近稳态。

3）室内声音的衰变

当声能密度达到稳态时，若声源突然停止发声，室内接收点上的声音并不会立即消失，而是有一个逐渐衰变的过程。首先是直达声消失，然后是一次反射声、二次反射声……逐次消失。因此，室内声能密度将逐渐减弱，直至趋近于零。这一衰变过程亦称为"混响过程"，可用下式表示：

$$D(t) = \frac{4W}{cA} e^{-\frac{cA}{4V}t} \qquad (4-4)$$

由上式可以看出，随着时间的增长，声能密度 $D(t)$ 逐渐减小，且室内总吸声量 A 越大，房间容积 V 越小，则衰变过程进行得越快。

室内声音的增长，达到稳态和衰变的过程可用图 4-2 表示。根据表达式可知，理想的衰变曲线是指数曲线的形式。

有明确的传播方向，且是直线传播的。它代表球面波的一部分，携带着声能以声速前进。由于在几何声学中用声线的概念来取代波的概念，因而通常不考虑衍射、干涉等现象。如果声场是几个分量的叠加，那么就是它们声强的简单相加，而不考虑它们之间的相位关系。图 4-1 可以形象地说明当声线入射到室内各界面时所可能发生的各种情况。

3. 室内声音的增长和衰减

1）室内声音的增长

当声源在室内辐射声能时，声线遇到界面，就有部分声能被吸收，部分被反射。反射的声能继续传播，将再次乃至多次被吸收和反射。这样，在空间就形成了一定的声能密度。如果声源是连续地发声，随着声源不断地供给能量，室内声能密度将随时间而增加，这就是室内声音的增长过程，可用下式表示：

$$D(t) = \frac{4W}{cA} (1 - e^{-\frac{cA}{4V}t}) \qquad (4-3)$$

式中　$D(t)$——瞬时声能密度，J/m^3；

　　　W——声源声功率，W；

4. 室内声压级计算

1）直达声、早期反射声与混响声

当一声源在室内发声时，声波由声源到各接收点形成了复杂的声场。任一点所接收到的声音可看

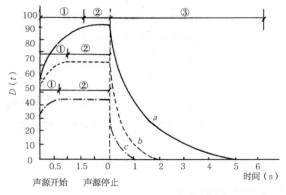

①增长过程；   ②稳态过程；   ③衰变过程
a- 吸收较少；   b- 中等吸收；   c- 吸收较强；
图 4-2 室内声音的增长、稳态和衰变过程

声源指向性因数   表 4-1

点声源位置	指向性因数
全自由空间	$Q=1$
半自由空间	$Q=2$
1/4 自由空间	$Q=4$
1/8 自由空间	$Q=8$

成由三个部分组成：直达声、早期反射声及混响声。

（1）直达声：声源直接到达接收点的声音。这部分声音不受室内界面的影响，其传播遵循距离平方反比定律。

（2）早期反射声：一般是指直达声到达后，相对延迟时间为 50ms（对于音乐可放宽至 80ms）内到达的反射声。这些反射声主要是经由室内界面一次、二次及少量三次反射后到达接收点的声音，故也称为近次反射声。这些反射声会对直达声起到加强的作用。

（3）混响声：在早期反射后陆续到达的，经过多次反射后的声音统称为混响声。有的场合，当不必特别区分早期反射声时，也可把早期反射声包括在混响声里面，即除了直达声外，余下的反射声统称为混响声。

2）室内稳态声压级

当一声功率级为 L_w 的声源在室内连续发声，声场达到稳态时，与声源距离为 r 的某一点的稳态声压级，可近似地看作由直达声和混响声两部分组成。直达声声强与距离 r 的平方成反比，而混响声的强度则主要取决于室内的吸声状况。故稳态声压级 L_p 可由下式表示：

$$L_p = L_w + 10\lg \left(\frac{Q}{4\pi r^2} + \frac{4}{R} \right) \tag{4-5}$$

式中 L_w——声源声功率级，dB；

Q ——声源指向性因数，见表 4-1；

r ——接收点与声源距离，m；

R ——房间常数，$R = \frac{S\bar{\alpha}}{1-\bar{\alpha}}$，$m^2$，其中：

$\bar{\alpha}$ ——室内平均吸声系数，$\bar{\alpha} =$

$$\frac{S_1\alpha_1 + S_2\alpha_2 + ... + S_n\alpha_n}{S_1 + S_2 + ... + S_n}$$

式中 S_1、S_2...S_n 和 α_1、α_2...α_n——各种界面材料的表面积及其吸声系数；

S ——室内总表面积，$S=S_1+S_2+...+S_n$，m^2。

上式计算室内稳态声压级时，忽略了空气对声音的吸收，而考虑到声源所处位置的影响，则用指向性因数 Q 来修正。从表 4-1 可以看出，当声源在房间中央时，$Q=1$；在一面墙或地面上时，$Q=2$；在两面墙的交界处，$Q=4$；在三面墙的交角处，$Q=8$。

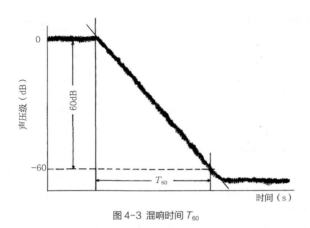

图 4-3 混响时间 T_{60}

3）混响半径

从室内稳态声压级的计算公式可以看出，在接近声源即 r 较小处，直达声占主要成分；随着距离 r 的增大，混响声的作用逐渐加强；更远处，则混响声将起主要作用，此时，声压级的大小主要决定于室内吸声量的大小，而与距离无关。二者作用相等之处离开声源的距离称之为"混响半径"r_c，也称"临界半径"。它是区分直达声与混响声哪一个起主要作用的分界点。混响半径处，应有：

$$\frac{Q}{4\pi r_c^2} = \frac{4}{R} \qquad (4-6)$$

上式可转化为：

$$r_c = \sqrt{\frac{RQ}{16\pi}} = 0.14\sqrt{RQ} \qquad (4-7)$$

在室内，当接收点与声源的距离小于 r_c 时，接收点的声能主要是直达声的贡献。这时进行吸声处理对声场特性没有明显效果；只有当接收点与声源的距离超过混响半径 r_c 时，改变室内吸声量才会有明显的意义。同理，当听者与声源的距离小于 r_c 时，直

达声作用大于混响声，容易得到较高的清晰度；而反之，当距离大于 r_c 时，则清晰度降低，混响感提高。

4.2 混响时间及其计算

声源在室内发声后，由于反射与吸收的作用，使室内声场有一个逐渐增长的过程。同样，当声源停止发声以后，声音也不会立刻消失，而是要经历一个逐渐衰变的过程，或称混响过程。混响时间长，将增加音质的丰满感，但如果这一过程过长，则会影响到听音的清晰度。混响过程短，有利于清晰度，但如果过短，又会使声音显得干涩，强度变弱，进而造成听音吃力。因此，在进行室内音质设计时，根据使用要求适当地控制混响过程是非常重要的。

在室内音质设计中，常用混响时间作为控制混响过程长短的定量指标。混响时间是当室内声场达到稳态后，令声源停止发声，自此刻起至声压级衰变 60dB 所历经的时间，记作 T_{60}，或 RT，单位是秒（s），见图 4-3。

长期以来，不少学者对混响时间的计算进行了大量研究。目前，比较适用于工程设计的计算公式主要有赛宾公式和伊林公式两种。

1. 赛宾公式

20 世纪末到 21 世纪初，赛宾（W.C.Sabine）首先建立起混响时间与房间容积和室内总吸声量的定量关系，即：

$$T_{60} = \frac{0.161V}{S\bar{\alpha}} \qquad (4-8)$$

式中　V——房间容积，m^3；

　　　S——室内总表面积，m^2；

　　　$\bar{\alpha}$——室内平均吸声系数。

空气衰减系数 4m 值（m^{-1}，20℃）   表 4-2

相对湿度	倍频程中心频率（Hz）			
	500	1000	2000	4000
50%	0.0024	0.0042	0.0089	0.0262
60%	0.0025	0.0044	0.0085	0.0234
70%	0.0025	0.0045	0.0081	0.0208
80%	0.0025	0.0046	0.0082	0.0194

赛宾公式具有非常重要的意义。但是，在实际使用中，如果总吸声量超过一定的范围，则计算结果与实际情况的误差较大。据研究，赛宾公式适用于室内平均吸声系数 $\bar{\alpha}$ <0.2 的情况。

2. 伊林公式

在赛宾公式的基础上，又有人进行了大量的研究，作出了某些修正，其中包括在工程界普遍应用的伊林（Eyring）公式：

$$T_{60} = \frac{0.161V}{-S\ln(1-\bar{\alpha})} \qquad (4-9)$$

式中各符号的意义同式（4-8）。

上式仅考虑了室内表面的吸声。但实际上，当房间较大时，空气对频率较高的声音（2000Hz 以上）也有较大的吸收。这种吸收主要取决于空气的相对湿度和温度的影响。当计算中需考虑空气吸声时，式（4-9）可修正为：

$$T_{60} = \frac{0.161V}{-S\ln(1-\bar{\alpha})+4mV} \qquad (4-10)$$

式中   4m——空气衰减系数，见表 4-2。

式（4-10）是在赛宾公式的基础上加以修正而得出的。特别是当室内吸声量较大时（$\bar{\alpha}$ >0.2），计算结果更加接近于实际值。例如，当 $\bar{\alpha}$ 趋近于 1 时，即声能全部被吸收时，实际的混响时间应趋向于零。但是，按赛宾公式计算时，T60 并不为零，而是接近于 $\dfrac{0.161V}{S}$ 这一定值；若按伊林公式计算，则由于 ln（1-$\bar{\alpha}$）趋向于 ∞，使 T60 趋向于零。而当 α 较小时，-ln（1-$\bar{\alpha}$）与 $\bar{\alpha}$ 很接近，两者的计算结果相近。此外，由于在计算中考虑了空气对高频声的吸收，故减少了高频混响时间的计算误差。

3. 混响时间计算公式的精确性

混响时间计算公式的计算结果与实测值往往有 10% ~ 15% 左右的误差，有时会更大。其主要原因有：

（1）赛宾公式、伊林公式等的推导过程中，都运用了一些假设条件，即首先假定室内声场是完全扩散的，室内任何一点上的声音的强度均相同，而且在任何方向上均一致；其次，假定室内各个表面吸声是均匀的。但是在实际中，这些假设条件往往不能完全满足。如在观众厅中，观众席上的吸声要比墙面、顶棚大得多。有时，为了消除回声，还

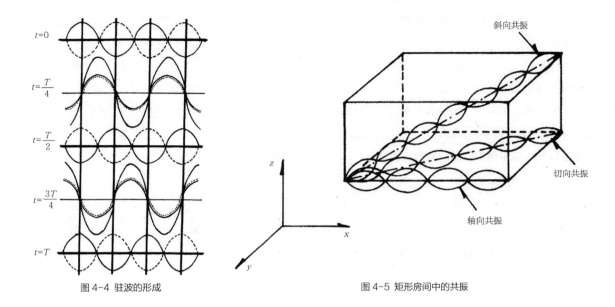

图 4-4 驻波的形成   图 4-5 矩形房间中的共振

会在后墙上作强吸声处理，因而室内吸声分布很不均匀。在实际中，完全扩散、均匀分布的声场是很少存在的。声源常具有一定的指向性，又常位于房间的一端发声，而房间的形状又是各式各样的，房间尺度的变化范围也可能较大。这些都导致了声场的不均匀性。

（2）第三节将介绍的驻波和房间共振，将使某些频率的声音加强并延长它们的衰变时间，使声音失真。混响时间的计算公式并未考虑这种现象。

（3）在计算中所用的数据也有可能不太准确。主要是材料的吸声系数一般是选自各种资料或是通过实验测量而得到的，它们都是根据标准的测试方法，在无规入射的条件下对一定面积试件的测量结果。而材料的实际使用状况不可能完全符合这些条件，因而产生了一定的误差。此外，对各种吸声面积的准确计算也有不少困难。还有些吸声结构其吸声量很难加以测定。例如观众厅的吊顶、观众、座椅以及舞台等，它们的吸声量都不是很精确的。

通过上面的分析可以看出，混响时间的计算与

实测结果之间往往有一定的误差，但并不能因此而否定这些公式的重要价值。要使用唯物辩证的思维方法，认清事物的主要矛盾，来解决问题。为了修正这些误差，在室内最后装修阶段，可对某些界面材料进行调整，并配合以实地测量，以便最终达到令人满意的效果。

4.3 驻波与房间共振

生活中，我们常常会遇到共振现象，即某一物体被外界干扰振动激发时，将按照它的某一固有频率振动。激发频率愈接近于物体的某一固有频率，其振动的响应就愈大。在室内，当声源发声时，如果激发起这个房间的某些固有频率，也会发生共振现象，使声源中某些频率被特别地加强。此外，还会使某些频率的声音在空间分布上很不均匀，即某些固定位置被加强，某些固定位置被减弱。所以，房间共振现象会对室内音质造成不良的影响。

房间共振可以用波动声学的驻波原理加以说明。简单地说，驻波是驻定的声压起伏，由两列在相反方向上传播的同频率、同振幅的声波相互叠加而形成。图4-4可以解释这种现象。

图中实线为入射波，虚线为反射波，二者相向传播。在 $t=0$ 时，反射的声波与入射声波压力抵消，也就是声压的瞬时消失，用水平粗实线表示；$t=\frac{T}{4}$ 时，入射声波与反射声波的叠加达到最大，同样用粗实线表示；在 $t=\frac{T}{2}$ 时，同 $t=0$ 时刻；$t=\frac{3}{4}T$ 时，同 $t=\frac{T}{4}$ 时刻。可以看出，无论哪一时刻，图中竖线处，即自反射面起半波长的整数倍处，均是始终不振动的点，即波节。在两波节间的中点处，振幅最大，即波腹。在相距为 L 的两平行墙面之间，产生驻波的条件是：

$$L = n \cdot \frac{\lambda}{2}, \quad n=1,2,3,\cdots\cdots \infty \quad （4-11）$$

当声源持续发声时，在两平行墙之间始终维持驻波状态，即产生轴向共振，其共振频率为：

$$f = \frac{nc}{2L} \quad （4-12）$$

可见，在矩形房间的三对平行表面间，只要其距离为半波长的整数倍，就可产生相应方向上的轴向共振。

在矩形房间中，除了上述三个方向的轴向驻波外，声波还可在两维空间内产生驻波，称切向驻波；同样，还会出现三维的斜向驻波，见图4-5。

在一矩形房间中，计算房间共振频率（包括轴向、切向和斜向）的通用公式为：

$$f_{n_x,n_y,n_z} = \frac{c}{2}\sqrt{\left(\frac{n_x}{L_x}\right)^2 + \left(\frac{n_y}{L_y}\right)^2 + \left(\frac{n_z}{L_z}\right)^2}$$

$$（4-13）$$

式中 L_x、L_y、L_z——房间的长、宽、高，m；

n_x、n_y、n_z——零或任意正整数，但不同时为零。

由上式可以看出，只要 n_x、n_y、n_z 中有一项为零，就可以算出切向共振频率；如果有两项为零，则可求得相应于某一轴向的共振频率。利用这个公式，选择 n_x、n_y、n_z 为一组不全为零的非负整数，就对应于一组振动方式。例如计算一个尺寸为 7m × 7m×7m 的矩形房间的 10 个最低共振频率，如表4-3所示：

房间共振频率计算　　　　　　　　　　　　　　表4-3

振动方式 $(n_x,\ n_y,\ n_z)$	1, 0, 0	0, 1, 0	0, 0, 1	1, 1, 0	1, 0, 1	0, 1, 1	1, 1, 1	2, 0, 0	0, 2, 0	0, 0, 2
共振频率 （Hz）	24	24	24	34	34	34	42	50	50	50

由上表的计算结果可以看出，该房间某些共振方式的共振频率相同，如（1,0,0）、（0,1,0）、（0,0,1）几种方式的共振频率均为24Hz。这时，就会出现共振频率的重叠现象，或称共振频率的简并。在出现简并的共振频率上，那些与共振频率相当的声音将被大大加强，这会造成频率畸变，使人们感到声音失真，产生声染色。此外，这种房间的共振

还表现为使某些频率，尤其是低频声在空间分布上很不均匀，出现了在某些固定位置上的加强和某些固定位置上的减弱。

为了克服简并现象，需要选择合适的房间尺寸、比例和形状，并进行室内表面处理。例如在房间比例上，如果将上述 7m×7m×7m 的房间改为 6m×6m×9m，即只有两个尺度相同，便可计算得

共振频率的分布要均匀一些。如果尺寸进一步改为 6m×7m×8m，即房间三个方向的尺度均不相同，则共振频率的分布就更为均匀了。可见，正立方体的房间最为不利。如果将房间长、宽、高的比值选择为无理数时，则可有效地避免共振频率的简并。再者，如果将房间的墙面或顶棚处理成不规则的形状，布置声扩散构件，或合理布置吸声材料，也可减少房间共振所引起的不良影响。

第5章 Evaluation of Room Acoustics
音质评价

人们在不同观演建筑（厅堂）中聆听演讲或音乐演出时，由于不同厅堂声学条件的差异，导致音质效果可以有较大的不同。如何来描述和评判这种音质的差别呢？长期以来，在乐师、指挥家、录音师和声学家中流行着一些评价音质的行话或术语，例如丰满、活跃、温暖、干涩、沉寂、空间感、视在声源宽度、环绕感等。这些是描述人们对音质主观感受的评价指标。但是，为了指导厅堂声学设计，还必须寻找能与音质主观评价良好相关的客观物理指标。这些指标应该是可以用仪器加以测量，也可以用公式加以计算的。本章首先解释音质主观评价术语的含义，然后介绍若干重要的音质评价客观物理指标，最后介绍音质主观感受与客观物理指标的关系。

5.1 音质主观评价

音质主观评价可分为对语言声的主观评价和对音乐声的主观评价两类。对于语言声听闻主要有清晰度和可懂度方面的要求，同时应有一定的响度，使之听起来不费力。对音乐声，除了清晰度（或称明晰度）和响度的要求外，还有丰满度、平衡感和空间感等方面的要求。

1. 语言声音质主观评价

语言可懂度是指对有字义联系的发音内容，通过房间的传输，能被听者正确辨认的百分数。清晰度则指对无字义联系的发音内容，通过房间的传输，能被听者听清的百分数。由于字义上有联系的发音内容，听者可以从上下文联系上加以猜测、推断，所以可懂度往往高于清晰度。

语言清晰度的主观评价测试是采用 20 个不同韵母的汉字组成发音字表，让口齿清楚、发音较准的人念，并由听众在相应的判别字表上根据听音结果选择打勾。该判别字表由 20×5 个汉字组成，对应每个韵母有 5 个汉字可供选择。例如对应于发音字表上的溜字，有溜、秋、休、纠、丢 5 个汉字供听者取舍。测试完毕，算出每位听者正确选择字数占 20 个字的百分比，加上猜测修正，即得到每位听者的清晰度百分数。所有听者测听结果的平均值，即为该房间语言清晰度百分数。猜测修正项为：

$$\frac{1}{N-1}\left(\frac{E}{T}\right) \times 100\% \qquad (5-1)$$

式中 T——发音字数；

E——听错字数；

N——测听时每个字可供选择的字数，通常 $N=5$。

除了清晰度的要求外，对语言声还要求有适当的响度，并要求频谱不失真。

2. 音乐声音质主观评价

音乐声听闻的清晰度（也称为明晰度），可分为横向清晰度与纵向清晰度两种。前者指的是相继音符的分离与可辨析的程度。后者指的是同时演奏的音符的透明度与可辨析程度。

音乐的丰满度指的是音乐在室内演奏时，由于室内各界面的反射对直达声所起的增强和烘托的作用。缺乏反射声的音质环境称为干涩或沉寂。人们在无反射声的旷野里听到的只是直达声，因此，声音听起来很干涩；而在反射声丰富的房间里听到的声音则显得饱满、浑厚而有力。这种由于室内各界面的声反射而获得的音质比在旷野里听闻的音质其提高程度就称为丰满度。有时还把低频反射声丰富的音质称为具有温暖度，而把中、高频反射声丰富的音质称为具有活跃度。

亲切度是指听众在尺度较小的房间内听音的感觉，也即对厅堂大小的听觉印象。古典作曲家作曲时，头脑中常有对其作品所演奏的房间的亲切度的考虑。例如室内乐作品适宜在亲切度高、清晰度高而丰满度较低的房间中演奏；而巴哈的管风琴作品，则适宜在类似大教堂的大空间内演奏，即亲切度要求不高，而丰满度要求高。

音乐的平衡感有时也称为音色（注意：这里的音色指 Tone Color，与通常所指的与音品同义的音色 Timbre 有区别），指的是低、中、高频声音的平衡及乐队各声部的平衡。

音质的空间感的含义较广泛。它包括声源的轮廓感、立体感以及声源在横向的拓宽感（视在声源宽度）和纵向的延伸感。环绕感则指听众被音乐所包围的感觉。

除了上述主观感觉外，听音乐还要有足够的响度感。总之，良好的音质感受主要有以下几个方面：

① 在混响感（丰满度）和清晰度之间有适当的平衡；② 具有合适的响度；③ 具有一定的空间感和环绕感；④ 具有良好的音色，即低、中、高音适度平衡，不畸变、不失真。

5.2   音质客观评价

音质的客观评价指的是用可以测量，并可以通过公式加以计算的物理指标来评价厅堂音质。通过客观评价可以避免主观评价的模糊性与离散性，并有助于指导厅堂音质设计，使之达到定量化、科学化的程度。目前国际声学界常用的客观指标主要有下述几项：

1. 混响时间与早期衰变时间

第一个与音质评价有关的物理指标就是混响时间 RT。它的定义为室内稳态声压级衰变 60dB 所经历的时间。通常它是由室内稳态声级由 −5dB 衰变至 −35dB 的衰变率乘以 2 所求出的衰变时间。混响时间的测量与计算分为空场（无观众在场）及满场两种情况。以满场中频（500Hz 与 1000Hz）的平均值作为评价参量。

混响时间的计算公式可用赛宾公式及伊林公式进行推导（参见第四章式（4-8）及式（4-10））。

与 RT 相关的另一表征室内声衰变的物理指标称为早期衰变时间 EDT。它的定义为稳态声级由 0 ~ −10dB 的衰变率乘以 6 而得出的衰变时间。

2. 声压级与强度指数

为使语言和音乐听起来清晰，不费劲，甚至有快感，声信号就必须具有一定的声压级，并且信噪比要高。所谓信噪比指的是语言或音乐声信号的声压级高出背景噪声级的值。一般对语言声压级的要求较低，对音乐声压级要求高一些，听起来才过瘾。同时共同的要求是背景噪声级要低。

由于音乐演奏过程中，声压级是波动起伏的，其变化的动态范围可达 40dB 以上，所以必须设法规定一个单一的声压级指标来评价。为此，笔者与奥地利声学家奇廷格教授（E. Kittinger）曾建议采用乐队齐奏强音标志（f）乐段时的平均声压级 L_{pf}（dB）作为评价指标。尽管它不仅仅由厅堂的设计参数所唯一决定，与乐队的声功率也有关，但其优点是可以据此决定在不同大小的厅堂中，为获得最佳响度感，合适的乐队规模是多大。

另一个与响度评价指标有关的物理指标是强度指数 G。它的定义为厅堂某处由无指向性声源所贡献的声能与同一声源在消声室中离开 10m 处测得的声能之比，也等于厅堂中某处测得的某声源的声压级与其声功率级之差。

$$G = L_p - L_w \quad （dB） \quad （5-2）$$

显然此指数排除了声源声功率对响度的影响。

3. 侧向能量因子与双耳互相关系数

20 世纪 60 年代以来，声学家们发现侧向反射声能（80ms 以内）与良好的音质空间感有关。后来，又进一步发现空间感与到达双耳的声信号的差别程度有关。据此提出若干评价指标，最主要的有侧向能量因子和双耳互相关系数。

侧向能量因子 LEF 的定义为

$$LEF = \frac{早期侧向声能（5 \sim 80ms）}{早期总声能（0 \sim 80ms）} \quad （5-3）$$

双耳互相关系数 IACC 的定义式比较复杂（可参看本书附录五）。它实际上是在厅堂中，当听众面对表演实体时，到达其双耳的声信号的差别的度量。它表明到达双耳的声音的不相似性。这种不相似性越大，则 IACC 值越低，而空间感越佳。

4. 混响时间的频率特性

为使音乐各声部声音平衡，音色不失真，还必须照顾到低、中、高频声音的均衡。这就要求混响时间的频率特性要平直，或者允许低频混响时间有 10% ~ 45% 的提高。因此，音乐厅较理想的混响时间频率特性 $RT(f)$ 应符合图 5-1 的要求。

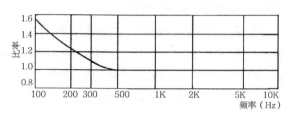

图 5-1 混响时间频率特性

有关音质评价的客观物理指标不少，本节仅举出若干最重要的评价指标。其余的评价指标以及本节中列出的评价指标的数学定义式、容许值和优选值在附录五中给出。有兴趣的读者可以参看。其中语言传输指数 STI 是评价语言清晰度的重要客观指标。

5.3　音质主客观评价的关系

混响时间（或早期衰变时间 EDT，下同）与丰满度、活跃度以及清晰度等主观音质感受有关。一般而言，混响时间长则丰满度增加而清晰度下降。混响时间 RT 的两个方面与增强丰满度有关。第一个因素是 RT 的长度，特别是 EDT 的长度；第二个因素是混响声能与早期声能的比值。音乐的横向清晰度与演奏速度，音的重复以及相继音的强度等因素有关，同时又取决于混响时间的长短以及早期声能与混响声能之比。当 RT 较短，而早期声与混响声声能比较大时，无论演奏速度快或慢，都可达到清晰的效果，易于辨别音符之间的分离。然而当 *RT* 较长时，对于演奏速度较慢的段落，虽仍可听得清晰，但对于演奏速度较快的段落，则音的起奏和自然衰变都淹没在混响声中而显得模糊不清。音乐的纵向清晰度一方面取决于各声部声音在乐台区的融合与平衡，取决于厅堂对低、中、高频声音的响应以及早期与混响声能比，另一方面则取决于乐谱、演奏水平及听者的听觉灵敏度。混响时间对语言清晰度的影响也与对音乐清晰度的影响相同。由于对于语言听闻清晰度方面的要求是首要的，所以语言听闻环境要求较短的 *RT*，以保证语言清晰度与可懂度。

声压级及强度指数首先与主观响度感觉相关。同时声压级还影响清晰度、亲切度和空间感。对语言声和音乐声可以选择不同的声压级标准。对于语言声，一般要求 50 ~ 65dB，信噪比要达到 10dB。如果房间大部分座位处的声压级达不到此要求，就要考虑用扩声系统来弥补声压级的不足，或提高信噪比。对于音乐声，一般要求声压级在 75 ~ 96dB 之间。声压级还与可懂度有关。当声压级很低时，只有全神贯注地听，才能听清听懂，很是费劲。但如果声压级过高，也会影响清晰度。图5-2 表明了英语清晰度与声压级的关系。

声压级与亲切度也有关。有证据表明，当声压级较高时，听音亲切度也就较高。声压级还与空间感有关。德国声学家的研究表明，当聆听音乐时，通常要当乐队齐奏强音标志（*f*）乐段的平均声压级 L_{pf} 达到 90dB 时，才可能感受到满意的空间感。尤其是低频的声压级对空间感的影响较大，低频声压

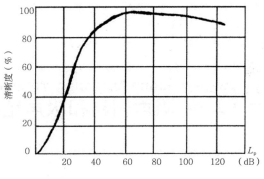

图 5-2 英语音节清晰度与声压级关系

级越高，则空间感越强。

早期能量因子 *LEF* 及双耳互相关系数 *IACC* 主要影响音质空间感。*LEF* 越大，或 *IACC* 值越低，则空间感越强。环绕感主要取决于 80ms 以后的混响声能。如果这种混响声能可以从四面八方到达听众，则听众会感到仿佛被音乐声所包围而沉浸于音波之中。因此，环绕感还与厅堂的扩散性能有关。

混响时间或早期衰变时间的频率特性与音色的平衡有关。如果低音比（指低频的 *RT* 与中频的 *RT* 之比）过小，则音色缺乏温暖度。因此，要求厅堂的混响时间的频率特性要满足图 5-1 的要求。

从上面的分析可看出，音质主客观评价参量之间的关系并非一一对应的简单关系，而是一种多元映射的复杂关系。要搞清楚这种关系是一项十分困难的任务。20 世纪以来，声学家们对此作出了许多努力，也取得了若干重要成果。但是影响音质的许多因素以及主客观参量的相互关系的许多方面，至今仍不十分清楚。这仍是一个跨世纪的研究课题。

第6章 Sound Absorbing Materials and Structures
吸声材料和吸声结构

6.1　概述

　　所有建筑材料都有一定的吸声特性，工程上把吸声系数比较大的材料和结构（一般大于 0.2）称为吸声材料或吸声结构。吸声材料和吸声结构的主要用途有：在音质设计中控制混响时间，消除回声、颤动回声、声聚焦等音质缺陷；在噪声控制中用于室内吸声降噪以及通风空调系统和动力设备排气管中的管道消声。

　　材料和结构的吸声能力用吸声系数表示。围护结构的吸声系数为被吸收和透过的声能之和与入射声能之比值，即：

$$\alpha = \frac{E_\tau + E_\alpha}{E_0} \qquad (6-1)$$

$$或 \quad \alpha = \frac{E_0 - E_r}{E_0} \qquad (6-2)$$

式中　α ——吸声系数；
　　　E_τ ——透射声能；
　　　E_α ——吸收声能；
　　　E_r ——反射声能；
　　　E_0 ——入射声能。

　　如果吸声材料处于房间中央，由于透过材料的声能仍在房间中，故透射声能不包括在吸声系数中（图6-1），此时，$\alpha = E_\alpha / E_0$。

　　根据入射角度不同，吸声系数分为垂直入射吸声系数 α_0，无规入射吸声系数 α_T 和斜入射吸声系数 α_θ。垂直入射吸声系数一般用驻波管法测量，故也称为驻波管法吸声系数。无规入射吸声系数是声波入射角在 0°~ 90° 之间均匀分布时的吸声系数，一般在混响室内测量，也称混响室法吸声系数。建筑声环境中，通常声波从各个方向入射，近似为无规入射，因此，宜选用无规入射吸声系数值。

　　同一种材料和结构对于不同频率的声波有不同的吸声系数。通常采用 125、250、500、1000、2000、4000Hz 六个频率的吸声系数来表示材料和结构的吸声频率特性。有时也把 250、500、1000、2000Hz 四个频率吸声系数的算术平均值称为"降噪系数"（NRC），用在吸声降噪时粗略地比较和选择吸声材料。

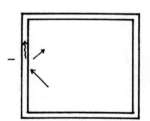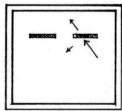

图6-1 声波的吸收

6.2 材料和吸声结构分类

吸声材料和吸声结构的种类很多，依其吸声机理可分为三大类，即多孔吸声材料、共振型吸声结构和兼有两者特点的复合吸声结构，如矿棉板吊顶结构等。

根据材料的外观和构造特征，吸声材料大致可分为表 6-1 中所列几类。材料外观和构造特征与吸声机理有密切的联系，同类材料和结构具有大致相似的吸声特性。

6.3 多孔吸声材料

1. 吸声机理及吸声特性

多孔吸声材料的构造特点是具有大量内外连通的孔隙和气泡，当声波入射其中时，可引起空隙中空气振动。由于空气的黏滞阻力，空气与孔壁的摩擦，使相当一部分声能转化成热能而被损耗。此外，当空气绝热压缩时，空气与孔壁之间不断发生热交换，由于热传导作用，也会使一部分声能转化为热能。

主要吸声材料种类及其吸声特性 表 6-1

类型	基本构造	吸声特性*	材料举例	备注
多孔吸声材料			超细玻璃棉、岩棉、珍珠岩、陶粒、聚氨酯泡沫塑料	背后附加空气层可增加低频吸声
穿孔板结构			穿孔石膏板、穿孔 FC 板、穿孔胶合板、穿孔钢板、穿孔铝合金板	板后加多孔吸声材料，使吸声范围展宽、吸声系数增大
薄板吸声结构			胶合板、石膏板、FC 板、铝合金板等	
薄膜吸声结构			塑料薄膜、帆布、人造革	
多孔材料吊顶板			矿棉板、珍珠岩板、软质纤维板	
强吸声结构			空间吸声体、吸声尖劈、吸声屏	一般吸声系数大，不同结构形式的吸声特征不同

* 吸声特性栏中，纵坐标为吸声系数 α，横坐标为倍频程中心频率，单位 Hz。

某些保温材料，如聚苯和部分聚氯乙烯泡沫塑料，内部也有大量气泡，但大部分为单个闭合，互不连通，因此，吸声效果不好。使墙体表面粗糙，如水泥拉毛做法，并没有改善其透气性，因此并不能提高其吸声系数。

多孔吸声材料吸声频率特性是：中高频吸声系数较大，低频吸声系数较小。

2. 影响吸声性能的因素

影响多孔吸声材料吸声性能的因素，主要有材料的空气流阻、孔隙率、表观密度和结构因子，其中结构因子是由多孔材料结构特性所决定的物理量。此外，材料厚度、背后条件、面层情况以及环境条件等因素也会影响其吸声特性。

1）空气流阻

空气流阻是空气质点通过材料空隙中的阻力。如图6-2所示测定装置中，试件两面的压力差Δp（Pa）与材料中气流速度v（m/s）之比，定义为材料的空气流阻，R_f，单位为 Pa·s/m，即：

$$R_f = \Delta p / v \qquad (6-3)$$

单位厚度的流阻称为材料的流阻率，单位为 Pa·s/m^2。

流阻对材料吸声特性的影响见图6-3。

低流阻板材，低频段吸声很低，到某一中高频段后，随频率的增高，吸声系数陡然上升；高流阻材料与低流阻材料相比，高频吸声系数明显下降，低中频吸声系数有所提高。

对于一定厚度的多孔材料，有一个相应合理的流阻值，流阻值过高或过低都会削弱材料的吸声能力。因此，通过控制材料的流阻可以调整材料的吸声特性。

2）孔隙率

多孔吸声材料孔隙率是指材料中与外部连通的孔隙体积占材料总体积的百分数。吸声材料的孔隙率一般在70%以上，多数达90%左右。通常孔隙率与流阻有较好的对应关系，孔隙率大，流阻小，反之，孔隙率小，则流阻大。因此，对于一定厚度的材料亦存在最佳的孔隙率。

3）厚度

增加材料厚度，可增强低频声吸收，但对高频吸收的影响则很小，参见图6-4。

图6-5是玻璃棉板厚度与平均吸声系数的关系。从图6-5中可知，继续增加材料的厚度，吸声系数增加值逐步减少。当厚度相当大时，就看不到由于材料厚度而引起的吸声系数的变化。

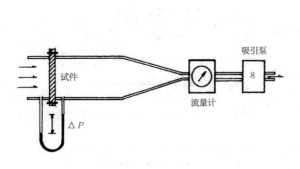

图6-2 空气流阻测定装置

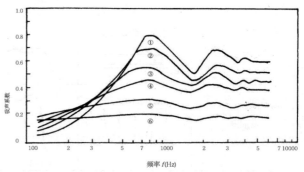

图6-3 多孔吸声材料流阻与吸声系数的关系
注：①～⑥表示流阻逐渐加大。

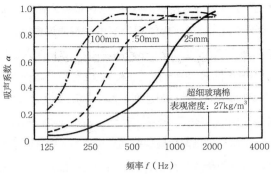

图 6-4 不同厚度超细玻璃棉的吸声系数

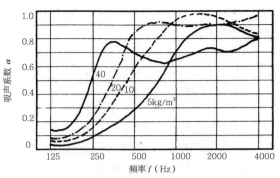

图 6-6 5cm 厚超细玻璃棉不同表观密度时的吸声系数

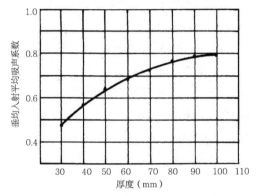

图 6-5 玻璃棉板厚度与平均吸声系数的关系
注：玻璃棉板表观密度 100kg/m³。

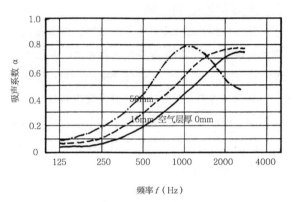

图 6-7 背后空气层对玻璃棉吸声系数的影响

4）表观密度

多孔吸声材料的表观密度与材料内部固体物质大小、密度有密切的关系。由与纤维粗细的影响，严格地说，并不和吸声系数相对应，如纤维直径不同，同一表观密度材料，其吸声系数会有不同。一定的表观密度对某一种材料是合适的，对另一种材料则可能是不合适的。

当材料厚度不变时，增大表观密度可以提高低中频的吸声系数，不过比增加厚度所引起的变化要小。表观密度过大，即过于密实的材料，其吸声系数也不会高。材料表观密度也存在最佳值。图 6-6 所示是 5cm 厚超细玻璃棉表观密度变化对吸声系数的影响。

5）背后条件

多孔材料的吸声性能还取决于安装条件。当多孔材料与刚性壁之间留有空腔时，与材料实贴在刚性壁上相比，中低比频吸声能力会有所提高，其吸声系数随空气层厚度的增加而增加，但增加到一定值后效果就不明显了（图 6-7），其情形如同空腔中填满材料一样。

6）面层影响

多孔吸声材料在使用时，往往需要加饰面层。由于面层可能影响其吸声特性，故必须谨慎从事。在多孔材料表面刷油漆或涂料，会降低材料表面的透气性，加大材料的流阻，从而影响其吸声系数，使高中频吸声系数降低，尤以高频下降更为明显，低频吸声系数则稍有提高。

为减少涂层对吸声特性的影响，可在施工中采用喷涂来代替涂刷，图6-8是两种施工操作对吸声的影响。

多孔材料外加饰面可采用透气性好的阻燃织物，也可采用穿孔率在30%以上的穿孔金属板。饰面板穿孔率降低，中高频吸声系数就降低。

7）湿度和温度的影响

多孔材料受潮吸湿后水分堵塞材料内部微孔，降低孔隙率，从而降低高中频吸声系数。吸湿还会使材料变质，故多孔材料不宜在潮湿的环境中使用。

常温条件下，温度对多孔材料吸声系数几乎没有影响。但温度变化很大时会引起声波波长发生变化，从而使吸声频率特性曲线沿频率轴平移，而曲线形状则保持不变。

6.4　穿孔板吸声结构

在薄板上穿孔，并离开结构层一定距离安装，就形成了穿孔板共振吸声结构。穿孔板吸声原理可

由图6-9加以说明，图6-9（a）是亥姆霍兹共振器示意图。它由一个体积为 V 的空腔通过直径为 d 的小孔与外界相连通。小孔深度为 t。当声波入射到小孔开口面时，由于孔径 d 和深度 t 比声波波长小得多，孔颈中的空气柱弹性变形很小，可以视为质量块。封闭空腔则起空气弹簧的作用，二者构成类似图6-9（b）所示的弹簧质量块振动系统。当入射声波频率 f 和系统固有频率 f_0 相等时，将引起孔颈空气柱的剧烈振动，并由于克服孔壁摩擦阻力而消耗声能。

亥姆霍兹共振器的共振频率 f_0 可用下式计算：

$$f_0 = \frac{c}{2\pi}\sqrt{\frac{S}{V(t+\delta)}} \quad \text{Hz} \quad （6-4）$$

式中　c——声速，一般取34000cm/s；

S——颈口面积，cm^2；

V——空腔容积，cm^3；

t——孔颈深度，cm；

δ——开口末端修正量，cm。

因为颈部空气柱两端附近的空气也参加振动，因此需对 t 加以修正。对于直径为 d 的圆孔，δ =0.8d。

图6-9（c）所示的穿孔板吸声结构，可以看作是多个亥姆霍兹共振器的组合，其共振频率可用下式计算：

$$f_0 = \frac{c}{2\pi}\sqrt{\frac{P}{L(t+\delta)}} \quad \text{Hz} \quad （6-5）$$

式中 c——声速，cm/s；

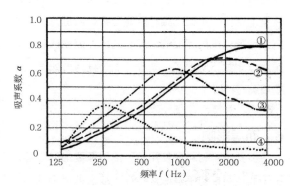

图6-8 在多孔吸声板上喷涂和涂刷油漆的效果
①未油漆表面；②喷涂一层油漆；
③涂刷一层油漆；④涂刷两层油漆

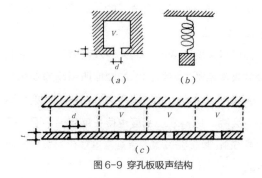

图6-9 穿孔板吸声结构

L ——板后空气层厚度，cm；

t ——板厚，cm；

δ ——孔口末端修正量，cm；同式（6-4）。

P ——穿孔率，即穿孔面积与总面积之比。

[例6-1] 穿孔板厚 t=4mm，孔径 d=8mm，孔距 B=30mm，穿孔按正方形排列，穿孔板背后留 L=50mm 空气层，求其共振频率。

[解] 穿孔率 $P = \pi \cdot \left(\dfrac{d}{2}\right)^2 / B^2 = \dfrac{3.14 \times \left(\dfrac{8}{2}\right)^2}{30^2} \approx 0.056$

$$f_0 = \frac{c}{2\pi}\sqrt{\frac{P}{L(t+\delta)}} = \frac{34000}{2 \times 3.14} \times \sqrt{\frac{0.056}{5 \times (0.4 + 0.8 \times 0.8)}}$$

$$= 562\text{Hz}$$

穿孔板结构在共振频率附近吸声系数最大，离共振峰越远，吸声系数越小。孔颈处空气阻力越小，则共振吸声峰越尖锐；反之，则较平坦。

穿孔板背后空气层很大时，其共振频率可采用以下修正公式计算：

$$f_0 = \frac{c}{2\pi}\sqrt{\frac{P}{L(t+\delta)+PL^3/3}} \quad \text{Hz（6-6）}$$

式中各符号意义同式（6-5）。

穿孔板吸声结构空腔无吸声材料时，最大吸声系数约为 0.3～0.6。这时穿孔率不宜过大，以 1%～5% 比较合适。穿孔率大，则吸声系数峰值下降，且吸声带宽变窄。

在穿孔板吸声结构空腔内放置多孔吸声材料，可增大吸声系数，并展宽有效吸声频带。尤其当多孔材料贴近穿孔板时吸声效果最好，见图6-10。

在穿孔板背后贴一层布料（玻璃布、麻布、再生布或医用纱布），也可增加空气运动的阻力，从而使吸声系数有所提高。

当穿孔板吸声结构的孔径小于 1mm 时，被称为微穿孔板。孔小则孔周长与截面之比就大，孔内空气与颈壁摩擦阻力就大，同时微孔中空气黏滞性损耗也大，因此它的吸声特性优于未铺吸声材料的一般穿孔板结构。图6-11为双层微穿孔板吸声特性。

微穿孔板吸声结构能耐高温、高湿，没有纤维、

粉尘污染，特别适合于高温、高湿、超净和高速气流等环境。

对于空腔设置多孔材料的穿孔板结构，高频吸声系数随穿孔率的提高而增大。但当穿孔率达到

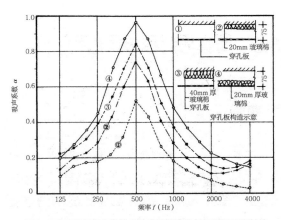

图6-10 穿孔板吸声结构空腔内配置多孔材料时的吸声特性

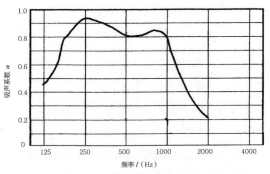

图6-11 一种双层微穿孔板吸声特性

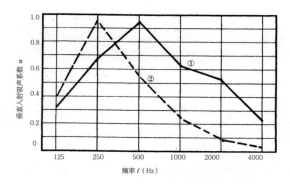

图 6-12 不同穿孔率穿孔板加多孔材料的吸声特性
（空腔 100mm，内加 50mm 厚，表观密度 23kg/m³ 的超细玻璃棉）
① 57mm 厚，P=9% 穿孔硬质纤维板；② 5mm 厚，P=3% 穿孔硬质纤维板

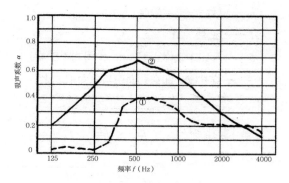

图 6-13 帆布共振结构的吸声特性
①背后空气层 45mm；②再放入 25mm 厚岩棉

30% 时，再提高穿孔率，吸声系数的增大就不明显了（图 6-12）。从吸声机理看，当穿孔率超过 20% 时，穿孔板已成了多孔吸声材料的护面层而不属于空腔共振吸声结构了。

6.5 薄膜与薄板吸声结构

1. 薄膜

皮革、人造革、塑料薄膜、不透气帆布等材料具有刚度小、不透气、受拉时具有弹性等特性。当膜后设置空气层时，膜和空气层形成共振系统。对于不受张拉或张力很小的膜，其共振频率可按下式计算：

$$f_0 = \frac{1}{2\pi}\sqrt{\frac{\rho_0 c^2}{mL}} = \frac{600}{\sqrt{mL}} \quad \text{Hz} \quad (6\text{-}7)$$

式中 m——膜的面密度，kg/m²；

L——膜后空气层厚度，cm；

ρ_0——空气密度，kg/m³；

c——声速，m/s。

膜状结构的共振频率通常在 200 ~ 1000Hz 之间，最大吸声系数为 0.30 ~ 0.40。

当膜很薄时，膜加多孔吸声材料结构主要呈现出多孔材料的吸声特性。

这时膜成为多孔吸声材料的面层。根据实测，0.03mm 厚聚乙烯薄膜贴在超细玻璃棉表面，对超细玻璃棉的吸声大小几乎没有影响。图 6-13 给出了一种帆布共振结构的吸声特性。

2. 薄板

把胶合板、石膏板、石棉水泥板、金属薄板等板周边固定在龙骨上，板后留有一定深度的空气层，就构成薄板共振吸声结构。当声波入射到薄板结构时，薄板在声波交变压力的激发下而振动，消耗一部分声能而起到吸声作用。薄板吸声结构共振频率可按下式计算：

$$f_0 = \frac{1}{2\pi}\sqrt{\frac{\rho_0 c^2}{M_0 L} + \frac{K}{M_0}} \quad \text{Hz} \quad （6\text{-}8）$$

式中 ρ_0——空气密度，kg/m³；

c——声速，m/s；

M_0——薄板单位面积质量，kg/m²；

L——薄板后空气层厚度，cm；

K——结构的刚度因素，kg/（m²·s²）。

K 与板的弹性、骨架构造及安装情况有关。板

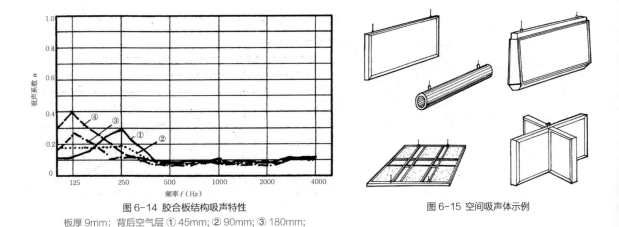

图 6-14　胶合板结构吸声特性
板厚 9mm；背后空气层 ① 45mm；② 90mm；③ 180mm；
④ 45mm，空腔加玻璃棉

图 6-15　空间吸声体示例

越薄，龙骨间距越大，K 值就越小。一般板材的 K 值大约为（1～3）×10^6kg/（$m^2 \cdot s^2$）。当板的刚度因素 K 和空气层厚度 L 都比较小时，则式（6-8）中根号内第二项远小于第一项，可以忽略，结果就和式（6-7）相同。

建筑中薄板吸声结构共振频率多在 80～300Hz 之间，最大吸声系数约为 0.2～0.5。如果在空气层中填充多孔吸声材料，或在板内侧涂刷阻尼材料，可以提高吸声系数。图 6-14 为胶合板各种情况下的吸声特性。薄板吸声结构表面涂刷普通油漆或涂料，吸声性能不会改变。建筑中的架空木地板、大面积的抹灰吊顶、玻璃窗等也相当于薄板共振吸声结构，对低频声有较大的吸收。

6.6　其他吸声结构

1. 空间吸声体

将吸声材料与结构制作成一定的形状，悬吊在建筑空间中，就构成空间吸声体。空间吸声体有两个或两个以上的面接触声波，相当于增加了有效吸声面积，因此其吸声效率较高，按投影面积计算，其吸声系数可大于 1。对于空间吸声体，实际中都采用单个吸声量来表示其吸声大小。

空间吸声体可以根据建筑空间艺术造型需要，做成各种形体。目前已有厂家生产定型空间吸声体（图 6-15）。

空间吸声体的吸声频率特性与其所用材料及构造形式有关，通常用多孔材料外加透气面层（如织物、金属板网）做成的空间吸声体，具有与多孔材料相似的吸声频率特性，即中高频吸声大，低频吸声小。图 6-16 为上海虹口体育馆采用的两种织物面空间吸声体。表 6-2 中列出了该两种吸声体的吸声量。

空间吸声体的吸声性能还与悬吊间隔及悬吊高度有关。悬吊间隔越大，单个吸声体的吸声量越大，离顶棚的距离越大，吸声效果越好，使用中应根据具体情况选择合适的间隔和吊高。

2. 可调吸声结构

在多功能厅和录音室等建筑的音质设计中，为取得可变声学环境，往往采用可调吸声结构，以达到改变吸声量的目的。图 6-17 为几种可调吸声结构示意图。

可调吸声结构应尽可能做到在全频域内都有较

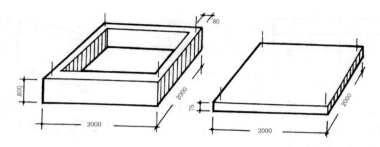

图 6-16 上海虹口体育馆两种织物面空间吸声体

两种织物面空间吸声体吸声量   表 6-2

吸声体形式、规格（m）	下述频率（Hz）的吸声量 A（m²）					
	125	250	500	1000	2000	4000
筒状吸声体：2×2×0.8	2.27	5.70	9.38	9.60	9.47	9.73
平板吸声体：2×2×0.075	2.48	4.52	6.14	6.58	6.14	6.46

大的吸声调节量。由于中高频吸声容易调节，故设计中应注意考虑吸声面暴露时提高低频吸声量，反射面暴露时结构四周应合缝，以避免缝隙对低频声的吸收。可调吸声结构的使用往往受到建筑装修、空调送回风口及灯具安装等的限制，故应结合室内具体情况进行合理设计。图 6-18 所示是利用吊顶上部空间吸声，在吊顶上开孔，通过开孔的开启和关闭来调节大厅吸声量大小。

3. 织物帘幕

窗帘与幕布具有多孔吸声材料的吸声性能。帘幕与墙隔一定距离悬挂，如同多孔吸声材料背后加空腔，可以提高吸声系数（图 6-19）。

帘幕的吸声性能还与其材质、单位面积重量、厚度、打褶的状况等有关。单位面积重量增加，厚度加厚，打褶增多都有利于吸声系数的提高。图 6-20 为不同打褶程度对吸声系数的影响。一些织物帘幕通过背后留空腔和打褶，平均吸声系数可高达 0.70 ~ 0.90 左右，成为强吸声结构，可作为可调吸声结构，用以调节室内混响时间。

4. 吸声尖劈

在消声室等一些特殊声学环境，要求在一定频率范围内，室内各表面都具有极高的吸声系数（如高达 0.99 以上）。这种场合往往使用吸声尖劈。尖劈的一般结构如图 6-21 所示。图中（b）为节省空间所用的平头尖劈，相对尖头尖劈对低频吸声影响不大，对高频稍有影响。图 6-22 是四种尖劈的吸声频率特性曲线。

尖劈常用 φ3.2 ~ 3.5mm 钢丝制成框架，在框架上固定玻璃丝布、塑料窗纱等面层材料，再往框内填装多孔吸声材料，也可将多孔材料制成毡状裁成尖劈形状后装入框内。多孔材料多采用超细玻璃棉及岩棉等。由于尖劈头部面积较小，它的声阻抗从接近空气阻抗逐渐增大到多孔材料的声阻抗。由于声阻抗是逐渐变化的，因此，声波入射时不会因阻抗突变而引起反射，使绝大部分声能进入材料内部而被高效吸收。

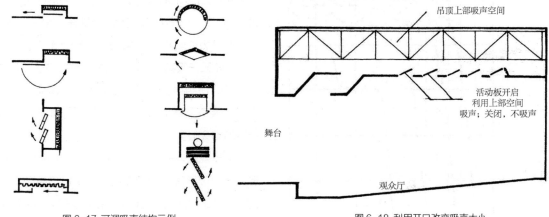

图 6-17 可调吸声结构示例

图 6-18 利用开口改变吸声大小

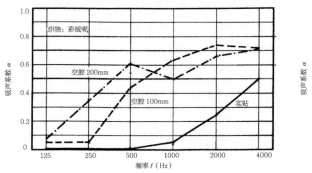

图 6-19 织物帘幕后不同空腔对吸声的影响

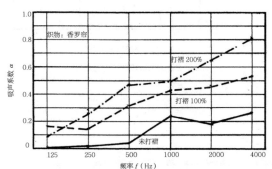

图 6-20 织物帘不同打褶程度吸声系数的变化

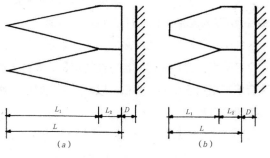

图 6-21 尖劈结构示意图

尖劈形状尺寸及内部所用多孔材料的材性决定其吸声特性。吸声尖劈的中高频吸声系数可达到 0.99 以上。工程上把吸声系数达到 0.99 的最低频率称为尖劈的截止频率，用 f_c 表示。截止频率主要取决于尖劈的尖部长度。一般截止频率约为 $0.2 \times c/L_1$，其中 c 为声速（m/s），L_1 为尖劈头部长度（m）。

常用的尖部长度大约相当于截止频率波长的 1/4。楔底的空腔与尖劈基部形成共振吸声。调节空腔深度，可以调整共振频率，提高低频吸声。

5. 洞口

建筑中的门、窗、送回风口、舞台口、耳光、面光口等洞口均具有一定的吸声性能。对于开向室外的窗，由于声波通过它可全部透射到室外，因此，吸声系数为1。对于舞台口、耳光口、面光口等，声波通过它们透射到第二个空间，经第二个空间多次反射，部分声能可返回到原先的空间。因此，其吸声系数一般小于1。其吸声量取决于第二空间的吸声量及洞口面积。以舞台口为例，舞台上各种幕布、

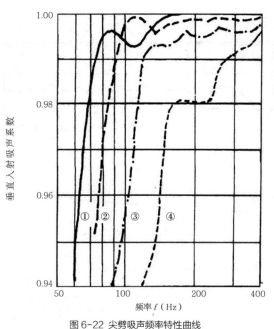

图 6-22 尖劈吸声频率特性曲线
注：尖劈基部长度 L_2=10cm，与壁面距离 D=10cm。
①L_1= 90cm；　②L_1=70cm；
③L_1= 50cm；　④L_1=30cm。

布景、道具等都具有吸声作用，根据实测，舞台口的吸声系数约为 0.3 ~ 0.5。

6. 人和家具

人和家具是建筑环境中的重要吸声体。由于人的衣着属多孔材料，故具有多孔材料的吸声特性。随着四季的变化，人所穿衣服的多少也不一样，因此，个体吸声特性有所差异，一般用统计平均值来表示。

座椅的吸声量主要取决于所用材料及尺寸大小，同时还与排列方式、密度等因素有关。胶合板椅、塑料椅、玻璃钢椅等硬座吸声量较小，单个椅子的吸声量常在 0.10m² 以下。沙发椅吸声量较大，具体的吸声量取决于垫层的厚薄及面层材料的透气性等因素。用织物等透气性好的材料作面层的沙发椅，对中高频声吸收较大；而用人造革等透气性差的材料作面层时，高频吸声相对要小一些，对低频的吸声量增加。在沙发椅底板穿孔，可增大低频吸声量。

观众厅中当声波沿等间距排列的成排座椅传播时，会在 50 ~ 500Hz 之间，尤其是在 100 ~ 150Hz 之间有较大的吸收。通常是在 125Hz 附近出现吸声低谷。如果在天花提供声反射板，可减轻这种效应。

实际使用中，椅子上坐有观众。硬椅上坐有观众时，吸声量增加很大。软垫上坐有观众时，吸声量增加不会很多。

椅子或观众的吸声可用单个吸声量表示，这样，观众席总吸声量等于单个吸声量乘以座位数。但据美国声学家白瑞纳克的研究，在观众厅混响设计中，观众席的吸声量应用观众席的面积加上四周 0.5m 的附加面积乘以观众席单位面积的吸声系数来表示更为准确，加上 0.5m 的附加面积是为了考虑观众席边缘的竖向声吸收。

普通房间中的桌子、柜子，一般都用薄板制作，具有薄板共振吸声结构的吸声特性。

7. 空气吸收

声音在空气中传播，由于空气的热传导性、黏滞性和空气中分子弛豫现象，导致对声音的吸收。在混响时间计算中，用4m来表示空气吸声衰减系数。空气吸声衰减与温度和相对湿度有关，见表 4-2。

由于空气吸声，对很高的频率，即使大厅表面完全不吸声，其混响时间也不会特别长。故有人建议音乐厅相对湿度不宜太低，以减少空气吸收，增加声音"亮度"。

6.7 吸声材料的选用及施工中注意事项

在声环境控制中，选择何种吸声材料常需作多方面考虑。

从吸声性能方面考虑，超细玻璃棉、岩棉、阻燃

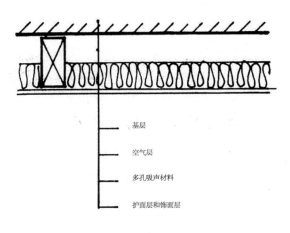

基层

空气层

多孔吸声材料

护面层和饰面层

图 6-23 吸声结构基本做法

麻绒、聚氨酯吸声泡沫塑料等都具有良好的中高频吸声特性，增加厚度或材料层背后留有空气层还能获得较大的低频吸声量，可作为首选的吸声材料。有时为了增加低频吸声，则选用穿孔板或薄板吸声结构。

除吸声性能外，还必须考虑防火要求，应选用不燃或阻燃材料。在一些重要场合，如电视演播室等必须使用不燃材料。随着建筑防火要求的提高，早期使用的可燃有机纤维吸声材料如刨花板、木丝板等早已不能使用。

由于多孔吸声材料吸湿后吸声性能降低，应在墙体干燥后再做吸声面层，并且不宜在潮湿的场合使用。对于洁净度要求特别高的房间，也不应选用多孔吸声材料。上述两种环境，要获得较强吸声效果，可选用微穿孔板吸声结构。

此外，选择吸声材料时，尚需考虑其力学强度、耐久性、化学性质、尺寸的稳定性、装饰效果以及是否便于施工安装等因素。

常用的多孔吸声材料，如超细玻璃棉等，使用时必须有护面层。为防止面层对其吸声性能的影响，面层材料应具有良好的透气性。为防止多孔吸声材料纤维逸出，可先用玻璃丝布覆盖或包裹，再用钢板网或铝板网等作护面层。在一些装饰要求较高的场所，可在钢板网外再加上一层阻燃织物。这样既美观，吸声又好。随着织物阻燃处理技术的发展，利用织物作为吸声材料的面层具有良好的应用前景。图 6-23 为吸声结构基本做法。

采用穿孔板作为多孔吸声材料面层时，穿孔率最好在 20% 以上。金属穿孔板穿孔率几乎不受限制，FC 板的穿孔率也可达 20%，是理想的面层材料。由于受强度限制，石膏板的穿孔率较小，不宜选作面层。此外在穿孔面板表面刷油漆或涂料时应注意防止孔洞堵塞。

第7章　Building Sound Insulation
建筑隔声

7.1　概述

　　隔声是噪声控制的重要手段之一，它是将噪声局限在部分空间范围内，或者是不让外界噪声侵入，或者是把强烈的噪声源封闭在特定的范围，从而为人们提供适宜的声环境。

　　声音在房屋建筑中的传播，有许多不同的途径，如通过墙壁、门窗、楼板、基础及各种设备管道等。声的传播途径大致可归纳为两大类：通过空气的传声和通过建筑结构的固体传声。在建筑声学中，把凡是通过空气传播而来的声音称为空气声，例如汽车声、飞机声等；把凡是通过建筑结构传播的由机械振动和物体撞击等引起的声音，称为固体声，如脚步声、撞击声等。建筑构件隔绝的若是空气声，则称为空气声隔绝；若隔绝的是固体声，则称为固体声隔绝。

7.2　空气声隔绝

　　在工程上，常用隔声量 R 来表示构件对空气声的隔绝能力，它与构件透射系数 τ 有如下关系：

$$R = 10\lg\frac{1}{\tau} \qquad （7-1）$$

　　可以看出，构件的透射系数越大，则隔声量越小，隔声性能越差；反之，透射系数越小，则隔声量越大，隔声性能越好。

　　隔声构件按照不同的结构形式，有不同的隔声特性。

1. 单层匀质密实墙的空气声隔绝

　　单层匀质密实墙的隔声性能和入射声波的频率有关，还取决于墙本身的面密度、劲度、材料的内阻尼以及墙的边界条件等因素。典型的单层匀质密实墙的隔声频率特性曲线如图 7-1 所示。

　　从低频开始，墙的隔声受到劲度的控制，隔声

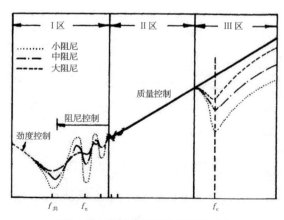

图 7-1 单层匀质墙典型隔声频率特性曲线

量随频率的增加有所降低；随着频率增加，质量效应加强，在某些频率，劲度和质量效应相抵消而产生共振现象，这时墙的振幅很大，隔声量出现了极小值。这一频段的隔声量主要受控于构件的阻尼，称阻尼控制；当频率进一步提高，则质量起到了主要的控制作用，隔声量随频率的增加而增加；当频率到达吻合临界频率 f_c 时，隔声量有一个较大的降低。一般情况下，墙板的共振频率常低于日常的声频范围，因此，质量控制常常是决定隔声性能最重要的因素。这时，劲度和阻尼的影响较小，可以忽略，所以墙可以看成是无劲度、无阻尼的柔顺质量。

1）质量定律

如果把墙看成是无劲度、无阻尼的柔顺质量且忽略墙的边界条件，则在声波垂直入射时，可从理论上得到墙的隔声量 R_0 的计算式：

$$R_0 = 10\lg \left[1+\left(\frac{\pi mf}{\rho_0 c}\right)^2\right] \qquad (7\text{-}2)$$

式中　m——墙单位面积的质量，或称面密度，kg/m²；

　　　ρ_0——空气密度，kg/m³；

　　　c——空气中的声速，一般取 344m/s；

　　　f——入射声波的频率，Hz

一般情况下，$\pi mf \gg \rho_0 c$，即 $\frac{\pi mf}{\rho_0 c} \gg 1$，上式便可简化为：

$$R_0 = 20\lg \left(\frac{\pi mf}{\rho_0 c}\right) \qquad (7\text{-}3)$$

$$= 20\lg m + 20\lg f - 43$$

如果声波并非垂直入射，而是无规入射时，则墙的隔声量为：

$$R = R_0 - 5 = 20\lg m + 20\lg f - 48 \qquad (7\text{-}4)$$

上面两个式子表明，墙的单位面积质量越大，则隔声效果就越好。单位面积质量每增加一倍，隔声量可增加 6dB。这一规律称为"质量定律"。由上式还可以看出，入射声波的频率每增加一倍，隔声量也可增加 6dB。图 7-2 表示了质量定律直线。

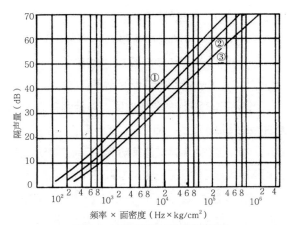

图 7-2　由质量控制的柔性板的隔声量
①正入射；②现场入射；③无规入射

应该指出，上述公式的推导是在一定的假设条件下得出的。计算结果与实测情况常有误差。尤其是吻合效应的影响，会使在某些频率范围内，隔声效果比质量定律计算结果要低得多（详见下文）。有些作者提出过一些经验公式，但各自都有一定的适用范围。因此，通常都以标准实验室的测定数据作为设计依据。

2）吻合效应

入射声波的波长与墙体固有弯曲波的波长相吻合而产生的共振现象，称为吻合效应。单层匀质密实墙，实际上是有一定劲度的弹性板。在被声波激发后，会产生受迫弯曲振动。当声波以 θ 角斜入射到墙板上时，墙板在声波的作用下产生了沿板面传播的弯曲波，其传播速度为：

$$c_f = \frac{c}{\sin\theta} \qquad (7\text{-}5)$$

式中　c——空气中的声速，m/s。

而板本身固有的自由弯曲波传播速度 c_b 为：

$$c_b = \sqrt{2\pi f} \cdot \sqrt[4]{\frac{D}{\rho}} \qquad (7\text{-}6)$$

式中　D——板的弯曲劲度，$D = \dfrac{Eh^2}{12(1-\sigma^2)}$

　　　其中 E——板的动态弹性模量，N／m²；

h——板的厚度，m；

σ——板材料的泊松比，约为 0.3；

ρ——板材料的密度，kg/m³；

f——自由弯曲波的频率，Hz。

当板受迫弯曲波的传播速度 c_f 与板固有的自由弯曲波的传播速度 c_b 相等时，就出现了"吻合"。这时，板就会在入射声波的策动下进行弯曲振动，使入射声能大量透射到另一侧。其原理见图 7-3 所示。

当声波垂直入射到板面，即 $\theta = \frac{\pi}{2}$ 时，可以得到吻合效应发生的最低频率，称为"吻合临界频率"，记作 f_c 由下式表示：

$$f_c = \frac{c^2}{2\pi}\sqrt{\frac{\rho}{D}} = \frac{c^2}{2\pi h}\sqrt{\frac{12\rho(1-\sigma^2)}{E}}$$

$$(7-7)$$

当入射声波频率 $f > f_c$ 时，它总会和某一个入射角 θ（$0 < \theta \leq \frac{\pi}{2}$）的固有频率相对应，产生吻合效应。

入射声波如果是无规入射，在 $f = f_c$ 时，板的隔声量下降很多，隔声频率曲线在 f_c 附近就会形成低谷，称为吻合谷。从式（7-7）可以看出，薄、轻、柔的墙，f_c 高；而厚、重、刚的墙，则 f_c 低。几种常用材料的吻合临界频率的分布范围见图 7-4 所示。

如果吻合谷落在主要声频范围内（100～2500Hz），墙的隔声性能将大大降低，故应尽量避免。

2. 双层匀质密实墙的空气声隔绝

双层墙由两层墙板和中间的空气层组成。由质量定律可知，单层墙的面密度增加一倍，即厚度增加一倍，隔声量只增加 6dB。显然，单靠增加墙的厚度来提高隔声量是不经济的，而且增加结构的自重也是不合理的。但如果把单层墙一分为二，做成留有空气层的双层墙，则在总重量不变的情况下，隔声量会有显著的提高。

双层墙提高隔声能力的主要原因是：空气层可以看成是与两层墙板相连的"弹簧"，声波入射到第一层墙时，使墙板发生振动，该振动通过空气层传到第二层墙时，由于空气层具有减振作用，振动已大为减弱，从而提高了墙体的总隔声量。

1）双层墙的隔声量

双层墙的隔声量可以用与两层墙面密度之和相等的单层墙的隔声量，再加上一个空气层附加隔声量来表示。其中空气层的附加隔声量与该空气层的厚度有关，见图 7-5 所示。图中实线适用于双层墙的两侧完全分开的情况，而虚线则适用于双层墙中间有少量刚性连接的情况。这些刚性连接称为"声桥"，会使附加隔声量降低。如果声桥过多，则会使空气层的作用完全失去。这在设计与施工中应尽量避免。

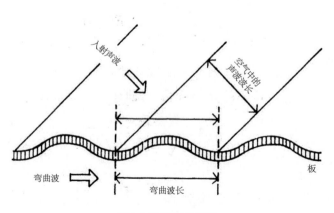

图 7-3 吻合效应原理图

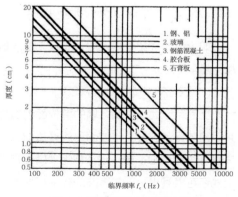

图 7-4 几种材料的吻合临界频率

2）共振频率 f_0

因为板间空气层的弹性，双层墙及其之间的空气层形成了一个共振系统，其固有频率 f_0 为：

$$f_0 = \frac{600}{\sqrt{L}} \sqrt{\frac{1}{m_1} + \frac{1}{m_2}} \qquad (7-8)$$

式中 m_1、m_2——两层墙的面密度，kg/m^2；

         L——空气层的厚度，cm。

当入射声波频率与 f_0 相同时，会产生共振，使隔声能力大大下降。

3）双层墙隔声频率特性曲线

图 7-6 是双层墙的隔声量与频率的关系曲线。图中的虚线表示重量与双层墙总重量相等的单层墙的隔声量，它遵循质量定律。f_0 是双层墙的共振频率。在该频率，隔声量很小。当 $f < f_0$ 时，双层墙如同一个整体一样振动，故与单层墙隔声量相差不多。当 $f > \sqrt{2} f_0$ 时，双层墙的隔声量要高于单层墙，并且在 f_0 的一些谐频上发生谐波共振，形成一系列凹谷。

双层墙的吻合效应及临界频率取决于两层墙各自的临界频率。当两层墙相同时，两个吻合谷的位置重合，使低谷的凹陷加深；如果两层墙的材料或厚度不同，则两者的吻合谷错开，使隔声曲线上出现两个低谷，使凹陷的深度不大。

此外，若在双层墙的空气层中填充多孔材料，如玻璃棉毡之类，可以提高全频带上的隔声量，并且减少共振时隔声量的下降。

三层以上的多层墙的隔声能力比双层墙有所提高，但每增加一层空气层，其附加隔声量将有所减少。一般来说，双层结构已能够满足较高的隔声要求。只有在有特殊需要的工程中才考虑采用三层以上的多层墙结构。

3. 轻质墙的空气声隔绝

当前，建筑工业化程度越来越高，提倡采用轻质墙来代替厚重的隔墙，以减轻建筑的自重。目前，国内主要采用纸面石膏板、加气混凝土板等。这些板材的面密度较小，按照质量定律，它们的隔声性能很差，很难满足隔声的要求，所以必须采取某些措施，来提高轻质墙的隔声效果。这些措施是：

（1）将多层密实材料用多孔材料隔开，做成复合墙板，使其隔声量比同重量的单层墙显著提高。

（2）采用双层或多层薄板的叠合构造，与同重量的单层厚板相比，可避免板材的吻合临界频率落在主要声频范围内（100 ~ 2500Hz）。例如 25mm 厚的纸面石膏板的临界频率 f_c 约为 1250Hz，若分成两层 12mm 厚的板叠合起来，f_c 约为 2600Hz。另一方面，多层板错缝叠置可以避免板缝隙处理不好而引起的漏声，还可因为叠合层之间的摩擦使隔声能力有所提高。

（3）为避免吻合效应引起的隔声量下降，应使各层材料的重量不等。最好是使各层材料的面密度

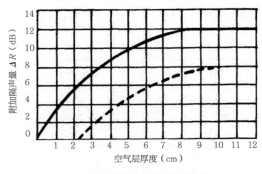

图 7-5 墙板间空气层的附加隔声量

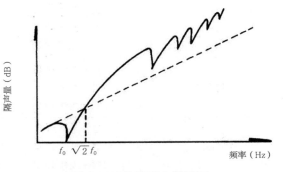

图 7-6 双层墙的隔声与频率关系

不同，而其厚度相同。

（4）当空气层的厚度增加到 7.5cm 以上时，对于大多数频带，隔声量可以增加 8 ~ 10dB。

（5）用松软的材料填充轻质墙板之间的空气层，可以使隔声量增加 2 ~ 8dB。从表 7-1 列出的数据可以看出这一点。

（6）轻型板材常常固定在龙骨上，如果板材和龙骨间垫有弹性垫层，如弹性金属片等，比板材直接钉在龙骨上有更大的隔声量。

总之，提高轻质墙隔声能力的措施，主要有多层复合、双墙分立、薄板叠合、弹性连接、加填吸声材料等。通过采取适当的构造措施，可以使一些轻质墙的隔声量达到 24cm 砖墙的水平。

4. 门窗的隔声

门窗是隔声的薄弱环节。一般门窗的结构轻薄，而且存在着较多的缝隙，因此，门窗的隔声能力往往比墙体低得多。

1）门的隔声

门是墙体中隔声较差的部位。它的重量比墙体轻，且普通门周边的缝隙也是传声的途径。一般来说，普通可开启的门，其隔声量大致为 20dB；质量较差的木门，隔声量甚至可能低于 15dB。如果希望门的隔声量提高到 40dB，就需要作专门的设计。

要提高门的隔声能力，一方面要做好周边的密封处理，另一方面应避免采用轻、薄、单的门扇。门扇的做法有两种：一是采用厚而重的门扇，如钢筋混凝土门；另一种是采用多层复合结构，即用性质相差较大的材料叠合而成。门扇边缘的密封，可采用橡胶、泡沫塑料条及毛毡等以及手动或自动调节的门碰头及垫圈。对于需要经常开启的门，门扇重量不宜过大，门缝也常常难以封闭。这时，可设置双层门来提高其隔声效果。因为双层门之间的空气层可带来较大的附加隔声量。如果加大两道门之间的空间，构成门斗，并且在门斗内表面布置强吸声材料，可进一步提高隔声效果。这种门斗又称为"声闸"，如图 7-7 所示。

2）窗的隔声

窗是外墙和围护结构隔声最薄弱的环节。可开启的窗往往很难有较高的隔声量。欲使窗有良好的隔声性能，应注意以下几点：

（1）采用较厚的玻璃，或用双层或三层玻璃。后者比用一层特别厚的玻璃隔声性能更好。为了避

不同构造的纸面石膏板（厚 1.2cm）轻质墙隔声量的比较   表 7-1

墙板间的填充材料	板的层数	隔声量（dB）	
		钢龙骨	木龙骨
空气层	1 层 + 龙骨 +1 层	36	37
	1 层 + 龙骨 +2 层	42	40
	2 层 + 龙骨 +2 层	48	43
玻璃棉	1 层 + 龙骨 +1 层	44	39
	1 层 + 龙骨 +2 层	50	43
	2 层 + 龙骨 +2 层	53	46
矿棉板	1 层 + 龙骨 +1 层	44	42
	1 层 + 龙骨 +2 层	48	45
	2 层 + 龙骨 +2 层	52	47

免吻合效应，各层玻璃的厚度不宜相同。

（2）双层玻璃之间宜留有较大的间距。若有可能，两层玻璃不要平行放置，以免引起共振和吻合效应，影响隔声效果。

（3）在两层玻璃之间沿周边填放吸声材料，把玻璃安放在弹性材料上，如软木、呢绒、海绵、橡胶条等，可进一步提高隔声量。

（4）保证玻璃与窗框、窗框与墙壁之间的密封，还需考虑便于保持玻璃的清洁。

5. 组合墙的隔声量

假定组合墙上有门、窗及孔洞等几种不同的部件，各种部件的面积分别为 S_1、S_2、S_3、$\cdots$、S_n，其相应的透射系数分别为 τ_1、τ_2、τ_3、$\cdots$、τ_n，隔声量分别为 R_1、R_2、R_3、$\cdots$、R_n，则组合墙的实际隔声量应由各部件的透射系数的平均值 $\bar{\tau}$ 所确定。

$$\bar{\tau} = \frac{S_1\tau_1 + S_2\tau_2 + \cdots + S_n\tau_n}{S_1 + S_2 + \cdots + S_n} = \frac{\Sigma\tau_i S_i}{\Sigma S_i}$$

（7-9）

或 $$\bar{\tau} = \frac{S_1 \times 10^{-\frac{R_1}{10}} + S_2 \times 10^{-\frac{R_2}{10}} + \cdots + S_n \times 10^{-\frac{R_n}{10}}}{S_1 + S_2 + \cdots + S_n}$$

$$= \frac{\Sigma S_i \times 10^{\frac{R_i}{10}}}{\Sigma S_i}$$

（7-10）

于是，组合墙的实际隔声量为：

$$R = 10\lg\frac{1}{\bar{\tau}}$$

（7-11）

通常，由于普通门窗的隔声效果比一般墙体差，故组合墙的总隔声量常要低于墙体。所以，孤立地提高墙体的隔声能力是没有意义的，应该按照"等传声量设计"的原则，使墙的隔声量略高于门或窗即可。通常，墙的隔声量只需比门或窗高出 10dB 左右。要提高组合墙的隔声量，有效的办法是提高隔声较差的部件的隔声量。

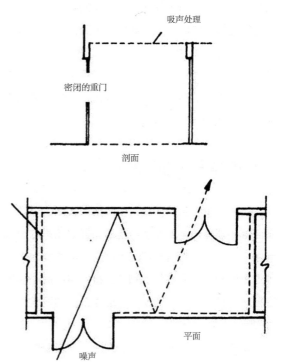

图 7-7 声闸示意图

7.3　固体声隔绝

1. 固体声的产生与传播

建筑中的固体声是由振动物体直接撞击结构物，如楼板、墙等，使之产生振动，并沿着结构传播而产生的噪声。它包括：①由物体的撞击而产生的噪声，如物体落地、敲打、拖动桌椅、撞击门窗以及走路跑跳等；②由机械设备振动而产生的噪声；③由卫生设备及管道使用时产生的噪声等（由后两种情况产生的固体声的降噪详见第八章）。

固体声的传播可经历以下两个途径：一是由物体的撞击，使结构产生振动，直接向另一侧的房间辐射声能；二是由于受撞击而振动的结构与其他建筑构件连接，使振动沿着结构物传到相邻或更远的空间。一般来说，由于撞击而产生的声音能量较大，且声音在固体结构中传播时衰减量很小，故固体声能够沿着连续的结构物传播得很远，引起严重的干扰，且干扰面较广。

2. 楼板撞击声的隔绝

楼板要承受各种荷载，按照结构强度的要求，它自身必须有一定的厚度与重量。根据隔声的质量定律，楼板必然具有一定的隔绝空气声的能力。但是由于楼板与四周墙体的刚性连接，将使振动能量沿着建筑结构传播。因此，隔绝撞击声的矛盾就更为突出。

撞击声的隔绝主要有三条途径：一是使振动源撞击楼板引起的振动减弱。这可以通过振动源治理和采取隔振措施来达到，也可在楼板表面铺设弹性面层来改善。二是阻隔振动在楼层结构中的传播。通常可在楼板面层和承重结构之间设置弹性垫层，称"浮筑楼板"。三是阻隔振动结构向接收空间辐射的空气声。这可通过在楼板下做隔声吊顶来解决。

通过在楼板表面铺设弹性面层（如地毯、塑料橡胶布、橡胶板、软木地面等）以减弱撞击声的措施，对降低中高频撞击声效果较为显著，但对降低低频声的效果则要差些。不过，如果材料厚度大，且柔顺性好，如铺设厚地毯，对减弱低频撞击声也有较好的效果。

在楼板面层和承重结构层之间设置的弹性垫层，可以是片状、条状或块状的。通常将其放在面层或复合楼板的龙骨下面。常用的材料有矿棉毡（板）、玻璃棉毡、橡胶板等。此外，还应注意在楼板面层和墙体的交接处采取相应的弹性隔离措施，以防止引起墙体的振动。

在楼板下做隔声吊顶以减弱楼板向接收空间辐射的空气声，也可以取得一定的隔声效果。但在设计与施工时要注意下列事项：

（1）吊顶的重量应不小于 25kg/m²。如果在顶棚的空气层内铺放吸声材料，如矿棉、玻璃棉等，则其重量可适当减轻。

（2）宜采用实心的不透气材料，以免噪声透过顶棚辐射。吊顶也不宜采用很硬的材料。

（3）吊顶和周围墙体之间的缝隙应当妥善密封。

（4）从结构楼板悬吊顶棚的悬吊点数目应尽量减少，并宜采用弹性连接，如用弹性吊钩等。

（5）吊顶内若铺上多孔吸声材料，会使隔声量有所提高。

7.4　隔声评价与隔声标准

1. 空气声隔绝评价与标准

1）单值评价量与频谱修正量

同一结构对不同频率的声波具有不同的隔声量。在工程上，常用中心频率为 125 ~ 4000Hz 的 6 个倍频带或 100 ~ 3150Hz 的 16 个 1/3 倍频带的隔声量来表示某一构件的隔声性能。隔声频率特性能反映结构隔声性能随频率变化的全貌，对分析研究建筑部件的隔声性能具有很大的意义。

在实际工程中，为了简化分析过程，常采用单值指标来表示构件的隔声性能。我国《建筑隔声评价标准》GB/T 50121—2005 采用计权隔声量 R_w 这一单值指标来表示建筑构件的空气声隔声性能；而采用计权标准化声压级差 $D_{nT,w}$ 这一单值指标来表示建筑物的空气声隔声性能。其中"计权"的意思是将一组测量量用一组基准数值进行整合后获得单值的方法，以角标 w 标注。

计权隔声量 R_w 所对应的测量量为隔声量 R，来源为《建筑隔声测量规范》中的公式（2.2.2-2）和《声学　建筑和建筑构件隔声测量》第 3 部分的公式（4）。计权标准化声压级差 $D_{nT,w}$ 所对应的测量量为标准化声压级差 D_{nT}，来源为《建筑隔声测量规范》中的公式（3.2.3）和《声学 建筑和建筑构件隔声测量》第 4 部分的公式（4）。

上述计算中，根据 1/3 倍频程或倍频程的空气声隔声测量量来确定单值评价量时所采用的空气声隔声基准值如表 7-2 所示，曲线如图 7-8 和图 7-9 所示。

考虑到噪声源对建筑物和建筑构件实际隔声效果的影响，需要对以上的单值评价量进行修正。对于以生活噪声为代表的中高频成分较多的噪声源，采用粉红噪声频谱修正量 C 进行修正。对于以交通噪声为代表的中低频成分较多的噪声源，采用交通噪声频谱修正量 C_{tr} 进行修正。表 7-3 列出了不同种类噪声源所对应的频谱修正量。

用于计算频谱修正量的 1/3 倍频程或倍频程声压级频谱必须符合表 7-4，其相应的声压级频谱曲线如图 7-10、图 7-11 所示。

空气声隔声基准值　表 7-2

频率（Hz）	1/3 倍频程基准值 K_i（dB）	倍频程基准值 K_i（dB）
100	−19	
125	−16	−16
160	−13	
200	−10	
250	−7	−7
315	−4	
400	−1	
500	0	0
630	1	
800	2	
1000	3	3
1250	4	
1600	4	
2000	4	4
2500	4	
3150	4	…

不同种类的噪声源及其宜采用的频谱修正量　表 7-3

噪声源种类	宜采用的频谱修正量
日常活动（谈话、音乐、收音机和电视） 儿童游戏 轨道交通，中速和高速 高速公路交通，速度 > 80km/h 喷气飞机，近距离 主要辐射中高频噪声的设施	C（频谱 1）
城市交通噪声 轨道交通，低速 螺旋桨飞机 喷气飞机，远距离 Disco 音乐 主要辐射中高频噪声的设施	C_{tr}（频谱 2）

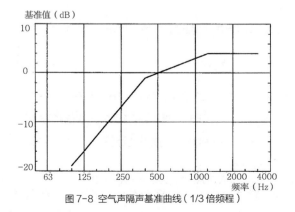

图 7-8 空气声隔声基准曲线（1/3 倍频程）

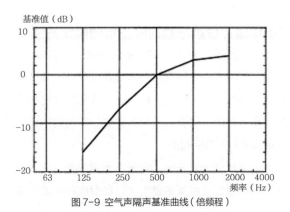

图 7-9 空气声隔声基准曲线（倍频程）

计算频谱修正量的声压级频谱   表 7-4

| 频率（Hz） | 声压级 L_{ij} (dB) | | | |
| | 用于计算 C 的频谱 1 | | 用于计算 C_{tr} 的频谱 2 | |
	1/3 倍频程	倍频程	1/3 倍频程	倍频程
100	−29		−20	
125	−26	−21	−20	−14
160	−23		−18	
200	−21		−16	
250	−19	−14	−15	−10
315	−17		−14	
400	−15		−13	
500	−13	−8	−12	−7
630	−12		−11	
800	−11		−9	
1000	−10	−5	−8	−4
1250	−9		−9	
1600	−9		−10	
2000	−9	−4	−11	−6
2500	−9		−13	
3150	−9	−	−15	

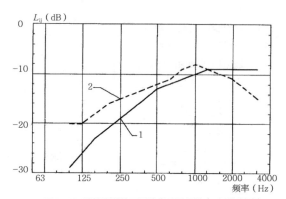

图 7-10 计算频谱修正量的声压级频谱（1/3 倍频程）
1- 用来计算 C 的频谱；2- 用来计算 C_{tr} 的频谱

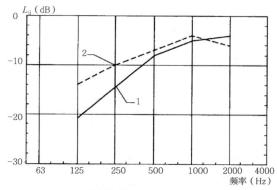

图 7-11 计算频谱修正量的声压级频谱（倍频程）
1- 用来计算 C 的频谱；2- 用来计算 C_{tr} 的频谱

2）单值评价量与频谱修正量的确定方法

《建筑隔声评价标准》GB/T 50121—2005 中采用了两种方法来确定空气声隔声单值评价量：数值计算法和曲线比较法。数值计算法和曲线比较法是完全等效的，对于同一组测量量，得出的单值评价量应该是完全相同的。

采用数值计算法时，对于测量量采用 1/3 倍频程测量的情况，当测量量为 X，其相应单值评价值

X_w 必须为满足下式的最大值，精确到 1dB：

$$\sum_{i=1}^{16} P_i \leqslant 32.0 \qquad (7-12)$$

式中 i——频带的序号，$i=1\sim16$，代表 100 ～ 3150Hz 范围内的 16 个 1/3 倍频程。

P_i——不利偏差，按下式计算：

$$P_i = \begin{cases} X_w+K_i-X_i & X_w+K_i-X_i > 0 \\ 0 & X_w+K_i-X_i \leqslant 0 \end{cases} \qquad (7-13)$$

式中 X_w——所要计算的单值评价量；

   K_i——表7-2中第i个频带的基准值；

   X_i——第i个频带的测量值，精确到0.1dB。

在上述计算单值评价量时，可先选取一个较大的整数值（根据经验，可取测量量的平均值加5dB）作为X_w，计算16个1/3倍频程的不利偏差P_i之和，若大于32.0dB，则将该值减1，再计算不利偏差P_i之和，直到小于或等于32.0dB为止。也可以根据本条的计算方法编制计算程序，采用循环语句，确定单值评价量的值。

采用曲线比较法时，对于测量量采用1/3倍频程测量的情况，采用以下步骤：

（1）将一组精确到0.1dB的1/3倍频程空气声隔声测量量在坐标纸上绘制成一条测量量的频谱曲线；

（2）将具有相同坐标比例并绘有1/3倍频程空气声隔声基准曲线（图7-8）的透明纸覆盖在绘有上述曲线的坐标纸上，使横坐标相互重叠，并使纵坐标中基准曲线0dB与频谱曲线的一个整数坐标对齐；

（3）将基准曲线向测量量的频谱曲线移动，每步1dB，直至不利偏差之和尽量大，但不超过32.0dB为止（也即低于基准曲线的任一1/3倍频程中心频率的隔声量，与基准曲线的差的总和不超过32.0dB）；

（4）此时基准曲线上0dB线所对应的绘有测量量频谱曲线的坐标纸上纵坐标的整分贝数，就是该组测量量所对应的单值评价量。

对于倍频程测量的情况，采用数值计算法时，其相应单值评价值X_w必须为满足下式的最大值，精确到1dB：

$$\sum_{i=1}^{5} P_i \leq 10.0 \qquad (7-14)$$

式中 i——频带的序号，$i=1 \sim 5$，代表125 ~ 2000Hz范围内的5个倍频程；

P_i——不利偏差，按式（7-13）计算。

在上述计算单值评价量时，可先选取一个较大的整数值（根据经验，可取测量量的平均值加5dB）作为X_w，计算5个倍频程的不利偏差P_i之和，若大于10.0dB，则将该值减1，再计算不利偏差P_i之和，直到小于或等于10.0dB为止。也可以根据本计算方法编制计算程序，采用循环语句，确定单值评价量的值。

采用曲线比较法时，采用以下步骤：

（1）将一组精确到0.1dB的倍频程空气声隔声测量量在坐标纸上绘制成一条测量量的频谱曲线；

（2）将按相同坐标比例并绘有倍频程空气声隔声基准曲线（图7-9）的透明纸覆盖在绘有上述曲线的坐标纸上，使横坐标相互重叠，并使纵坐标中基准曲线0dB与频谱曲线的一个整数坐标对齐；

（3）将基准曲线向测量量的频谱曲线移动，每步1dB，直至不利偏差之和尽量大，但不超过10.0dB为止；

（4）此时基准曲线上0dB线所对应的绘有测量量频谱曲线的坐标纸上纵坐标的整分贝数，就是该组测量量所对应的单值评价量。

频谱修正量的计算采用下式：

$$C_j = -10\lg \sum 10^{(L_{ij}-X_i)/10} - X_w \qquad (7-15)$$

式中 j——频谱序号，$j=1$或2，1为计算C的频谱，2为计算C_{tr}的频谱；

X_w——所确定的单值评价量；

i——100 ~ 3150Hz的1/3倍频程或125 ~ 2000Hz的倍频程序号；

L_{ij}（dB）——表7-4中所给出的第j号频谱的第i个频带的声压级；

X_i——第i个频带的测量值，精确到0.1dB。

3）空气声隔声标准

为了保证建筑室内必要的安静环境，隔声标准对不同部位围护结构的隔声性能作出了具体的规定，以便设计时参照。我国现已颁布《民用建筑隔声设计规范》GB 50118—2010，其中包括了住宅建筑、学校建筑、医院建筑、旅馆建筑、办公建筑以及商业建筑的隔声标准（表 7-5～表 7-10）。

对于建筑构件，现行规范采用计权隔声量 R_W 作为隔声标准参数。对于房间的隔声，采用计权标准化声压级差 $D_{nT,w}$ 作为隔声标准参数。该参数是指以接受室的混响时间作为修正参数而得到的两个房间之间的空气声隔声性能的单值评价量。

住宅建筑的空气声隔声标准　　　　　　　　　　　表 7-5

构件／房间名称	空气声隔声单值评价量 + 频谱修正量（dB）	
分户墙、分户楼板	计权隔声量 + 粉红噪声频谱修正量（R_w+C）	＞45
分隔住宅和非居住用途空间的楼板	计权隔声量 + 交通噪声频谱修正量（R_w+C_{tr}）	＞51
卧室、起居室（厅）与邻户房间之间	计权标准化声压级差 + 粉红噪声频谱修正量（$D_{nT,w}+C$）	≥45
住宅和非居住用途空间分隔楼板上下的房间之间	计权标准化声压级差 + 交通噪声频谱修正量（$D_{nT,w}+C_{tr}$）	≥51

学校建筑的隔声标准　　　　　　　　　　　表 7-6

构件／房间名称	空气声隔声单值评价量 + 频谱修正量（dB）	
语言教室、阅览室的隔墙与楼板	计权隔声量 + 粉红噪声频谱修正量（R_w+C）	＞50
普通教室之间的隔墙与楼板	计权隔声量 + 粉红噪声频谱修正量（R_w+C）	＞45
外墙	计权隔声量 + 交通噪声频谱修正量（R_w+C_{tr}）	≥45
临交通干线的外窗	计权隔声量 + 交通噪声频谱修正量（R_w+C_{tr}）	≥30
语言教室、阅览室与相邻房间之间	计权标准化声压级差 + 粉红噪声频谱修正量（$D_{nT,w}+C$）	≥50
普通教室之间	计权标准化声压级差 + 交通噪声频谱修正量（$D_{nT,w}+C_{tr}$）	≥45

医院建筑的隔声标准　　　　　　　　　　　表 7-7

构件／房间名称	空气声隔声单值评价量 + 频谱修正量（dB）	高要求标准	低限标准
病房与产生噪声的房间之间的隔墙与楼板	计权隔声量 + 交通噪声频谱修正量（R_w+C_{tr}）	＞55	＞50
诊室之间的隔墙与楼板	计权隔声量 + 粉红噪声频谱修正量（R_w+C）	＞45	＞40
外墙	计权隔声量 + 交通噪声频谱修正量（R_w+C_{tr}）	≥45	
外窗	计权隔声量 + 交通噪声频谱修正量（R_w+C_{tr}）	≥30（临街一侧病房）	
		≥25（其他）	
病房与产生噪声的房间之间	计权标准化声压级差 + 交通噪声频谱修正量（$D_{nT,w}+C_{tr}$）	≥55	≥50
诊室之间	计权标准化声压级差 + 粉红噪声频谱修正量（$D_{nT,w}+C$）	≥45	≥40

旅馆建筑的隔声标准　　　　　　　　　　　表 7-8

构件／房间名称	空气声隔声单值评价量 + 频谱修正量（dB）	特级	一级	二级
客房之间的隔墙与楼板	计权隔声量 + 粉红噪声频谱修正量（R_w+C）	＞50	＞45	＞40
客房与走廊之间的隔墙	计权隔声量 + 粉红噪声频谱修正量（R_w+C）	＞45	＞45	＞40
客房外墙（含窗）	计权隔声量 + 交通噪声频谱修正量（R_w+C_{tr}）	＞45	＞35	＞30
客房外窗	计权隔声量 + 交通噪声频谱修正量（R_w+C_{tr}）	≥35	≥30	≥25
客房之间	计权标准化声压级差 + 粉红噪声频谱修正量（$D_{nT,w}+C$）	≥50	≥45	≥40
室外与客房	计权标准化声压级差 + 交通噪声频谱修正量（$D_{nT,w}+C_{tr}$）	≥40	≥35	≥30

办公建筑的隔声标准 表 7-9

构件／房间名称	空气声隔声单值评价量＋频谱修正量（dB）	高要求标准	低限标准
办公室、会议室与产生噪声的房间之间的隔墙与楼板	计权隔声量＋交通噪声频谱修正量（R_w+C_{tr}）	＞50	＞45
办公室、会议室与普通房间之间的隔墙与楼板	计权隔声量＋粉红噪声频谱修正量（R_w+C）	＞50	＞45
外墙	计权隔声量＋交通噪声频谱修正量（R_w+C_{tr}）	≥45	
临交通干线的办公室、会议室外窗	计权隔声量＋交通噪声频谱修正量（R_w+C_{tr}）	≥30	
办公室、会议室与产生噪声的房间之间	计权标准化声压级差＋交通噪声频谱修正量（$D_{nT,w}+C_{tr}$）	≥50	≥45
办公室、会议室与普通房间之间	计权标准化声压级差＋粉红噪声频谱修正量（$D_{nT,w}+C$）	≥50	≥45

商业建筑的隔声标准 表 7-10

构件／房间名称	空气声隔声单值评价量＋频谱修正量（dB）	高要求标准	低限标准
健身中心、娱乐场所等与噪声敏感房间之间的隔墙与楼板	计权隔声量＋交通噪声频谱修正量（R_w+C_{tr}）	＞60	＞55
购物中心、餐厅、会展中心与噪声敏感房间之间的隔墙与楼板	计权隔声量＋交通噪声频谱修正量（R_w+C_{tr}）	＞50	＞45
健身中心、娱乐场所等与噪声敏感房间之间	计权标准化声压级差＋交通噪声频谱修正量（$D_{nT,w}+C_{tr}$）	≥60	≥55
购物中心、餐厅、会展中心与噪声敏感房间	计权标准化声压级差＋交通噪声频谱修正量（$D_{nT,w}+C_{tr}$）	≥50	≥45

2. 撞击声隔绝评价与标准

1）单值评价量

在实际工程中，对撞击声隔绝性能也采用单值指标来衡量。常用的参数有两个：计权规范化撞击声压级 $L_{n,w}$ 和计权标准化撞击声压级 $L'_{nT,w}$。其中前者是根据《声学　建筑和建筑构件隔声测量》第 6 部分的要求，由实验室中测得的规范化撞击声压级 L_n 计权后得到。后者是根据《声学　建筑和建筑构件隔声测量》第 7 部分的要求，由现场测得的标准化撞击声压级 L'_{nT} 计权后得到。

此处根据 1/3 倍频程或倍频程的空气声隔声测量量来确定单值评价量时所采用的撞击声隔声基准值如表 7-11、图 7-12、图 7-13 所示。

撞击声隔声基准值 表 7-11

频率（Hz）	1/3 倍频程基准值 K_i（dB）	倍频程基准值 K_i（dB）
100	2	
125	2	2
160	2	
200	2	
250	2	2
315	2	
400	1	
500	0	0
630	−1	
800	−2	
1000	−3	−3
1250	−6	
1600	−9	
2000	−12	−16
2500	−15	
3150	−18	⋯

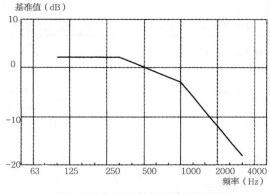

图 7-12 撞击声隔声基准曲线（1/3 倍频程）

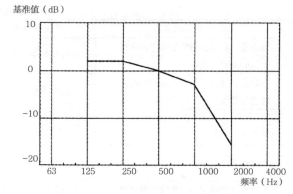

图 7-13 撞击声隔声基准曲线（倍频程）

《建筑隔声评价标准》GB/T 50121—2005 中同样采用了数值计算法和曲线比较法来确定撞击声隔声单值评价值，方法与空气声隔声计算类似。

2）撞击声隔声标准

我国《民用建筑隔声设计规范》GB 50118—2010 对住宅建筑、学校建筑、医院建筑、旅馆建筑、办公建筑以及商业建筑的撞击声隔声要求作出了规定（表 7-12 ~ 表 7-17）。

住宅分户楼板撞击声隔声标准   表 7-12

构件名称	撞击声隔声单值评价值 (dB)
卧室、起居室（厅）的分户楼板	计权规范化撞击声压级 $L_{n,w}$（实验室测量） < 75
	计权标准化撞击声压级 $L'_{nT,w}$（现场测量） ≤ 75

教学用房楼板的撞击声隔声标准   表 7-13

构件名称	撞击声隔声单值评价值 (dB)	
	计权规范化撞击声压级 $L_{n,w}$（实验室测量）	计权标准化撞击声压级 $L'_{nT,w}$（现场测量）
语言教室、阅览室与上层房间之间的楼板	< 65	≤ 65
普通教室、实验室、计算机房与上层产生噪声的房间之间的楼板	< 65	≤ 65
琴房、音乐教室之间的楼板	< 65	≤ 65
普通教室之间的楼板	< 75	≤ 75

医院建筑的撞击声隔声标准   表 7-14

构件名称	撞击声隔声单值评价值	高要求标准 (dB)	低限标准 (dB)
病房、手术室与上层房间之间的楼板	计权规范化撞击声压级 $L_{n,w}$（实验室测量）	< 65	< 75
	计权标准化撞击声压级 $L'_{nT,w}$（现场测量）	≤ 65	≤ 65
听力测听室与上层房间之间的楼板	' 计权标准化撞击声压级 $L'_{nT,w}$（现场测量）	—	≤ 65

旅馆建筑客房楼板的撞击声隔声标准 表 7-15

楼板部位	撞击声隔声单值评价值	特级（dB）	一级（dB）	二级（dB）
客房与上层房间之间的楼板	计权规范化撞击声压级 $L_{n,w}$（实验室测量）	< 55	< 65	< 75
	计权标准化撞击声压级 $L'_{nT,w}$。（现场测量）	≤ 55	≤ 65	≤ 75

办公建筑顶部楼板的撞击声隔声标准 表 7-16

构件名称	撞击声隔声单值评价值（dB）			
	高要求标准		低限标准	
	计权规范化撞击声压级 $L_{n,w}$（实验室测量）	计权标准化撞击声压级 $L'_{nT,w}$。（现场测量）	计权规范化撞击声压级 $L_{n,w}$（实验室测量）	计权标准化撞击声压级 $L'_{nT,w}$。（现场测量）
办公室、会议室顶部的楼板	< 65	≤ 65	< 75	≤ 75

商业建筑噪声敏感房间顶部楼板的撞击声隔声标准 表 7-17

构件名称	撞击声隔声单值评价值（dB）			
	高要求标准		低限标准	
	计权规范化撞击声压级 $L_{n,w}$（实验室测量）	计权标准化撞击声压级 $L'_{nT,w}$（现场测量）	计权规范化撞击声压级 $L_{n,w}$（实验室测量）	计权标准化撞击声压级 $L'_{nT,w}$（现场测量）
楼板部位	< 45	≤ 45	< 50	≤ 50

第8章　Noise Control in Buildings
建筑中的噪声控制

8.1　概述

　　噪声的危害是多方面的，主要有影响听闻、干扰人们的生活和工作等。当噪声强度较大时，还会损害听力及引起其他疾病。

　　2022年6月5日新噪声法《中华人民共和国噪声污染防治法》正式实施。党的二十大报告也提出"要推进美丽中国建设"，"要站在人与自然和谐共生的高度谋划发展"。随着全球对绿色建筑与低碳、宜居城乡的诉求日益迫切，合理进行建筑中的噪声控制，改善城乡人居声环境，也成为了建筑师与声学工程师的重要使命与担当。

　　建筑室内噪声主要来自以下几个方面（图8-1）：

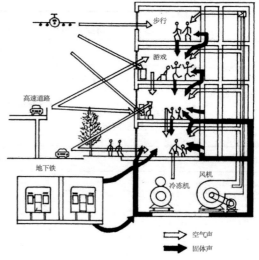

图8-1 室内噪声的来源

1. 室外环境噪声

　　室外环境噪声主要有交通运输噪声（包括公路、铁路、航空、船舶噪声）、工厂噪声、建筑施工噪声、商业噪声和社会生活噪声等。

2. 建筑内部噪声

　　在建筑物内噪声级比较高、容易对其他房间产生噪声干扰的房间有风机房、泵房、制冷机房等各种设备用房，道具制作等加工、制作用房以及娱乐用房，如歌舞厅、卡拉OK厅等。它们自身要求不被噪声干扰，同时又要防止对其他房间产生噪声干扰。此外，各种家电、卫生设备、打字机、电话及各种生产设备也都会产生噪声。

3. 房间围护结构撞击噪声

　　室内撞击声（也称固体声）主要有人员活动产生的楼板撞击声，设备、管道安装不当产生的固体传声等。

　　建筑中噪声控制的任务就是通过一定的降噪减振措施，使房间内部噪声达到允许噪声标准。

8.2 噪声评价指标与室内允许噪声标准

1. A计权声级

A计权声级，简称A声级。由于它与人们的主观评价有较佳的相关性，因此被广泛采用作为噪声单值评价指标。允许噪声标准的大小主要决定于使用功能、保护目标及环境性质。从保护听力方面考虑，最大不能超过90dBA，理想值是70dBA。对于一般有听闻要求的房间以及要求比较安静的工作、生活环境，噪声必须小于40dBA。

2. 噪声评价数（*NR*）

考虑到噪声的频谱特性，国际标准化组织（ISO）采用噪声评价数（*NR*）曲线来评价室内噪声大小（图8-2）。对于一个已有的声环境，求其噪声评价数的方法如下：先测量各倍频程背景噪声声压级，再把所测得的噪声频谱曲线叠合在*NR*曲线图上（坐标对准），以频谱与*NR*曲线在任何地方相切的最高*NR*曲线表示该声环境背景噪声的*NR*数。用*NR*数表示声环境设计允许噪声标准时，应使各频带噪声值均不超过相应的*NR*曲线对相应频带的规定值，由此确定各频带噪声级的控制值。确定*NR*数后，与之对应的倍频带声压级也可由下式计算：

$$L_p = a + bNR \qquad \text{dB} \qquad (8-1)$$

式中　　L_p——倍频带声压级，dB；

　　　　NR——噪声评价 NR 数；

　　　　a、b——为常数，其值见表8-1。

a、*b*数值表　　　　表8-1

倍频带中心频带（Hz）	*a*(dB)	*b*(dB)
63	35.5	0.790

续表

倍频带中心频带（Hz）	*a*(dB)	*b*(dB)
125	22	0.870
250	12	0.930
500	4.8	0.947
1000	0	1
2000	−3.5	1.015
4000	−6.1	1.025
8000	−8.0	1.030

表8-2给出了部分建筑室内允许噪声*NR*数建议值。

部分民用建筑室内允许噪声建议值　　表8-2

建筑类别	*NR* 评价数	建筑类别	*NR* 评价数
播音录音室（语言）	15	教室	25 ~ 30
（其他）	20	医院病房	25
电视演播室（语言）	20	歌舞厅	30 ~ 35
（其他）	25	图书馆	30
控制室	25	住宅	30
音乐厅	15 ~ 20	旅馆客房	30
剧院，多功能厅	20 ~ 25	办公室	35
电影院	25	开敞办公室	40
多用途体育馆	30	餐厅	40

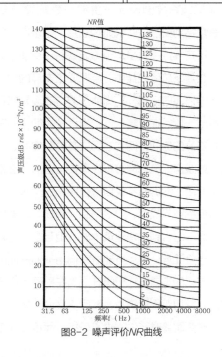

图8-2 噪声评价*NR*曲线

8.3 建筑中噪声控制的原则和方法

1. 噪声控制原则

噪声源发出噪声，经过一定的传播路径到达接收者或使用房间。因此，噪声控制最有效的方法是尽可能控制噪声源的声功率，即采用低噪声设备。在传播路径上采取隔声、消声措施，也可控制噪声的影响。这是建筑中噪声控制的主要内容。

针对不同的噪声，控制的方法也有所不同。对外部环境噪声及建筑中其他房间的噪声，可采取远离噪声源及提高房间围护结构隔声量的方法；对于固体声传声，主要是通过设备、管道的隔振及提高楼板撞击声隔声性能来解决；房间内部首先应采用低噪声设备，其次是通过使用隔声屏、隔声罩来隔声；空调、通风系统噪声主要是通过管道消声来降低。

2. 建筑选址及总体布局

建筑噪声控制设计应贯彻于建筑设计整个过程。要求特别安静的建筑如录播室、音乐厅、教室、医院等不宜靠近高强噪声源（如铁路、交通干道等）建造。在建筑总体设计中，应把要求安静的房间布置在背向噪声源的一侧，把辅助用房、走道等布置在靠近噪声源一侧。在建筑内部，噪声较大的房间不宜紧靠要求安静的房间，两者之间应有辅助房间、走道等隔离，如泵房、风机房等不应直接与客房、卧室等相邻。某些用途的房间不仅自身有很高的声级，同时又要求有低的背景噪声，如电影院、剧场、歌舞厅等。当这些房间组合到一幢建筑中时，相互之间的隔声问题必须十分注意，应尽可能把它们用辅助房间隔开，或设计专门的走道把它们隔开。当在平面上必须相邻布置时，宜用双层墙隔声。舞厅不宜设在主要房间之上，以避免跳舞时产生撞击声干扰，而且舞池不能用

铺设地毯等弹性面层的方法来降低撞击声，而制作浮筑楼板将大大增加工程造价。

各种机房、锅炉房、排风口、厨房排烟口、歌舞厅、卡拉OK厅、冷却塔等常常会对相邻建筑和周围环境产生噪声干扰。因此，不宜靠近其他建筑布置。产生高强噪声的房间（如迪斯科舞厅、纺织车间等）的外墙和屋顶应有较大的隔声量，且外墙不宜开窗。

3. 提高围护结构隔声量

提高围护结构的隔声能力，可以减少外部噪声的传人，并可减少自身对周围环境的噪声干扰。一般室外环境噪声不是很大时，通常的墙体（如砖墙、空心小砌块等）的隔声量已足够，主要是窗的隔声成问题，尤其是当还需要开窗通风时。对于要求特别安静的房间，如录音室、演播室、音乐厅、剧场、多功能厅等，其外墙不宜开窗，并应采用混凝土或实心砖墙，必要时房间外增设一外廊或附属房间来增加隔声量。建筑内部房间之间的隔墙也应满足隔声要求。对于框架结构的建筑，隔墙应高出吊顶，做至梁或楼板底，墙上不能开贯通的洞口。一些轻质隔墙的墙体较薄，当相邻两室的电源插座布置在同一位置时，会就造成贯通的洞口，削弱墙体的隔声能力，故应错开布置（图8-3）。

管线穿墙时，应用套管，套管内外应密封（图8-4）。空调送回风管穿墙时，要求风管有较好的隔声能力，并增大两室开口之间的距离。在隔声要求很高的场合，如录播室中，穿墙风管在墙两侧应加消声器，以防止噪声通过风管从一个房间传至另一个房间。有时为获得高隔声量，可采用"房中房"结构（图8-5）。此时，为提高门的隔声量，除采用高隔声量门扇外，还应做声闸。

对于大多数需自然通风换气的房间，当处于高噪声环境，如交通干线两侧的住宅，可采用组合隔声窗来解决窗隔声问题，即窗平常关闭，用带换气扇的通风消声道换气（图8-6）。如单层窗隔声量

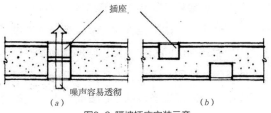

图8-3 隔墙插座安装示意
（a）插座相对布置，隔墙形成开口；（b）插座错开布置，有利隔声

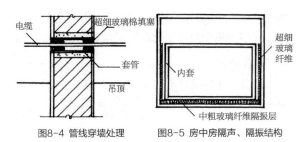

图8-4 管线穿墙处理　　图8-5 房中房隔声、隔振结构

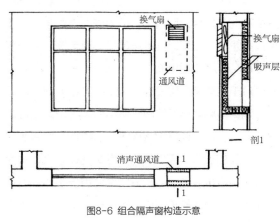

图8-6 组合隔声窗构造示意

不够，可用双层窗。根据在北京的对比试验，采用组合窗时，夏天室内热工性能并不比开窗差。

4. 室内吸声降噪

当远离声源时，室内声压级可按下式计算：

$$L_p = L_w + 10\lg\left(\frac{4}{R}\right) \qquad （8-2）$$

式中　L_p——室内声压级，dB；

　　　L_w——声源声功率级，dB；

　　　R——房间常数，$R = \frac{S\bar{\alpha}}{1-\bar{\alpha}}$；

　　　S——室内总表面积，m^2；

　　　$\bar{\alpha}$——室内平均吸声系数。

由式（8-2）可知，室内增加吸声量，房间常数 R 增大，室内声压级减小。吸声降噪量由下式计算：

$$\Delta L_p = 10\lg\left(\frac{R_2}{R_1}\right) \qquad （8-3）$$

式中　ΔL_p——吸声降噪量，dB；

　　　R_1、R_2——室内吸声前后房间常数，m^2。

采用吸声降噪措施的房间，室内平均吸声系数

一般较小，房间常数 R 近似等于房间总吸声量 A，故吸声降噪量也可由下式计算：

$$\Delta L_p = 10\lg\left(\frac{A_2}{A_1}\right) \qquad （8-4）$$

或　　　　　$\Delta L_p = 10\lg\left(\frac{\bar{\alpha}_2}{\bar{\alpha}_1}\right) \qquad （8-5）$

式中　A_1、A_2——室内吸声前后总吸声量，m^2；

　　　$\bar{\alpha}_1$、$\bar{\alpha}_2$——室内吸声前后平均吸声系数。

由式（8-4）知，吸声量增加一倍，声压级降低3dB。室内平均吸声系数已经很大的房间，吸声降噪效果要差一些。

吸声降噪主要用于车间噪声控制。通过在车间顶部做全频域强吸声结构，可有效降低室内混响声级。

在公共空间、办公室等处作吸声处理，不仅可起降噪作用，还可创造良好的环境气氛。

5. 隔声屏障与隔声罩

把工作空间或噪声源用隔声屏障隔离，可用于房间内部噪声源的噪声控制。图8-7是某设计事务

所一角的隔声屏障布置及构造做法。屏障的隔声效果与其构造做法、宽度及高度有关。隔声量随屏障宽度和高度的增大而增大。屏障表面作吸声有利于提高隔声量，如配以强吸声吊顶，尚可降低吊顶反射传声，隔声效果更好。

对于某些高噪声设备，可用隔声罩或隔声小间进行隔离。隔声小间或隔声罩结构本身应有足够的隔声量，在小间或罩内应作强吸声处理。对有大量热量产生的设备，还应解决好散热问题。图8-8为风机隔声罩构造做法。隔声间也可用于工作空间，如在噪声源很多的车间内，可把控制室做成隔声小间，以保护操作人员不受噪声侵害。

6. 设备隔振

建筑中的各种设备（如水泵、风机）如直接安装在楼、地面上，则当其运行时，除了向空中辐

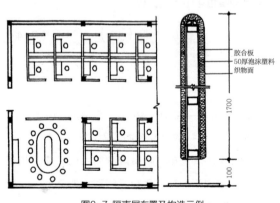

图8-7 隔声屏布置及构造示例

射噪声外，还会把振动传给建筑结构。这种振动可激发起固体声，在建筑结构中传播很远，并通过其他结构的振动向房间辐射噪声。结构振动本身也会影响建筑物的使用。因此，在工程上要对建筑设备进行隔振。通常把设备包括电机安装在混凝土基座上，基座与楼、地面之间加弹性支承（图8-9）。这种弹性支承可以是钢弹簧、橡胶、软木和中粗玻璃纤维板等，也可以是专门制造的各种隔振器。这样，设备（包括基座）传给建筑主体结构的振动能量会大为减少。

设备（包括基座）与弹性支承一起构成一共振系统，其固有共振频率可按下式估算：

$$f_0 = 5\sqrt{\delta_{st}} \qquad \text{Hz} \qquad (8-6)$$

式中 f_0——振动系统固有频率，Hz；

δ_{st}——隔振元件（弹性支承）的静态压缩量，cm。

隔振设计一定要防止设备驱动频率与系统固有频率之间发生共振，一般要求设备驱动频率与振动系统固有频率之比大于2。

风管与风机、水管与水泵之间应有柔性连接。风管、水管固定时应加弹性垫层（图8-10）。

7. 管道消声

空调、通风系统中，风机的噪声会沿着风管传

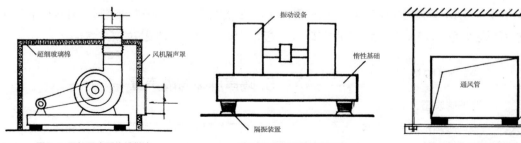

图8-8 风机隔声罩构造做法   图8-9 设备隔振基本构造   图8-10 风管隔振固定

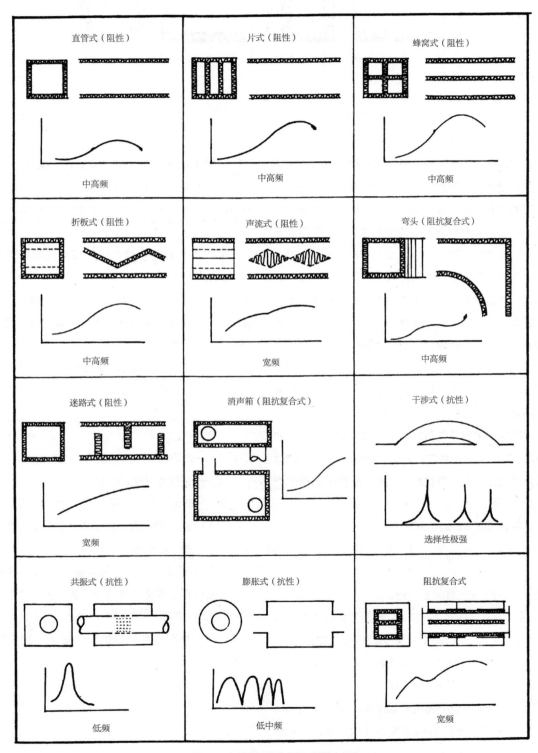

图8-11 各种类型的消声器及其消声特性
（消声特性图中横坐标为频率，纵坐标为消声量）

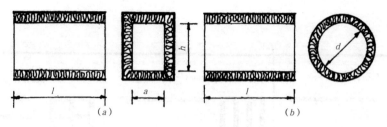

图8-12 直管式消声器
（a）方直管阻性消声器；（b）圆直管阻性消声器

至室内。此外，气流在管道中因流动形成湍流，还会使管道振动而产生附加噪声。气流噪声的控制，一般通过在管道上加接消声器来实现。消声器类型很多，根据消声原理可归纳为阻性、抗性和阻抗复合式三种类型（图8-11）。阻性消声器是一种吸收性消声器，其方法是在管道内布置吸声材料将声能吸收。抗性消声器是利用声波的反射、干涉、共振等原理达到消声目的。通常，阻性消声器对中高频噪声有显著的消声效果，对低频则较差；抗性消声器常用于消除中低频噪声。如噪声频带较宽则需采用阻性与抗性组合的复合式消声器。各种类型的消声器见图8-11。

阻性消声器具有结构简单、对中高频有良好的消声等特点，因而被广泛采用。如图8-12所示的直管内壁贴上多孔吸声材料，就成了一种最简单的直管式消声器。

直管式消声器消声量为：

$$\Delta L = \varphi(a)\frac{P \cdot l}{S} \quad \text{dB} \qquad (8\text{-}7)$$

式中　　ΔL——消声量，dB；

$\varphi(\alpha)$——消声系数，它与阻性材料的吸声系数有关，可根据表8-3查得；

P——通道有效断面的周长，（$P=2a+2b$ 或 $P=\pi$）m；

l——消声器的有效长度，m；

S——气流通道的横断面积，m^2。

消声系数φ（α）与吸声系数α_0的关系　表8-3

α_0	0.10	0.20	0.30	0.40	0.50	0.6～1.0
$\varphi(\alpha)$	0.11	0.24	0.39	0.55	0.75	1.0～1.5

实际上，消声系数不仅与材料的吸声系数有关，还与材料声阻抗率、声波频率及通道断面面积等因素有关。当吸声系数较大、频率较高、通道断面较大时，理论计算值一般要高于实测值。若通道断面太大，高频声波以窄束形式沿通道传播，致使消声量急剧下降。如将消声系数明显下降时的频率定义为上限失效频率f_c，则有：

$$f_c = 1.8\frac{c}{D} \qquad \text{Hz} \qquad (8\text{-}8)$$

式中　f_c——消声器上限失效频率，Hz；

c——空气中声速，m/s；

D——通道断面边长平均值，m（如断面为矩形，则D为（$a+b$）／2；如断面为圆形，D即为直径）。

对于截面面积较大的消声器，为增加其消声量，一般把整个通道分成若干小通道，做成蜂窝式或片式阻性消声器（图8-11）。

消声器外壳应有较高的隔声量，一般用钢板制作。

第9章 Introduction of Room Acoustic Design 音质设计概论

9.1 音质设计的目标和内容

音质是建筑环境的一个组成部分，即使是普通的住宅居室，也有其特定的音质。随着家庭影院和听音室的日益普及以及多媒体技术进入千家万户，对居室的音质要求也将越来越高。对于一些音质要求较高的建筑，如剧院、音乐厅、电影院、会堂、录音室、电视演播室等，则必须做专门声学设计，否则将影响建筑物的正常使用，甚至无法使用。党的二十大报告提出：要"提高人民生活品质"，"不断实现人民对美好生活的向往"。满足人民日益提高的居室及各类厅堂听音环境的高品质需求，需对其进行音质设计。室内音质设计，特别是观众厅音质设计的目标主要包括以下方面：

（1）在混响感（丰满度）和清晰度之间有适当的平衡；

（2）具有适当的响度；

（3）具有一定的空间感；

（4）具有良好的音色，即低、中、高音适度平衡；

（5）无噪声干扰，无回声、多重回声、声聚焦、声影等音质缺陷。

达到上述目标，可使大厅具有满意的音质。上述主观听音要求用可测量的物理指标表示，则音质

设计目标又可表述为：

（1）具有合适的混响时间及其频率特性；

（2）具有合适的声压级；

（3）具有较大的侧向能量因子（ LEF ）或较小的双耳互相关系数（ IACC ）；

（4）具有丰富的早期反射声；

（5）对整个大厅来说，要求声场分布均匀；

（6）背景噪声低，无回声、多重回声、声聚焦、声影等音质缺陷。

室内音质评价指标和标准，是音质研究的一个活跃领域，不断有学者提出新的见解，有关这方面的内容详见本书第五章。

音质设计是整个建筑设计的一部分，涉及建筑设计的各个方面。音质设计不是靠声学工程师或建筑师单独所能完成的。通常，声学工程师除了掌握足够的声学技术外，更重要的是需要坚持系统观念，要有全局意识，同建筑业主及整个建筑设计小组的成员密切合作、相互协调，使声学设计意图在工程上得到实施。一个音质良好的大厅一定是集体合作的结晶。音质设计的内容绝不是像某些人认为的那样，待建筑主体结构建成后再在室内作一下声学装修即可，而是在建筑设计一开始就应该有音质方面的考虑。音质设计的内容包括以下几个方面：

（1）选址、建筑总图设计和各种房间的合理配置，目的是防止外界噪声和附属房间对主要听音房

间的噪声干扰。

（2）在满足使用要求的前提下，确定经济合理的房间容积和每座容积。

（3）通过体形设计，充分利用有效声能，使反射声在时间和空间上合理分布，并防止出现声学缺陷。

（4）根据使用要求，确定合适的混响时间及其频率特性，计算大厅吸声量，选择吸声材料与结构，确定其构造做法。

（5）根据房间情况及声源声功率大小计算室内声压级大小，并决定是否采用电声系统（对于音乐厅，演出交响乐时仅用自然声）。

（6）确定室内允许噪声标准，计算室内背景声压级，确定采用哪些噪声控制措施（详见本书第八章）。

（7）在大厅主体结构完工之后，室内装修进行之前，进行声学测试，如有问题进行设计调整。

（8）工程完成后进行音质测量和评价。

（9）对于重要的厅堂，必要时应用计算机仿真及缩尺模型技术配合进行音质设计。

音质设计一般都是针对自然声进行的，但是观演建筑大厅往往都配有扩声系统，因此，有时必须配合电声工程师进行扩声设计。对自然声有利的建声条件对于扩声系统也同样有利。

9.2 大厅容积的确定

在大厅音质设计中，首先是根据大厅的规模和用途确定其容积。除声学方面的要求外，决定一个大厅的容积还需考虑建筑艺术造型、经济条件、空调和卫生等方面的因素。就音质而言，确定大厅容积时主要考虑保证大厅有合适的混响时间和足够的响度。

人声和乐器声等自然声源的声功率是有限的。大厅的容积越大，声能密度越低，室内声压级越

低，也就满足不了响度要求。因此，用自然声演出的大厅，为保证大厅有足够的响度，容积不能过大。表9-1是用自然声演出时室内最大容许容积参考值，超过这一限值应当考虑采用电声系统。

由混响时间计算公式（赛宾公式）可以看出，混响时间等于大厅容积 V 与总吸声量 A 之比。在总吸声量中，观众和座椅的吸声量所占的比例很大，在一般剧场中可占总吸声量的2/3（在国外观演建筑观众厅中，往往占75%左右）。因此控制大厅容积和观众人数之间的比例，也就在一定程度上，控制了混响时间。在实际工程中，常使用每座容积这一指标。若每座容积取值适当，就可以在尽可能少用吸声材料的情况下得到合适的混响时间，从而降低建筑造价。表9-2给出了各类厅堂每座容积建议值。

采用自然声源时各类房间最大容许容积   表9-1

用途	最大容许容积 (m³)
教室	500
讲演	2000 ~ 3000
话剧	6000
独唱、独奏、小乐队	12000
大型交响乐队	25000

各类厅堂每座容积的适当范围   表9-2

用途	每座容积 （m³／人）
音乐厅	7 ~ 12
歌剧院	5 ~ 8
多用途剧场、礼堂	5 ~ 10
讲演厅、大教室	3 ~ 5
电影院	4 ~ 5

9.3 大厅体形设计

1. 体形设计的原则和方法

对于一个体积一定的大厅，大厅体形直接决定反射声的时间和空间分布，甚至影响直达声的传播。因此，体形设计是音质设计的重要内容。大厅

体形设计应注意以下几点：

（1）充分利用声源的直达声；

（2）争取和控制早期反射声，使其具有合理的时间和空间分布；

（3）适当的扩散处理，使声扬达到一定的扩散程度；

（4）防止出现声学缺陷，如回声、多重回声、声聚焦、声影以及在小房间中可能出现的低频染色现象等。

1）充分利用声源发出的直达声

直达声强度直接影响声音的响度和清晰度。直达声在室内传播时，随距离的增加而衰减。当直达声贴近观众席传播时，由于观众席的掠射吸收，使声音衰减更快。此外，人与乐器发声时均有一定的指向性，频率越高，指向性越强。当观众席偏离辐射主轴角度增大时，高频声明显减弱，降低了语言清晰度，见图9-1。

根据上述直达声传播特点，对于以自然声演出的大厅，体形设计时应做到以下几点：

（1）控制大厅的纵向长度，一般应控制大厅纵向长度小于35m。对于电影院，为了使最远的观众不致感到声音与图像的不同步，纵向长度应不大于40m。

（2）使观众尽量靠近声源布置。当观众席位超过1500座时，宜采用一层悬挑式楼座；当观众席位超过2500座时，宜采用二层或多层楼座。

（3）在平面上，观众席应布置在一定角度范围内。根据前述声源发声的指向性特点，在以语言听闻为主的大厅中，应将大部分观众席布置在以声源为顶点的140°角的范围内。

（4）足够的地面升起。观众厅地面有一定的坡度，可减少观众席对直达声的掠射吸收。通常按照视线要求设计大厅的地面升起坡度，已可满足声学要求。但也有一些观众厅，出于兼作舞厅和会议厅的需要，池座采用平面和活动座椅。

2）争取和控制早期反射声

通常把直达声到达后50ms以内到达的反射声称为早期反射声（对于音乐演出，可放宽至80ms）。使所有观众席都能获得丰富的早期反射声，尤其是早期侧向反射声，是良好音质的必备条件之一。通过声线作图法，可确定反射面的位置、角度和尺寸大小，也可以检验已有反射面对声音的反射情况。如图9-2为用声线作图法设计观众厅剖面的例子。声源S的位置一般定在舞台大幕线后2~3m处，离舞台面高1.5m。观众席接收点高度离地面1.1m。现在我们从台口外的A点开始设计一段顶棚，假定要求反射声覆盖范围从R_1至R_2，连接SA和R_1A，作$\angle SAR_1$之角平分线AQ_1，过A点作AQ_1的垂线AB。以AB为轴求出声源S的对称点S_1（称为S的虚声源），连接S_1R_2并与AB交于B。AB就是设计的第一段顶棚断面。第二段顶棚要求反射声覆盖R_2至R_3，根据建筑造型要求，确定第二段顶棚从C开始，用与第一段同

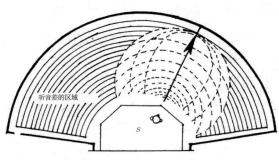

图9-1 观众席平面上的人声指向性

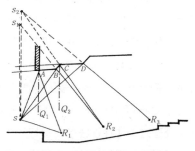

图9-2 用声线作图法设计观众厅剖面

样的方法可求出第二段顶棚断面CD。

在图9-2中，SR_1为到达接收点R_1的直达声经过的路程（m），（$SA+AR_1$）为反射声经过的路程（m），如取声速c为340m/s，则到达R_1点的反射声相对直达声延迟时间为（$SA+AR_1-SR_1$）×1000/340（ms）。对于规模不大的大厅，例如高度在10m左右，宽度在20m左右的大厅，体形不作特殊处理，绝大多数观众席接收到的第一次反射声都在50ms之内。但对于尺寸更大的大厅，欲达到这一要求，就必须对厅堂的体形作精心的设计。

（1）平面形状与反射声分布

图9-3给出常用的几种观众厅平面形式，并分析其对室内音质可能产生的影响。

扇形平面：具有这种平面厅堂的池座前区大部分座位，缺乏来自侧墙的一次反射声，来自后墙的反射则很多。弧形后墙往往会形成声聚焦，对音质不利。但这种平面可使大多数座位靠近舞台布置，故常被用作为剧场、会场的平面形式。对这种平面，应利用顶棚给大多数观众席提供一次反射声，侧墙可做成折线形，以调整侧向反射声方向并改善声扩散；后墙应作扩散或吸声处理。

六边形平面，第一次反射声容易沿墙反射，厅的中前部缺乏一次反射声。改进的措施同扇形平面。

椭圆形平面，第一次反射声容易沿墙反射，导致观众席中前部缺乏一次侧向反射声。弧形后墙面还可能形成声聚焦。改进措施有把侧墙做成锯齿状，使反射声到达中前部，后墙作扩散或吸声处理等。

窄长形平面，这种平面当规模不大时，由于平面较窄，侧墙一次反射声能较均匀地分布于大部分观众席。如能将台口附近侧墙面利用好，则可使整个大厅观众席都有一次侧向反射声。当规模较大时，大厅会变得过长或过宽，导致其他不利影响。

由上述分析可知，一个简单几何形平面，当不作特殊处理时，往往视线条件最好的中前区缺乏一次侧向反射声。建筑设计中为了表达某种象征意义，建筑师常希望将观演建筑设计成某种特定的几何形状。这时可能与声学要求发生矛盾。解决的办法之一是外部保持所需建筑形状，内部空间根据声学要求设计；还可采用声学上完全通透的面层，即"视觉面层"，以满足一定的建筑形象要求。面层背后根据声学要求布置反射面或吸声面。这种面层可以是木条面、金属网面等。

采用木条时，应注意适当改变其尺寸和间隔，以免形成"声栅"，造成对某一频率声音的过度吸收。此外，还可设置某些专门的反射板来取得理想的声学效果。

（2）剖面与顶棚设计

从顶棚来的一次反射声可以无遮挡地到达观众席。它对增加声音强度与提高清晰度十分有益。音质设计中应充分利用顶棚作反射面。靠近声源或舞台口的顶棚对声源所张的立体角大，反射声分布

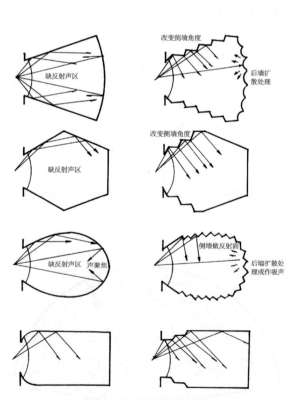

图9-3 平面形式与反射声分布
（右列为改进措施）

广。对有乐池的剧场，需利用这部分顶棚把乐队的声音反射到观众席。因此，该部分顶棚通常是设计成强反射面。当顶棚过高时，可以设计悬吊的反射板阵列。反射板阵列（俗称浮云反射板，见图9-4）的开口面积可为50%左右。

对中后部顶棚，可以设计成定向反射面，使整个顶棚的反射声均匀覆盖全部观众席，也可设计成扩散反射面（图9-5）。一个大厅即使不作特别处理，中后部观众席一般也不缺少早期反射声，因此，中后部顶棚可以根据建筑艺术要求设计成多种形式。

（3）增加侧向反射声的方法

最近对音乐厅的声学研究表明，大厅的早期侧向反射声，有利于加强空间感。因此，在音质设计中应注意使观众席获得尽可能多的早期侧向反射声。从前面对观众厅平面的分析可知，通常没有特别设计的

平面形式，尤其是较宽的大厅，观众席的中前部往往缺乏一次侧向反射声。为了获得较多的侧向反射声，应注意做好观众厅平面设计。除了窄长平面外，对于较宽较大的观众厅可采用"山地葡萄园"式平面布局，即将观众席设置于若干不同标高的平面上，形成包厢式座位区，利用各区的栏板作反射面，给部分观众席提供侧向反射声，见图9-6。

对于垂直侧墙，大部分表面的一次反射声到不了观众席。如把侧墙设计成倾斜状或在侧墙安装斜向反射板，可使更多的一次反射声到达观众席（图9-7）。

利用顶棚提供扩散反射，也可增加侧向反射声，见图9-8。

观众厅中布置在侧面的包厢与楼座，也可提供侧向反射声（图9-9）。可利用包厢与楼座提供侧向反射声。反射面应采用刚度大、反射系数大的材料和结构，如钢板网抹灰等。

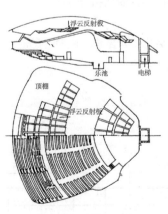

图9-4 凹曲面屋顶下悬吊"浮云"式反射板

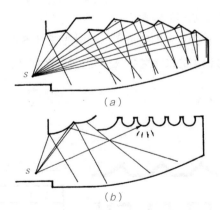

图9-5 观众厅剖面做法
（a）吊顶定向反射；（b）吊顶扩散反射

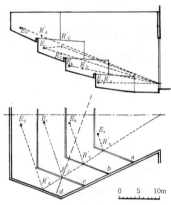

图9-6 山地葡萄园式的座位布局

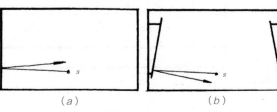

图9-7 倾斜侧墙与垂直侧墙反射面比较
（a）垂直侧墙；（b）倾斜侧墙

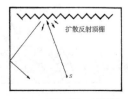

图9-8 扩散反散顶棚提供侧向反射声

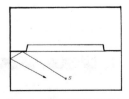

图9-9 包厢提供侧向反射声

3）扩散设计

观众厅的声场要求有一定的扩散性。声场扩散对录音室尤其重要。观众厅中的包厢、挑台、各种装饰等，对声音都有扩散作用。必要时，还可将墙面和顶棚设计成扩散面，尤其对可能产生声聚焦及回声等情况的表面需要作扩散处理。图9-10所示为几种扩散体的形状。欲取得良好的扩散效果，它们的尺寸应满足如下关系：

$$a \geqslant \frac{2}{\pi} \cdot \lambda \qquad (9\text{-}1)$$

$$b \geqslant 0.15a \qquad (9\text{-}2)$$

式中 a——扩散体宽度，m；

       b——扩散体凸出高度，m；

       λ——能有效扩散的最低频率声波波长，m。

如要对下限为125Hz的声波起有效扩散作用，a必须在1.8m以上，b必须大于0.27m。扩散体尺寸与声波波长相当时扩散效果最好，太大又会引起定向反射。

近来，德国声学家施罗德提出一种"二次剩余扩散面"或称"QRD扩散板"，可在较宽的频率范围内有近乎理想的扩散反射。图9-11为这种扩散面构造示意及扩散图案。它是根据数论中的二次剩余序列来设计的。图9-11中扩散面沟宽可取下限波长的1/2或更小，即$w \leqslant \lambda_{min} / 2$。沟深按二次剩余序列确定$d_n = s_n \cdot \lambda_{max} / 2N$，$N$是奇素数，有$N = \lambda_{max} / \lambda_{min}$。$s_n$是二次剩余数列，即$n^2$（$n = 0$，1，2…$N$）除$N$的余数，例如$N = 17$时，$s_n$为0，4，9，16，8，2，15，13，13，15，2，8，16，9，4，1。s_n以N为周期重复。高于上限频率（$\lambda > \lambda_{max}$）或低于下限频率（$\lambda < \lambda_{min}$）时，扩散效果变差，并逐渐成为定向反射。后来的研究发现QRD扩散面有一定的吸声作用，尤其是对低频声吸收较大，因此在厅堂中不宜大面积使用。

交叉布置吸声材料（图9-12）也可取得扩散效果。

在房间内无规则地悬吊扩散板或扩散体，可以使室内声场更好地扩散。因此，在混响室内也常悬吊这种扩散板。图9-13为顶棚上布置不规则扩散板的观众厅。

2. 与体形有关的声学缺陷的防止

体形设计不当，会出现声聚焦、回声、颤动回声、声影等音质缺陷。

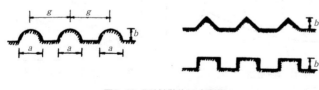

图9-10 几种扩散体尺寸要求

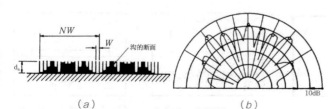

（a）   （b）

图9-11 QRD扩散板扩散面构造示意及扩散图案

（a）墙面（顶）QRD扩散板；（b）QRD扩散板扩散图案

图9-12 交叉布置吸声材料

1）声聚焦

凹曲面的顶棚，会产生声聚焦现象，使反射声分布很不均匀，应当避免采用。对已有或必须采用的凹面顶棚，避免声聚焦的方法有：在凹面上作全频域强吸声，通过减弱反射声强度来避免声聚焦引起的声场分布不均；或在凹面下悬挂扩散反射板或扩散吸声板，使声聚焦不能形成，见图9-14。

对于弧形后墙，可通过强吸声或扩散处理来避免声聚焦。而对于圆形平面，一般应用扩散的方法来避免声聚焦（图9-15），如在圆弧形墙面采用反圆弧形扩散体（图9-16）。在圆弧形墙面作强吸声，虽然可改善由声聚焦造成的声场分布不均现象，但效果不是最好，且会因吸声过度，使大厅混响时间偏短。

2）回声与多重回声

当反射声延迟时间过长，一般是直达声过后100ms，强度又很大，这时就可能形成回声。观众厅中最容易产生回声的部位是后墙、与后墙相接的顶棚以及挑台栏板。这些部位把声波反射到最先接收到直达声的观众席前区和舞台，因此延迟时间很长（图9-17）。如果后墙挑台栏板为弧面，更会对反射声产生聚焦作用从而加强回声的强度。通过几何声学作图可以检查出现回声的可能性。对这些可能产生回声的部位作强吸声或扩散处理，或适当改变其倾斜角度，使反射声落入近处的观众席（图9-18），可以避免回声的干扰。

图9-14 凹曲面顶棚声聚焦及其避免
（a）凹曲面顶棚产生声聚焦；
（b）吸声处理；（c）悬吊扩散反射板

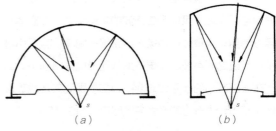

图9-15 圆形平面、弧形后墙产生声聚焦
（a）半圆形平面产生声聚焦；
（b）弧形后墙产生声聚焦

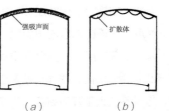
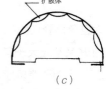

图9-16 半圆形平面、弧形后墙声聚焦的避免措施
（a）弧形后墙吸声；（b）弧形后墙扩散处理；
（c）半圆形平面扩散处理

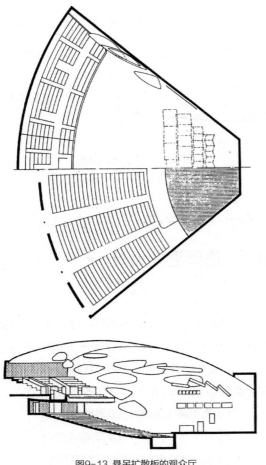

图9-13 悬吊扩散板的观众厅

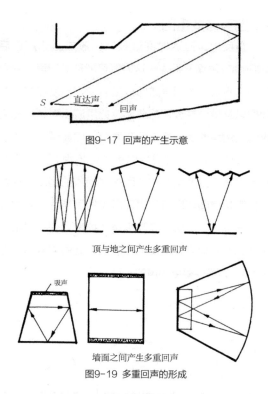

图9-17 回声的产生示意

图9-19 多重回声的形成

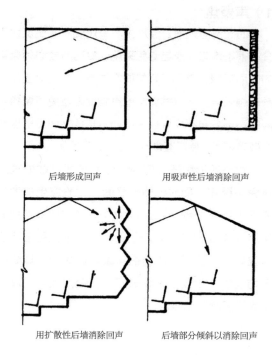

后墙形成回声　　　　　　用吸声性后墙消除回声

用扩散性后墙消除回声　　后墙部分倾斜以消除回声

图9-18 消除回声的方法

多重回声是由于声波在特定界面之间的往复反射所产生的。在观众厅里，由于声源位于吸声较强的舞台内，观众厅内又布满观众，不易发生这种现象。但在体育馆、演播室及一些公共建筑的高大门厅内，地面与顶棚之间可能产生声波的多重反射。在立体声电影院内，大量环境声扬声器布置在侧墙，容易引起平行侧墙之间声波的多重反射从而形成多重回声。即使在一些较小的厅堂和走廊中，由于界面设置或吸声处理不当，也有可能产生多重回声（图9-19）。

3）声影

观众席较多的大厅，一般要设挑台，以改善大厅后部观众席的视觉条件。如挑台下空间过深，则易遮挡来自顶棚的反射声，在该区域形成声影区。为避免声影区的产生，对于多功能厅，挑台下空间的进深不应大于其开口高度的2倍，张角θ应大于25°；对于音乐厅，进深不应大于开口高度，张角θ应大于45°。同时，挑台下顶棚应尽可能向后倾斜，使反射声落到挑台下座席上（图9-20）。

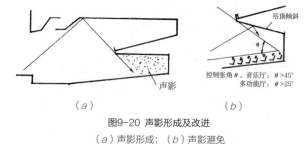

（a）　　　　　　　　　（b）

图9-20 声影形成及改进

（a）声影形成；（b）声影避免

9.4　房间混响设计

混响设计是音质设计的重要内容，其主要任务是使室内具有适合使用要求的混响时间及其频率特性。混响设计一般是在大厅的形状基本确定，容积和内表面可以计算时进行，具体内容包括：

（1）确定最佳混响时间及其频率特性；

（2）计算体积、吸声量及混响时间；

（3）选择和确定室内装修材料及其布置。

1. 最佳混响时间及其频率特性的确定

不同用途的房间应具有不同的最佳混响时间值。丰满度要求较高的大厅（如音乐厅）应具有较长的混响时间；清晰度要求较高的房间（如会堂等）的混响时间应短一些；录音、放音用房间（如录音室、电影院）应有更短的混响时间。对不同房间推荐的中频（500Hz及1000Hz的平均值）混响时间见表9-3。由于人们的听音习惯，最佳混响时间根据房间容积大小可适当调整，房间容积大，混响时间可适当延长，房间容积小，混响时间可适当缩短。对多功能厅，可以做可调混响。

在得到中频最佳混响时间值以后，还要以此为基础，根据房间使用性质，确定各倍频程中心频率的混响时间，即混响时间频率特性，参见图5-1。音乐厅低频混响时间可比中频略长，在125Hz附近可以达到中频的1.1~1.45倍。

用于语言听闻的大厅，应有较平直的混响时间频率特性。

由于空气对高频声有较强的吸收，特别是房间容积很大时，高频混响时间通常会比中频短，但由于人们已经习惯，故允许高频混响时间稍短些。

2. 混响时间计算

混响时间计算可按如下步骤进行：

（1）根据观众厅设计图，计算房间的体积V和总内表面积S。

（2）根据混响时间计算公式，求出房间的平均吸声系数$\bar{\alpha}$。可采用赛宾公式或依林公式计算。

平均吸声系数乘以总内表面积S，即为房间所需总吸声量。一般计算频率取125~4000Hz共6个倍频程中心频率。

（3）计算房间内固有吸声量，包括室内家具、观众、舞台口、耳面光口等吸声量。房间所需总吸声量减去固有吸声量即为需要增加的吸声量。

（4）查阅材料及结构的吸声系数（本书附录中列有部分吸声材料和结构的吸声系数），从中选择适当的材料及结构，确定各自的面积，以满足所需增加的吸声量及频率特性。一般常需反复选择、调整，才能达到要求。

混响设计也可在确定房间混响时间设计值及体积后，先根据声学设计的经验及建筑装修效果要求确定一个初步方案，然后验算其混响时间。通过反复修改、调整设计方案，直至混响时间满足设计要求为止，通常是各频带混响时间计算值应在设计值的±10%范围内。表9-4为某观众厅混响时间计算实例。

混响时间计算中，所用的吸声系数，应注意它的测定条件与实际安装条件是否一致。安装条件不同（如背后空气层的有无、厚薄等），吸声特性会有很大差异，选用时，应选取与实际条件一致或接近的数据。同时，计算中所用的吸声系数应是用混响室法测得的吸声系数，即无规入射吸声系数。

各类建筑混响时间适当范围（500Hz与1000Hz平均值）

表9-3

房间用途	RT(s)	房间用途	RT(s)
音乐厅	1.5 ~ 2.1	强吸声录音室	0.4 ~ 0.6
歌剧院	1.2 ~ 1.6	电视演播室 语言	0.5 ~ 0.7
多功能厅	1.2 ~ 1.5	音乐	0.6 ~ 1.0
话剧院、会堂	0.9 ~ 1.3	电影同期录音棚	0.4 ~ 0.8
普通电影院	0.9 ~ 1.1	语言录音室	0.25 ~ 0.4
立体声电影院	0.65 ~ 0.9	琴室	0.4 ~ 0.6
多功能综合性体育馆	1.4 ~ 2.0	教室、讲演室	0.8 ~ 1.0
音乐录音室（自然混响）	1.2 ~ 1.6	视听教室语言	0.4 ~ 0.8
		音乐	0.6 ~ 1.0

3. 室内装修材料的选择和布置

选择室内装修材料和构造时，应注意低频、中频、高频各种吸声材料和结构的合理搭配，保证音色的平衡，同时兼顾建筑艺术的考虑加以确定。

一般而言，舞台周围的墙面、顶棚、侧墙下部应当布置反射性能好的材料，以便向观众席提供早期反射声。观众厅的后墙宜布置吸声材料或结构，以消除回声干扰。如所需吸声量较大时，可在大厅中后部顶棚、侧墙上部布置吸声材料和结构。

对于有高大舞台空间的演出大厅来说，观众厅和舞台空间通过舞台开口成为"耦合空间"。当舞台空间吸声较少时，它就会将较多的混响声返回给观众厅，使大厅清晰度降低。因此，舞台上应有适当的吸声。吸声材料的用量应使舞台空间的混响时间与观众厅基本相同为宜。至于耳光室、面光室，内部也应适当布置一些吸声材料，使耳光口、面光口成为一个吸声口。

室内音质设计中，并不是所有的声环境都要增加吸声材料。有时为了获得较长的混响时间，必须控制吸声总量，尤其对音乐厅和多功能厅更是如此。这时除建筑装修中应减少吸声外，对座椅的吸声也必须加以控制。沙发椅软面靠背不宜过高过宽，以减少吸声。

观众厅混响时间计算表（$V=5400\text{m}^3$，$\sum S=2480\text{m}^3$）　　　　　表 9-4

序号	项目	材料及做法	面积 (m²)	吸声系数和吸声单位 (m²)											
				125Hz		250Hz		500Hz		1000Hz		2000Hz		4000Hz	
				a	Sa	a	Sa	a	Sa	a	Sa	a	Sa	a	Sa
1	观众及座椅	观众席及周边0.5m宽走道	550	0.54	297	0.66	363	0.75	412.5	0.85	467.5	0.83	456.5	0.75	412.5
2	吊顶	5mm 厚 FC板，大空腔	900	0.20	180	0.07	63	0.05	45	0.05	45	0.06	54	0.07	63
3	墙面	三夹板，后空 50mm	150	0.21	31.5	0.73	109.5	0.21	31.5	0.19	28.5	0.08	12	0.12	18
4	墙面	9.5mm 厚穿孔石膏板，$P=8\%$，板后贴桑皮纸，空腔 50mm	100	0.17	17	0.48	48	0.92	92	0.75	75	0.31	31	0.13	13
5	墙面	水泥抹面	376	0.02	7.5	0.02	7.5	0.02	7.5	0.03	11.3	0.03	11.3	0.03	11.3
6	走道、乐池	混凝土面	240	0.02	4.8	0.02	4.8	0.02	4.8	0.03	7.2	0.03	7.2	0.03	7.2
7	门	木板门	28	0.16	4.5	0.15	4.2	0.10	2.8	0.10	2.8	0.10	2.8	0.10	2.8
8	开口	舞台口、耳光口、面光口	130	0.30	39	0.35	45.5	0.40	52	0.45	58.5	0.50	65	0.50	65
9	通风口	送、回风口	6	0.8	4.8	0.8	4.8	0.8	4.8	0.8	4.8	0.8	4.8	0.8	4.8
	4mV											48.6		140.4	
	$\sum S\alpha$			586.1		650.3		652.4		700.6		644.1		597.6	
	$\bar{\alpha}$			0.236		0.262		0.263		0.285		0.260		0.240	
	$-\ln(1-\bar{\alpha})$			0.269		0.304		0.305		0.333		0.301		0.276	
	T_{60}			1.30		1.15		1.15		1.05		1.09		1.05	

第10章 Acoustic Design of Concert Halls
音乐厅音质设计

音乐厅是供交响乐（包括民族音乐）、室内乐及声乐演出的专用厅堂。它是音质要求最高的观演建筑。音乐厅与一般剧场的主要区别在于它不设高大的舞台空间，也不设侧台和乐池，只设乐台（乐台后部常有管风琴）。乐台与观众厅处在同一空间之中。音乐厅演出时大多数靠自然声，电声至多起辅助作用，但为了现场实况转播或录音的需要，也需要提供电声设备并设声控室。

10.1　音乐厅体形设计

1. 鞋盒式古典音乐厅

19 世纪后半叶，在欧洲出现了以维也纳音乐友协会音乐厅为代表的一批被称为鞋盒式的古典音乐厅（图 10-1）。其特点是矩形平面、窄厅、高顶

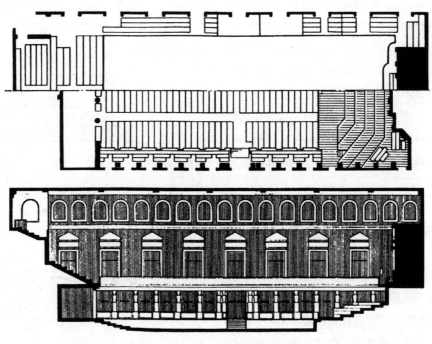

图 10-1 维也纳音乐友协音乐厅平剖面

棚，有一或两层浅楼座和较丰富的内部装饰构件。古典音乐厅之所以出现这种体形，并非设计者受什么声学原理指导，主要是由于当时的材料、结构和设备水平所决定的。20 世纪最著名的剧院建筑家乔治·伊泽诺尔（George Izenour）曾指出，古代至 19 世纪末，厅堂的宽度从未超过 24.4m，这是由木结构所决定的。至于高顶棚，则主要是出于厅堂对流换气的需要，使观众产生的热气通过高侧窗排出室外，而新鲜空气则由下部进入厅堂，保持观众厅空气的清新。但矩形平面的窄厅恰好能给观众席提供丰富的早期侧向反射声，高顶棚又使混响时间较长，楼座包厢与装饰物则对声波起扩散作用。这些因素决定了鞋盒式音乐厅的优良音质。世界上公认的三个音质最好的大厅：维也纳音乐厅、阿姆斯特丹音乐厅及波士顿音乐厅均为鞋盒式（只是阿姆斯特丹音乐厅较宽，宽度达 27.7m）。因此，长期以来，鞋盒式音乐厅成为不少后建的音乐厅争相仿效的楷模。例如 1971 年建成的美国肯尼迪表演艺术中心音乐厅及 1986 年建成的柏林绍斯皮尔音乐厅，基本上是沿用了这种传统形式。1962 年建成的美国纽约菲哈莫尼音乐厅，由于对音质不满意，四度翻修，最后按鞋盒式体形彻底改建，终于获得较满意的音质效果，现改名费舍尔音乐厅。因此，不少人迷信只有鞋盒式才能达到完美的音质。这其实是一种偏见。鞋盒式固然不失为一种较保险的容易达到理想音质的音乐厅体形，但是音乐厅设计不同于乐器设计，不能千厅一样，总是需要在建筑形式上不断创新。事实上，不少新的音乐厅体形仍可达到完美的音质效果。

2. 山地葡萄园座席及环绕式厅

1963 年，由建筑师夏隆和声学家克莱默设计的柏林爱乐音乐厅大胆采用不规则平面及山地葡萄园式座位区的新颖形式，并在座位布置中采用环绕乐台的新格局。该厅由于具有优良的音质，动摇了只有鞋盒式厅才能产生完美音质的神话。所谓环绕式布局，即在乐台的侧面与后面安排部分观众席。这种布局，最早源于英国厅堂的一种传统，即在乐队的后部设合唱区。当不需要合唱队时，合唱区就成为观众席。但有意识地布置环绕式座位区，则是从柏林爱乐音乐厅开始的（参见第一章图 1-11）。

环绕式布局的优点是可争取较多的观众席靠近乐台布置，同时加强了乐师与观众的联系，活跃了音乐厅的气氛。缺点是由于乐器声的指向性主要是朝向前方，故位于乐台侧面和后面的座席音质较差，而且侧面的观众可能首先听到近侧的乐器声，对远侧的乐器声的听闻受到影响，不易达到各声部的平衡。然而有些观众为了能看清指挥的表情和动作，仍宁愿选择乐台后侧的座位。

山地葡萄园式的布局使各座位区高低错落，其栏墙可向邻近座位提供早期反射声，并且可使声音扩散，因此可取得良好的音质效果。这种环绕式布局以及将座位分区布置于不同高度的设计成了 20 世纪 70 ~ 80 年代音乐厅的新典范。不少新建的厅堂乐于采用这种格局。如 1973 年建成的悉尼歌剧院音乐厅、1980 年建成的旧金山戴维斯交响乐厅和 1982 年建成的多伦多罗伊·汤普逊厅等均是环绕式厅（图 10-2）。

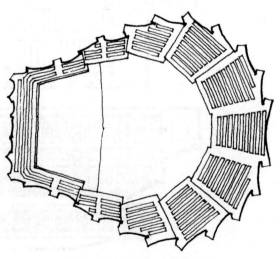

图 10-2 多伦多罗伊·汤普逊厅平面

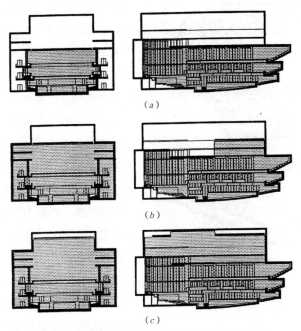

图 10-3 阿替克声学顾问公司构想的 21 世纪厅堂新形式

3. 带有可变耦合混响空间的音乐厅

20 世纪 80 年代以来，若干新设计的音乐厅对声学环境的要求更为考究，音质设计更为深入细致。即便是专用音乐厅，对于在其中上演不同类型和风格的音乐作品，也希望能调整其空间形式，变化其混响时间和频率特性，以便营造出与上演的音乐作品更加贴合的声学条件。过去厅堂混响时间的调节，多依赖于可调吸声结构来实现。但是通常可调吸声结构对中、高频吸声量的改变较为有效，欲改变低频吸声量则较为困难。同时，吸声量的改变与体积的变化对音质的影响是并不完全等同的。例如过去的厅堂设计者常希望音乐厅中频混响时间达到 2.1s，但为了保证音乐清晰度，往往采取折中的办法，使之缩短为 1.65 ~ 1.75s。如果在音乐厅中另设混响空间来提供混响声，延长混响时间，则可兼顾到清晰度的要求。而这靠可调吸声结构是不易办到的。因此，新一代的音乐厅更注重设置可调耦合空间来改变厅堂的声学条件。如 1989 年建成的美国达拉斯的麦耶逊·麦克德尔莫特音乐厅以及 1991 年建成的英国伯明翰交响乐厅等都采取这种形式。

这种耦合房间有的设置在乐台后侧，有的设置在观众厅上部，有的则设置在观众厅旁边，还有的厅堂考虑利用地下空间声场的作用。总之，可通过宽度和高度的变化来创造可调耦合空间。美国著名的阿替克声学顾问公司构想了 21 世纪厅堂新形式，将混响室设在与观众厅同一水平上，同时具有垂直可移动的顶棚。这些侧面的混响室关闭时，门和拱腹尚可提供早期侧向反射声（图 10-3）。在图 10-3 中，当厅堂处于（a）状况时，由于这时它具有最小体积，因此混响时间最短，适合于独奏和室内乐演出，也可兼作会堂；当处于（b）状况时，厅堂宽度拓展至 35m。这时厅堂具有较长的混响时间，适合于演出交响音乐；当处于（c）状况时，其高度可与教堂相类比，宽度仍为 35m，适合于管风琴音乐或大型合唱和交响乐作品的演出。

以上介绍的是音乐厅的若干典型的体形设计。有些音乐厅则属于上述典型体型的变形，如扇形、

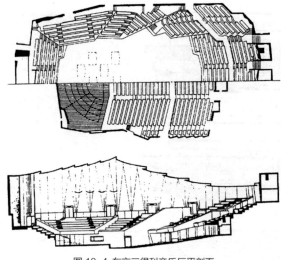

图 10-4 东京三得利音乐厅平剖面

钟形及多边形等，还有其他不规则形。有的则是上述典型设计的混合物，如建于 1986 年的日本东京三得利音乐厅可视为采用鞋盒式厅的基本是矩形的平面以及山地葡萄园形环绕式厅的座位布置和凸弧状扩散顶棚的结合体（图 10-4）。

10.2　音乐厅乐台设计

音乐厅的乐台有两种基本类型，分别相应于鞋盒式及环绕式厅。前者可称为尽端式乐台，以波士顿音乐厅为典范；后者可称为中心式乐台，以柏林爱乐厅为典范。

尽端式乐台设于音乐厅一侧，乐台上的顶棚可与观众厅的顶棚同高，也可稍低，形成一个专门的乐台空间。乐台的侧墙一般为八字形，比观众厅的宽度稍窄，但也有与观众厅同宽者。设有专门乐台空间的乐台体积，约占观众厅体积的 30% ~ 40%。

中心式乐台则位于观众厅当中，但偏向一侧，因此没有专门的乐台空间。其四周为座位席所环绕，

由台侧及台后座位区的拦墙围成乐台。由于乐台与观众厅浑然一体，其上空的顶棚常较高，因此乐台上方常需悬吊反射板来为乐师和观众提供早期反射声。这种反射板悬吊高度不宜超过 6 ~ 8m。乐台的面积可按乐队和合唱队人数估计。计算时取：中高音弦乐器和吹奏乐器，1.25m²／人；大提琴和大的铜管乐器，2m²／人；低音提琴，1.8m²／人；打击乐，1 ~ 2m²／人；合唱队，0.5m²／人。因此，若考虑 100 人乐队演出时，约为 150m²。如再考虑独唱和独奏，约需 180m²。若考虑附加 100 人合唱队，应再加 50m² 面积。据统计，旧的音乐厅之乐台面积平均为 158m²；新建音乐厅的乐台面积平均为 203m²。

乐台的形状应避免过深或过宽。太宽则坐在厅堂一侧的听众会先听到靠近他们的乐器声。这种时间差对各声部的融合不利。过深则后面的乐器声到达听众的延时可能过长，以致人耳分辨得出，容易形成干扰。同时乐台过宽，也使指挥难以从整体上把握乐队。建议乐台的宽度控制在 16.8m 以内，深度控制在 12m 以内。乐台的高度不可压得过低，以便有足够的空间增加音乐的活跃度，同时避免造成声音的刺耳。对于有专门乐台空间的尽端式乐台，其顶棚平均高度可为 8 ~ 13m。当乐台顶棚平均高度大于 9m 时，则两侧声反射墙相距应窄些，如小于 15m，乐台深也不应大于 9m。世界上较老的音乐厅，其乐台较浅，平均深度为 8.5m，但其顶棚较高，顶棚前部平均高为 14m，后部平均高为 12.8m。1928 年以来建成的若干较新的音乐厅，乐台较深，达 10.5 ~ 12m，顶棚则较低，前部高度为 9 ~ 10m，后部高度为 6 ~ 7m。当乐台较浅较窄时，顶棚则可较高；当乐台较深较宽时，顶棚可较低些，形状应不规则。

乐台附近应设置反射面和扩散构件，将声能有效地投射至乐师及观众席，改善乐师的相互听闻，同时保证声音在乐台区的融合和平衡。乐台地板应是架空木板。

10.3　音乐厅音质设计要点

音乐厅混响时间允许值为 1.5 ~ 2.8s，低于 1.5s，将被认为音质偏于干涩。混响时间最佳值为 1.8 ~ 2.1s。最佳混响时间与音乐作品的体裁与风格有关。对于古典音乐，例如莫扎特的作品，最佳混响时间约为 1.6 ~ 1.8s；对于浪漫音乐，例如勃拉姆斯的作品，最佳混响时间为 2.1s；对于现代音乐，可控制在 1.8 ~ 2.2s 之间。混响时间的频率特性曲线可保持平直，或者使低音比，即 125Hz 与 250Hz 的混响时间与 500Hz 与 1000Hz 的混响时间之比为 1.1 ~ 1.25，最大可达 1.45。

音乐厅的座席最好控制在 2000 座以内。通常小于 2000 座的厅堂比大于 2500 座的厅堂容易达到优良的音质。在较小的厅堂中，亲切度和响度都容易满足要求，并且容易争取较多的侧向反射声能和达到良好的空间感。

音乐厅设计时应尽量少用吸声材料，同时座位区布置不应过宽，因为座席区的面积决定了观众厅的主要吸声量，过宽的座席将导致过量的吸声。此外，座席的包装也不可过分。包装过度的软席座椅容易在 250Hz 附近导致过度吸声，可能由此造成低音的损失。音乐厅内部应布置能扩散声音的构件，使声能均匀分布。良好的扩散还可改善音质的环绕感。

音乐厅的每座容积，大约为 6 ~ 12m³/ 座。国外新建音乐厅的每座容积，多在 7 ~ 11m³/ 座之间。音乐厅的体积不可过小，以免混响时间过短。

音乐厅楼座设计时，应使其下部的深度 D 不大于其开口高度 H，同时其张角 θ 应不小于 45°（参见第九章图 9-20），以避免造成声影区。

音乐厅设计时，应注意留出足够多的侧墙与后墙的扩散反射面积，以便形成足够的混响声能。在顶棚设计时，应注意不要将过多声能一次反射至观众席，使得过多声能被观众席所吸收，不利于形成足够多的混响声能。

音乐厅的背景噪声要求很低。新一代的音乐厅对隔声和背景噪声提出了更高的要求。以日本为例，过去日本音乐厅背景噪声标准是采用 NC-20。现在他们认为 NC-20 仍不能保证古典音乐演出时所要求的足够安静的条件，因此改为采用 NC-15 的新标准。NC-15 曲线各倍频带声压级如表 10-1 所示。建议我国今后新建音乐厅也可考虑采用 NC-15 的标准，至少也应满足 NR-20（见表 10-2）的标准。在欧洲，20 世纪 60 年代以来音乐厅的背景噪声已达到 NR-10 ~ NR-15 的水平，比 NC-15 要求更高些。鉴于空调系统的噪声已成为观众厅主要的噪声源，故对空调噪声控制应采取更为严格的措施，包括采用玻璃棉作为内衬的通风管道等。同时，应注意提高厅堂围护结构的隔声量，尤其当观众厅与排练厅和练功房相毗邻时，要求隔墙的隔声量达到 80dB 以上。

NC-15 曲线各倍频带声压级　　　　　　　　　　　　　　　　　表 10-1

倍频带中心频率（Hz）	63	125	250	500	1000	2000	4000	8000
声压级 (dB)	47	36	29	22	18	15	12	11

NR-20 曲线各倍频带声压级　　　　　　　　　　　　　　　　　表 10-2

倍频带中心频率 (Hz)	63	125	250	500	1000	2000	4000	8000
声压级 (dB)	51	39	30	24	20	16	14	13

第11章 Acoustic Design of Theaters
剧场音质设计

剧场的类型较多，包括歌剧院、地方戏剧场和话剧院等。其中除话剧是用语言声演出外，其余歌剧和戏曲演出均兼有歌唱和音乐伴奏，有的还有对白，因此在音质设计时必须兼顾语言和唱词的清晰度以及音乐的丰满度的要求。剧场由于搬运道具、演员上下场以及设置多重布景和舞台机械等需要，通常设有单独的舞台空间，以镜框式台口与观众厅藕联。有的剧场具有开敞式舞台，如伸出式舞台、中心式舞台等。这种剧场以演出话剧、戏曲及其他小型表演者居多。除了有些地方戏剧场乐队是在镜框式台口之内的侧台上伴奏，故不设乐池外，一般镜框式舞台前部都设有乐池。

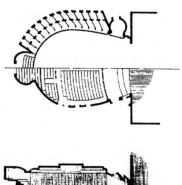

图 11-1 维也纳国家歌剧院平剖面

11.1 歌剧院音质设计

1. 歌剧院体形设计

西方古典歌剧的传统形式是马蹄形平面和多层包厢，如米兰阿拉斯卡拉歌剧院（参见第一章中图1-7）和维也纳国家歌剧院（图11-1），就是这种歌剧院的典型代表。这两个歌剧院也被认为是世界上最好的歌剧院。古典歌剧院采用这种体形首先是与当时的社交礼仪活动相适应的。同时它也具有若

干优点：一是可以争取较多的观众位于与舞台相距不远的座席处，以便看清演员的表演和听清演员的歌唱。如米兰歌剧院，其座席共有2289个，但最远的座席离舞台也仅有31m的距离。同时除了侧面包厢的少数座位外，绝大多数座位的视线也都比较好。此外，多层包厢座席可起吸声作用，使混响时间较短。包厢同时又起到良好的声反射与声扩散作用，使池座获得早期反射声，又使声场分布均匀。应该说，这种传统的体形与观演歌剧的活动是适应得较好的。因此，一些后来兴建的歌剧院，尤其当座位较多时，仍然乐于采取这种形式。如1966年建成的美国大都会歌剧院和1973年复建的意大利

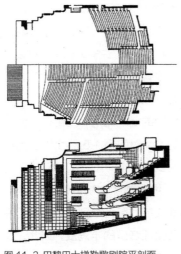

图 11-2 巴黎巴士梯勒歌剧院平剖面

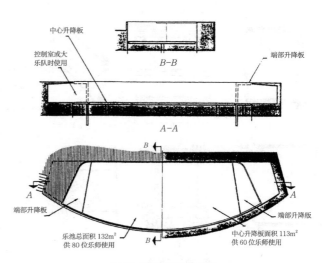

图 11-3 开敞式乐池示例

都灵歌剧院等，都属于马蹄形多层包厢式的歌剧院。也有一些新建的歌剧院，则对此传统形式作了若干改动，或干脆采取新的体形。如新设计的纽约歌剧院，则抛弃了马蹄形平面，但仍保留了多层包厢。而建于 1989 年的巴黎巴士底歌剧院，则抛弃了马蹄形平面和多层包厢，改为采用基本是钟形的平面和双楼座的体形，在侧墙上也设置了一些浅的楼座。这种体形使空间较为开敞，同时提供更佳的视线（图 11-2）。因此，对较小容量的歌剧院，可采用钟形、蚌形、扇形或多边形等平面，设置楼座或跌落包厢，同时在观众厅侧墙上也可设浅的楼座或包厢。

2. 乐池设计

歌剧院是音乐和歌唱二者的结合。在歌剧演出中，演员和场景是中心。由于演员的声功率与乐队相比是较小的，因此对伴奏乐队的声功率应加以某些抑制，使之不致喧宾夺主，压过演员的演唱。通常的做法是设置专用的乐池。乐池设计上，应使演员和乐队都能看到指挥，通过指挥来协调演唱和伴奏。

乐池基本上可分为开敞式乐池和下埋部分开敞式乐池两种。另有一种下埋覆盖式乐池，如德国拜罗伊特费斯特施皮尔歌剧院（又称拜罗伊特节日厅）乐池，是专为演出瓦格纳歌剧而设计的，现在很少采用，故不作介绍。

开敞式乐池声学效果较佳，但乐池完全敞开，对观众的视线有干扰，同时占地也过大。如乐队按 80 人计算，从舞台边至观众厅一侧的乐池栏杆止，需占 6.7m 宽；如乐队按 110 人计算，则需占 9.1m 宽。因此可采用让舞台台唇挑出覆盖乐池 1 ~ 1.1m 的基本开敞式乐池的形式。这种乐池深通常采用 2.5 ~ 3.5m。有些指挥倾向于较浅的乐池，以便易被观众所看到。乐池面积可按每位乐师占地 1.5 ~ 1.65m² 计算。乐池设计上，应注意能将乐队声音清楚地投射至观众厅中，同时使舞台上的演员也能听到乐队声；另一方面，演员的演唱也应被乐队听到。因此，仔细地设计好舞台台口上部的反射面很重要。图 11-3 示出了一个乐池的例子。

通常见到的下埋部分开敞式乐池，如果乐池底面积超过开口面积 2 倍的话，则由于乐队大部分埋藏在舞台下，使得乐队的声音听起来不自然，所以效果并不佳，还是采用基本开敞式的乐池为好。

3. 包厢与楼座设计

传统歌剧院包厢的设计并不完全一样。以米兰歌

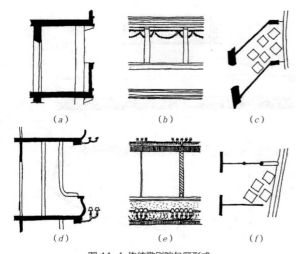

图 11-4 传统歌剧院包厢形式
（a）、（b）、（c）米兰歌剧院包厢剖、立、平面；
（d）、（e）、（f）伦敦皇家歌剧院包厢剖、立、平面

剧院为例，其包厢开口面积仅占 43%；伦敦皇家歌剧院包厢的开口面积较大，占 65%（图 11-4）；而费城歌剧院包厢的开口面积则占 75%。开口面积小的优点是使包厢可反射较多的声能给池座，缺点是包厢本身接收到的声能减少，使其后排座位的听闻受到影响。为改善包厢内座位的听闻条件，应使其开口面积较大些，如达到 65% ~ 75%。

歌剧院楼座设计时，应使其下部的深度 D 不大于其开口高度 H 的 2 倍，同时使其张角 θ 不小于 25°（参见第九章中图 9-20）。

4. 歌剧院音质设计要点

歌剧院演出时不用扩声，但由于剧情的需要，有时需播放一些效果声，同时演出前后需要播放音乐和通知等，因此歌剧院中仍需设置较完善的电声系统。

同音乐厅一样，歌剧院规模也不宜过大，以 2000 座以内为宜。据对世界上八座重要的歌剧院的统计分析，其每座容积在 4.68 ~ 8.30m³/ 座之间，体积在 10000 ~ 24724m³ 之间。但世界上最好的两座歌剧院建筑——米兰歌剧院和维也纳国家歌剧院，其每座容积分别为 4.92m³/ 座和 6.24m³/

座，体积分别为 11252m³ 和 10665m³。因此建议歌剧院每座容积可采用 5 ~ 6m³/ 座，体积宜控制在 12000m³ 以内。目前，许多歌剧院通过设置升降乐池和在舞台上设音乐罩以便兼演交响乐，此时，每座客稍可取更大些的数值。

关于歌剧院的混响时间，据统计，世界上 6 个大的歌剧院的混响时间为 1.5 ~ 1.8s，而小的歌剧院的混响时间多为 1.1 ~ 1.3s。米兰歌剧院的混响时间为 1.2s，维也纳歌剧院的混响时间为 1.3s，它们常被当成典范。因为歌剧院既要满足唱词清晰度要求，又要保证音乐的丰满度，因此，混响时间应取折中值。建议歌剧院的混响时间，可取 1.2 ~ 1.5s。混响时间的频率特性宜平直，或低频段有 20% 的提升。如上所述，当考虑兼演交响乐时，则混响时间可取稍长些的数值，或采取可调混响的设计措施。

歌剧院设计时，应注意对其可能产生回声的后墙部位作少量吸声或扩散处理，以免对舞台上的演员形成回声干扰。同时，整个观众厅应注意取得良好的声扩散效果。

歌剧院的背景噪声级同样要求很低，可采用 NC-15 或 NR-20 的标准，至少应满足 NR-25 的标准。

11.2 地方戏剧场音质设计

我国地方戏种类很多，如京剧、评剧、沪剧、越剧、黄梅戏、晋剧、粤剧、川剧、秦腔等。其中以京剧最为普及，全国各地几乎都有京剧团。地方戏剧场在我国剧场建筑中占相当大的比例。过去地方戏演出时都是采用自然声，但近来也有不少剧种采用电声演出。但地方戏剧场音质设计中，仍应按自然声考虑，同时配备电声系统。

除京剧外，地方戏剧场一般都不大，通常约在 1000 座左右。京剧院也不大，最大为 1500 座。一

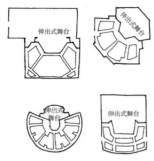

图 11-5 几种伸出式舞台平面示意

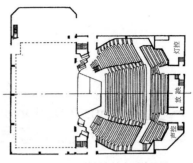

图 11-6 杭州东坡大剧院平面

些老剧院由于规模较小，容易取得优良的音质效果。所以建议多数地方戏剧场采用 1000 座左右的规模，并以 1200 座为上限。地方戏剧场每座容积可取 3 ~ 5m³/ 座，体积可控制在 5000 ~ 6000m³ 以内。

地方戏剧场的容积和观众席面积均不大，因此体形设计可采取钟形、矩形、扇形或多边形等简单平面形状，并可设置楼座和包厢，以进一步缩短后排观众席至舞台的距离。有的剧场还可采取在不同高层处布置分区包厢席座的办法。

地方戏演出时，除了演唱和乐队伴奏外，还有对白。音质设计时，既要考虑照顾到演唱和音乐的丰满度要求，又要保证唱词和对白的清晰度，因此混响时间不可过长，通常可取为 1.1 ~ 1.2s。混响时间频率特性宜平直，或低频可有 20% 的提升。

地方戏剧场的允许噪声级可采用 NR-20 或 NR-25。

11.3　话剧院音质设计

话剧院是以自然声演出话剧的场所。在话剧院中，电声一般仅用于播放效果声。但为了现场实况转播以及播放通知和配乐等需要，仍需设置电声系统。

话剧院的规模应由演员以自然声演出时，各观众席能获得足够的响度来加以确定。对于训练有素的话剧演员，为使观众席处的平均声压级不低于 65dB，观众厅的最大容积应不大于 6000m³. 一般以不超过 5000m³ 为佳。每座容积通常取 3.5 ~ 5m³/ 座。观众席座位可控制在 1250 座以内，通常以 1000 座左右为宜。较小规模的话剧院容易取得较好的音质效果。同时，为使最远处的观众席也能获得足够的响度，其离开舞台口的距离对于池座不应大于 20m；对于楼座，不应大于 30m。

话剧院的体形可采用矩形、钟形、扇形、蚌形、多边形、圆形等简单几何形状，并可设置楼座和包厢。地面应有足够的升起。

话剧院的舞台通常为镜框式舞台和伸出式舞台两种。对于伸出式舞台，由于观众席三面围绕舞台布置，因此，通常采用梯形、半圆形、多边形和横宽矩形平面（图 11-5）。图 11-6 示出了杭州文化中心剧场（又称东坡大剧院）伸出式舞台平面。

话剧院设计时应注意消除后墙产生回声和平行墙面之间产生颤动回声的可能性。方法是作扩散和吸声处理。

话剧院的混响时间，以保证语言清晰度为主，故应取较低值。但混响时间过短，会导致音质干涩，使语言声不够饱满有力。因此建议混响时间可取为 1.0 ~ 1.2s，低频段可提升 20%，并尽量使高频段与中频段混响时间保持一致。为了使高频声不致被过度吸收，影响语言声的明亮度，宜不用或少用多孔吸声材料。

话剧院观众厅的允许噪声级，可采用 NR-20。低的背景噪声将有助于提高语言声的信噪比，是达到优良听闻条件的必要前提。

第12章 Acoustic Design of Multiple-function Halls
多功能厅音质设计

20 世纪以来在观演建筑设计中，一直有模糊剧场和音乐厅的倾向。美国在 19 世纪末、20 世纪初也建了许多多功能厅。直至 1960 年，美国的专用音乐厅也只有三座，即芝加哥音乐厅、卡内基音乐厅和波士顿音乐厅。"二战"后，世界各地兴建的观演建筑，绝大多数是多功能厅。20 世纪 60 年代可以说是多功能厅的时代。以日本为例，70 年代以前兴建的观演建筑，都是多功能厅。70 年代以后，尽管在欧美和日本陆续建成一批专用厅堂，如专用音乐厅及歌剧院等，但多功能厅的兴建仍不在少数。在我国，绝大多数厅堂都是多功能厅。所谓多功能厅，就是既可以在其中上演歌剧、舞剧、话剧，也可以演出音乐会，举办会议，有的甚至还可放映电影。在国外，多功能厅大体上可分为以演出交响音乐为主的多功能厅和演出戏剧、芭蕾或举办会议等为主的多功能厅两大类。今后国内外兴建的观演建筑，仍将以多功能厅居多，因此，研究如何搞好多功能厅的音质设计，具有十分重要的意义。

乐厅的体形设计，如采用带有乐台空间的厅堂或环绕式的厅堂体形；后者则可按剧场的体形设计，最常见的是带有镜框台口箱形舞台空间的厅堂，多数还设有乐池。从数量上看，剧场型的多功能厅远多于音乐厅型的多功能厅。

对于环绕式无专有乐台空间的音乐厅型多功能厅，由于乐台上空的顶棚较高，因此常需在其上空悬吊浮云式反射板。浮云式反射板也可用于带有伸出式舞台的剧场型多功能厅中。关于浮云式反射板的设计，详见本章第二节。

对于带有镜框台口箱形舞台空间的剧场型多功能厅，由于其体形与典型音乐厅有较大的差别，因此，通常要在舞台上设置可移动、易装卸的音乐罩（或称舞台反射罩），以便构造出类似于音乐厅的乐台空间，适应交响音乐的演出（图 12-1）。关于音乐罩的设计，详见本章第三节。另一个重要措施是建立升降的乐池，以便演出交响乐时，可将乐池升至观众厅平面，作为扩大的观众区。

12.1　多功能厅体形设计

如前所说，多功能厅基本上可分为音乐厅型的多功能厅和剧场型的多功能厅两大类。前者可按音

12.2　浮云式反射板设计

悬吊于乐台上的浮云式反射板，可用多种材料制作，如丙烯酸有机玻璃、玻璃钢、钢丝网水泥板、

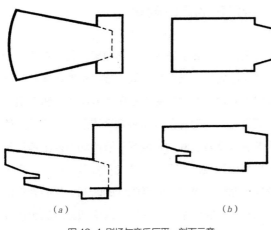

图 12-1 剧场与音乐厅平、剖面示意
（a）典型的剧场平、剖面示意；
（b）典型的音乐厅平、剖面示意
注：（a）中虚线表示音乐罩构造出类似音乐厅的乐台空间。

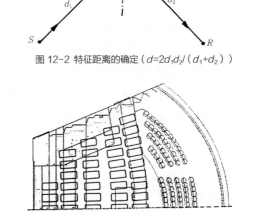

图 12-2 特征距离的确定（$d=2d_1d_2/(d_1+d_2)$）

图 12-3 丹麦广播音乐厅新的浮云式反射板

阻尼钢板、胶合板及木板等。其悬吊高度通常为 6 ~ 8m，以便向乐师和观众提供 50ms 以内的早期反射声。

浮云式反射板的开口面积，可为 50% 左右。设置浮云式反射板的声学目标是让中高频声音能得到反射，而让低频声通过开口绕射过去，达到观众厅上空，以提高混响声能的低频成分，使得在提高亲切度、增强直达声响度和保证音乐清晰度的同时，又保持音乐的丰满度和温暖感。早在 1965 年，美国声学家舒尔茨就通过主观听音试验发现，音乐厅一般观众往往不易辨别直达声及早期反射声中是否存在低频能量成分。因此，在早期反射声中缺乏低频成分并不是很重要的。但是如果在混响声中缺乏低频成分，则将引起不满。因为人耳似乎是在长达数百毫秒的积分时间内对音乐频谱的平衡作出判别的。浮云式反射板正是适应了听众的这一听觉特性，故可收到良好的声学效果。

浮云式反射板的形状，可以是圆形、矩形、多边形、环形及椭圆形等多种。从侧面看，可以做成凸弧形、折板形及船形等形状，以便扩散反射声音。板的排列最好是不规则的，以免由于声波的衍射和干涉引起额外的衰减。至于板的尺寸，过去流行的看法是，为了扩大反射声波的下限频率，反射板的

尺寸应大些。这对于单块反射板是正确的，即为了有效地反射某一频率的声波，反射板的尺寸应与该频率声波的波长相当。但是对于由许多分离的反射板组成的反射板阵列而言，情况却并非如此。丹麦声学家伦德尔（J. H. Rindel）的研究结果表明，对于浮云式反射板，其低频反射特性主要取决于反射板的相对密度（即板的面积与包括板间空隙在内的总面积之比），而与各反射板的大小关系不大。高频反射特性则主要取决于反射板的尺寸以及板间的距离。总之存在一个临界频率 f_g，它等于：

$$f_g=\frac{1}{2}c \cdot d /(S \cdot \cos\theta) \qquad (12-1)$$

式中 d——特征距离（m），$d=2d_1d_2/(d_1+d_2)$，其中，d_1、d_2 分别为入射与反射声线长度（图 12-2）；

θ——声波入射角；

c——声速（m/s）；

S——单块反射板的面积（m^2）。

该临界频率可作为浮云式反射板有效反射频率范围的上限。据此研究结果，伦德尔于 1989 年为丹麦广播音乐厅设计了新的浮云式反射板。其密度保留为 50%，但单个反射板的尺寸比原先直径为 1.8m

的六边形反射板缩小一半，每块为 1.8m×0.8m 的矩形板（图 12-3）。这样，可使有效反射的声波频率由原先的 600Hz 拓宽至 1200Hz。

总之，新的设计理论认为由许多小的反射板组成的反射板阵列比由少数几块大的反射板组成的阵列更有效。这种新的观念使我们在设计浮云式反射板时，可以减小反射板的尺寸，从而减轻板的重量，使得搬运、悬吊和调整角度都更为容易。

12.3   音乐罩设计

剧场以及剧场式多功能厅的舞台空间体积很大，常常与观众厅的体积相当，甚至更大。为了在剧场和多功能厅中构造类似于音乐厅空间形式的声学条件，以便适合交响乐队的演出，往往在舞台上设置音乐罩。音乐罩还常常用于露天演出场所，用来将声音有效地投射到观众区。

早期的舞台反射棚可说是音乐罩的雏形。它最早设置在建于 1898 年的美国芝加哥多功能厅。该厅在演出音乐会时，曾在舞台上方悬吊用织物制作的反射棚。建于 1894 年的美国巴尔的摩利里克（Lyric）剧院，于 1928 年改建时也增设了由涂漆帆布制作的音乐棚。由于该音乐棚使得音乐演奏时声音较好地融合，故指挥家对舞台音质较满意。

到了 20 世纪 50 年代，绝大多数交响乐队在多功能厅和剧场演出时，都使用了舞台反射板。当时由于舞台机械尚不够先进，故反射板多用帆布及胶合板等轻质材料制作，但效果已很令人满意。20 世纪 60 年代初，一些声学家开始为多功能厅设计音乐罩。随着电动装卸的实现，

越来越多的剧场和多功能厅开始配备较完整的音乐罩，并尝试用较厚重的材料来制作。此后，在剧场和多功能厅的舞台上设置音乐罩，遂渐次普及，以至成为惯例。

1. 音乐罩的声学效果

设计音乐罩所追求的声学效果，首先在于防止声能逸散到舞台与侧台空间，被那里的布景等物无端地吸收掉。声学家希望音乐罩能将乐队和演员的声能更有效地向乐台区和观众区辐射，提高观众厅的响度以及音乐的动态范围。所谓动态范围指的是最高声级和最低声级之间的变化幅度。此外，音乐罩还应缩短反射声投射至听众的时间，从而为观众区和乐台区提供早期反射声，以增加音乐的亲切度和明晰度。由于音乐罩常设计成非全封闭式的，而是在各反射板之间留有占一定面积比例的空隙，从而使低频声能得以逸散到观众厅上部空间，不至于削弱混响声中的低频成分，因而仍能保持音乐的丰满度和温暖感。同时，音乐罩还可改善乐师之间以及指挥、演员和乐队之间的相互听闻，有利于演奏、演唱和伴奏的同步。此外，音乐罩还有助于各声部声能的平衡，促进其在乐台区的融合，并最后将平衡、融合的声音投射至听众席。因此，指挥家常把音乐罩称为乐队的调色板。它能使各乐器的部分声能在乐台区交叉反射，彼此混合，从而增加了乐台区的混响感。1959 年建成的加拿大伊丽莎白剧院，由于设置了音乐罩，改善了乐台区的音质条件，著名指挥家卡拉扬曾评论道："虽然此厅比专用音乐厅沉寂，但在舞台上混响感很好，木管声也容易出来。"

为了检验音乐罩的声学效果，声学家们进行过若干实测和调查研究。结果表明，加上音乐罩后，由于将舞台空间与观众厅相隔离，所以改变了大厅的有效容积，由此引起观众厅声压级的变化。据加拿大声学家布拉德利（J. S. Bradley）对加拿大三座厅堂的比较测量结果表明，加音乐罩后，三座大厅的声压级增加了 1～2dB，尤其是中频段声压级的增加可达 1.5～2dB。由于声能加倍导致声压级的增加量仅为 3dB，所以这 1～2dB 的声压级增值是很宝贵的。它相当于交响乐队人数增加大约 50%的效果。测量还发现，加上音乐罩后，观众厅的混

响时间平均增加了约 0.15s。音乐罩还可在一定程度上减轻通常发生于观众厅乐池的由于座位的规则排列所引起的声波掠射吸收效应。实测还证实，音乐罩对乐台区声学条件的改变尤为显著。它的确有助于改善乐师们的相互听闻。由其他声学家进行的主观评价调研也证实，音乐罩可使听众获得较好的音质，包括增加音乐的混响感、环绕感和亲切感。

2. 音乐罩的设计

音乐罩的基本形式有两种，一种是分离式，一种是端室式。前者由分离的侧面、后面和顶棚反射板组成；后者是较整体的构造，由顶板、侧板和后壁等组成，成为厅堂界面的一部分。前者多用于体积较小、混响时间偏短的厅堂中，且多使用较轻薄的材料（面密度为 2.5 ~ 6.25kg/m²）制作，板间空隙也较大，比如边墙开口为 5% ~ 10%，顶棚开口为 15% ~ 50%；后者多用于体积较大、混响时间较长的厅堂中，它使用较厚重的材料（面密度在 8 ~ 10kg／m²以上），空隙面积较小，至多为 2%。

设计音乐罩时，乐队所需面积可参考第十章乐台面积考虑。通常面积为 150 ~ 250m² 不等，上限用于大型乐队加合唱队。用于室内乐的音乐罩，可采用 8.5m×5.5m 的面积。音乐罩的体积，对于端室式音乐罩，可为 2000 ~ 2600m³；对于分离式音乐罩，容积可小些，约为 1100 ~ 1500m³ 即可。音乐罩的深度不宜超过 12m，侧板距舞台中线的距离，以不超过 7.5m 为宜。罩的表面常采用弧面或折面，并设计成各种凹凸起伏的形状，使声能产生部分扩散，参见图 12-4。在铜管乐和打击乐附近的反射板宜作局部强吸声处理或留有释放开口，使声能被部分吸收或逸散，以期取得各声部音量的平衡。

音乐罩反射板可用多种材料制作，如厚帆布、板条抹灰及玻璃钢板等。使用帆布时，常在其表面涂漆；胶合板常用 4 ~ 12mm 厚者，并可在胶合板间加漆布等阻尼层，如日本东京文化会馆音乐罩，就是采用两层 4mm 厚胶合板夹漆布的构造；东京 NHK 大厅音乐罩，则采用两层 6mm 厚胶合板夹 5mm 厚漆布的做法。钢板常用 1.2 ~ 1.8mm，一般均加阻尼层。有机玻璃常采用 5 ~ 16mm 者。玻璃钢可采用 1.5mm 厚者。音乐罩应设计成可以移动、方便装卸的结构，并结合舞台美术的考虑，设计成美观大方的样式，以便与厅堂的内部装修相协调。

尽管音乐罩的基本形式有两种，但实践表明，用较厚重的材料（如面密度大于 10kg/m²，甚至达到 30-40kg/m²）制作的不留开口或仅留少量开口的端室式音乐罩，希望以此模仿音乐厅乐台空间的功能，多数都不很成功，甚至可能出现乐台区音质

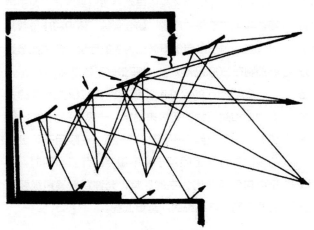

图 12-4 音乐罩的声学效应示意

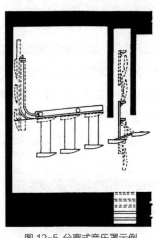

图 12-5 分离式音乐罩示例

缺乏温暖度，容易引起声音刺耳和乐队相互听闻不足等毛病。究其原因，可能是由于制作音乐罩的材料尽管比较厚重，但仍无法与音乐厅乐台四周的抹灰砖墙等结构相比，对低频声仍有较多的吸收，而且如果端室式音乐罩高度不足，体积不够大，很容易造成声音的刺耳。相反，采用轻质材料，尤其是以面密度为 2.5kg/m² 的玻璃钢制作的分离式音乐罩（顶部和边墙都留开口），根据美国舞台艺术公司在芝加哥、辛辛那提、底特律、亚特兰大等许多城市交响乐队使用的经验表明，效果比用阻尼钢板和厚木板制作者更佳，普遍受到乐师和听众的欢迎。图 12-5 示出了可装卸收藏的分离式音乐罩的一个例子。

12.4　多功能厅音质设计要点

多功能厅既要能够上演戏剧、歌舞、音乐，又要可供举办会议甚至放映电影等，而这些活动对混响时间等音质指标的要求差别不小。这对搞好多功能厅的音质设计确实造成很多困难。为了尽量满足不同使用功能的声学要求，通常可采取如下几种办法：

（1）针对厅堂的主要用途，即最经常举办的观演活动，确定其混响时间及其他音质指标参数，同时兼顾其他观演活动的音质要求，适当采取折中值。例如对以演出交响音乐为主的多功能厅，其混响时间可定为 1.8s 左右；对于演出歌舞及综艺节目为主的多功能厅，混响时间可定为 1.5s 左右；对于举办会议和放映电影为主的多功能厅，混响时间取 1.2s 左右等。对于主要用途不很明确的多功能厅，混响时间可取折中值，如 1.5s 左右，以兼顾音乐和语言演出的要求。

（2）创造可变混响时间的声学环境。通常采取的措施包括设置可调吸声结构，设计可灵活地改变厅堂容积和座位数的结构，设置附属混响室以及采用受援共振等电声系统来人工调节混响时间等。通过这些措施来改变厅堂的混响时间等音质参量，以便灵活地适应多种观演活动的不同音质要求。采取可调混响时，各倍频带混响时间的可改变量应不小于 0.3s，否则效果不明显。本措施是使多功能厅适应多种演出功能的最有效的措施，但需要增加一定的投资。

（3）鉴于厅堂体积和观众区面积一旦确定，欲延长混响时间比使之缩短将更为困难，因此在厅堂设计时，可先考虑满足音乐演出的需要，即混响时间取较大值，同时配备声柱等指向性强的扬声器系统。当举办会议等以语言声为主的活动时，用电声系统来提高信噪比，取得在较长混响时间的环境中提高语言清晰度的效果。

（4）在带有镜框台口箱形舞台空间的剧场型多功能厅中，设置舞台音乐罩以便满足交响音乐会演出的需要。在具有伸出式舞台、中心式乐台等的环绕式多功能厅中，设置浮云式反射板等声学反射面，来提供早期反射声。这方面内容详见上两节所述。

通过采取上述措施，可在一定程度上使多功能厅能同时适应多种观演活动的不同声学要求。

多功能厅的体积和每座容积，也应根据主要用途来确定。对于主要用途不甚明确的多功能厅，其每座容积可取折中值，如 4 ~ 7m³/座。观众厅的体积，还应根据是靠电声还是以自然声演出来决定。对于主要依靠电声系统的厅堂，如会堂等，体积和座位数都可大些。对于以自然声演出为主的厅堂，座位数最好能控制在 2000 座以内，体积最好不超过 20000m³。

多功能厅的允许噪声级，同样应根据厅堂的主要功能和建筑物的等级来确定，一般可采用 NC-15 或 NR-20，至多不超过 NR-25。下限用于等级高的多功能厅，上限用于较不重要的厅堂。同时，对于以自然声演出为主的厅堂，允许背景噪声级要比主要采用电声系统的厅堂更低些。

第13章 Acoustic Design of Gymnasiums 体育馆音质设计

13.1　概述

改革开放以来，我国先后于 2008 年和 2022 年分别承办了"奥运会"和"冬奥会"，于 1990 年、2010 年和 2023 年承办了"亚运会"。这是在社会主义核心价值观的引领下，我国综合国力日渐强盛、文体事业日益繁荣的体现。大型体育赛事的场馆投资巨大，同时，要坚持绿色、循环、低碳、可持续发展，这些体育馆绝大多数是综合性、多用途使用，除承办体育赛事之外，还可用于大型文艺演出、举行会议、时装表演、放映电影及举办杂技、马戏演出等。这些体育馆已是名副其实的多用途体育馆。由于体育馆容座大，举办大型文艺活动可容纳更多的观众，取得良好的社会效益和经济效益。目前，新建综合性体育馆的设计任务书大多已列入多用途使用要求。综合性多用途体育馆对声学设计也提出了较高的要求。

体育馆容积较大，必须采用电声系统，自然声演出的可能性几乎没有。因此，声学设计主要考虑采用电声系统的演出方式。体育馆建筑声学设计的主要任务是控制大厅的混响时间、防止可能出现的音质缺陷以及配合电声系统做好声控室、转播室等的设计。与音质关系密切的大厅容积、体形等需在建筑设计中综合考虑，故如何处理好声学与建筑的关系也是体育馆声学设计的一个重要方面。

对于供单项运动用的体育馆，或称专用馆，如游泳馆、田径馆、网球馆和室内射击场等，音质要求相对不高，只要保证一定的语言清晰度，不出现音质缺陷及噪声干扰即可。

13.2　多功能体育馆混响时间及其频率特性

对于自然声演出的大厅音质，人们已作过大量研究，并提出了许多音质指标及设计参数。而对于以电声为主的多功能体育馆，其建声问题的研究显得十分缺乏。由于以前体育馆用途单一，对音质要求相对要低一些，因此，有人建议体育馆混响时间小于 2.0s 即可。显然，这是一个很粗略、不够精确的标准。一些电声设计人员希望采用较短的混响时间，这样既可以保证大厅音质清晰度，也有利于避免扩声系统的啸叫，由短混响所导致的声音偏"干"，也可以通过电声系统作适当弥补。但是，要在一个大容积的体育馆内获得短混响，需使用大量的吸声材料和吸声结构，使建设费用增加。增加吸声结构有时还受建筑条件的限制而难于实施。再者，过短的混响时间对音质并无益处。因此，如何确定合适的混响时间是体育馆建声设计中的一个重要方面。

从声音清晰度看，用于评价大厅声音是否清晰的指标为音节清晰度，用$P\cdot A$表示，即把一些不连贯的字按一定标准读出时，听众正确听清的字的百分数。由于语言在意义上的连贯性，音节清晰度达到 80%，即可达到几乎 100%的语言可懂度。

在物理上音节清晰度可按下式计算：

$$P\cdot A = 96\cdot K_l\cdot K_r\cdot K_n\cdot K_s(\%) \qquad (13\text{-}1)$$

式中 $P\cdot A$——音节清晰度；

K_l——声压级系数；

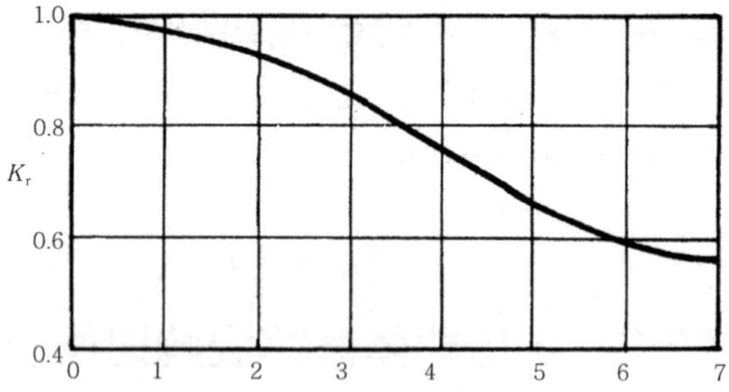

图 13-1 K_r与混响时间的关系

K_r——混响时间系数；

K_n——背景噪声系数；

K_s——与房间体形有关的一个综合系数，包括长延时反射声、回声等的影响。

图 13-1 为K_r与混响时间的关系，混响时间 2s 时，K_r约为 0.9。如果其他因素影响很小或几乎不影响，即K_l、K_n、K_s都接近 1 时，$P\cdot A$仍可得较高值。

根据国内体育馆建设实践，再看混响时间与实际使用情况的关系。表 13-1 是一些有代表性体育馆的混响时间值及有关参数。从中可知，大多数声音清晰的体育馆，其满场中高频混响时间在 1.5s 左右。电声系统及建声设计合理的体育馆，混响时间即使在 2.0s 以上，也可达到较好的清晰度。由于容积对混响时间的直接影响，建议在建声设计时按大厅有效容积划分体育馆规模，即小于 40000m^3 为小型，40000 ~ 80000m^3 为中型，80000 ~ 160000m^3 为大型，大于 160000m^3 为特大型。根据上述分析，不同规模体育馆混响时间推荐值见表 13-2。

混响时间频率特性见表 13-3。体育馆一般采用吸声很小的硬座，混响时间空场与满场差别很大。为在使用人数较少时，也有较好的语言清晰度，空场 500 ~ 1000Hz 混响时间，中、小型体育馆宜不大于 2.0s，大型和特大型体育馆宜不大于 2.5s。

13.3 多功能体育馆音质设计要点

1. 建声与建筑设计的协调

体育馆的容积及体形往往根据使用功能及艺术造型确定，而它们对音质影响极大。就容积而言，容积与混响时间成正比，容积大，一方面使混响时间延长，另一方面加大了室内反射声传播的平均路程，导致长延时反射声出现。体育馆的使用要求决定其最低净高，这样就有了一个基本容积。体育馆是否设置吊顶，对容积影响很大。采用空间网架结构的体育馆，网架部分的体积约占总容积的 1/3。目前大多数新建体育馆从建筑、结构方面考虑，常采用暴露网架的做法。这样做可以节省吊顶费用，减轻结构负荷。但另一方面，由于没有吊顶，容积大，达到同样的混响时间需要更多的吸声材料；其次大厅扩声系统设备及功率将增加；第三是增大空调负荷，也增加空调系统噪声控制的难度。因此，体育馆是否设置吊顶，应当综合考虑多方面的因素，最终确定一个最佳的方案。

体育馆屋顶不宜采用穹顶形，以避免屋顶与比赛场地之间产生多重回声，影响运动员比赛。对穹顶形壳体屋面，应在顶下做吸声或吊装吸声板等，以避免多重回声的产生。

国内一些体育馆的混响时间及有关参数 表 13-1

序号	体育馆名称	容积 $V(m^3)$	内表面积 $S(m^2)$	座位数（座）	每座容积 $(m^3/座)$	频率 Hz	混响时间（s） 125	250	500	1k	2k	4k	备注
1	首都体育馆	165000		18000～20000	8.6～9.1	空场	2.20	2.40	2.50	2.80	2.50	2.00	清晰
						满场	1.98	1.81	1.65	1.65	1.52	1.38	
2	广州天河体育中心体育馆	118528	19438	8000	14.8	空场	3.53	2.28	1.89	1.98	1.95	1.83	清晰
3	上海游泳馆	87000		4100	21	空场	2.57	2.38	2.46	2.89	3.40	3.08	清晰
						满场	2.13	2.00	2.40	2.16	2.40	2.20	
4	广州天河体育中心游泳馆	86045	14443	3500	24.6	空场	3.21	2.81	3.28	3.25	3.54	3.13	清晰
5	深圳体育馆	77600	14118	6500	12	空场	3.90	3.00	2.70	3.00	3.00	2.40	清晰
						满场	3.20	2.60	1.80	1.60	1.60	1.20	
6	天津体育馆	57000		5700	10	空场	2.23	1.58	1.54	1.63	1.70	1.63	清晰
						满场	1.83	1.30	1.13	1.10	1.10	1.13	
7	南京五台山体育馆	76660	17310	10000	7.7	空场	1.92	1.98	2.19	2.39	2.49	2.25	清晰
						满场	1.77	1.77	1.68	1.67	1.67	1.62	
8	国家奥林匹克体育中心体育馆	100000		6400	15.6	满场	1.85		1.61		1.53		清晰
9	北京光彩体育馆	43500		3.96	14.0	满场	1.88		1.34		1.42		清晰
10	浙江大学邵逸夫体育馆	33700		3000	11.2	空场	2.76	1.92	1.71	2.24	2.52	2.34	清晰
						满场							
11	浙江农业大学邵逸夫体育馆	34100		3000	11.4	空场	5.71	3.60	3.28	3.08	3.23	3.23	清晰度稍差（测量时有地毯、窗帘）
						满场	3.68	2.80	2.32	1.97	1.76	1.33	
12	徐州体育馆	21800		3000	7.3	空场	7.70	7.30	5.90	5.60	4.50	2.90	不清晰
						满场	4.50	4.50	3.00	2.60	2.10	1.63	
13	徐州体育馆（改建后）	21800		3000	7.3	空场	1.56	1.43	1.44	1.41	1.33	1.25	清晰
						满场	1.00	0.98	0.95	0.88	0.95	0.79	
14	上海黄浦体育馆	24000		3800	6.3	空场	3.10	2.80	2.30	2.00	2.10	2.00	清晰
						满场	2.70	2.30	1.80	1.60	1.60	1.50	
15	嘉兴体育馆	39000	8220	2800	13.9	空场	2.90	1.88	1.52	1.69	1.68	1.45	清晰

综合性体育馆比赛大厅满场 500～1000Hz 混响时间 表 13-2

体育馆规模	小型	中型	大型	特大型
比赛大厅容积（m³）	＜40000	40000～80000	80000～160000	＞160000
混响时间（s）	1.3～1.4	1.4～1.6	1.6～1.8	1.9～2.1

各频率混响时间相对于 500～1000Hz 混响时间的比值 表 13-3

频率（Hz）	125	250	2000	4000
比值	1.0～1.3	1.0～1.2	0.9～1.0	0.8～1.0

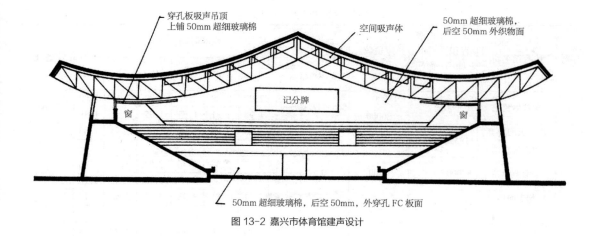

图 13-2 嘉兴市体育馆建声设计

2. 混响时间控制及吸声材料的选用

体育馆容积很大，且每座容积也较大，很多情况下会有部分观众缺席。因此，观众吸声所占比例较小。为控制混响时间，必须用较多的吸声材料和结构。对大多数体育馆，由于座位升起，大厅墙面可作吸声的面积相对不多。为保证大厅总吸声量，必须充分利用可作吸声的墙面，通常是采用全频域强吸声结构。主席台、裁判席附近的墙面应作强吸声，虽然这部分面积不大，但可以减少进入话筒的反射声，有益于提高扩声系统的传声增益。

体育馆顶部面积较大，是主要布置吸声材料的地方。在设置吊顶情况下，通过吊顶选择合适的吸声材料和结构，一般不难达到所要求的混响时间。对于不设吊顶的体育馆，则可通过在顶部空间悬吊空间吸声体来增加吸声量。空间吸声体的形式可以是多种多样的，可结合艺术造型要求设计空间吸声体的形式。对于采用空间网架的体育馆，所需空间吸声体数量比较大，若全部安装在网架下面，处理不妥会显得拥挤，失去暴露网架结构的建筑表现力。这时，可把空间吸声体安置在网架内部，在视觉上不突出空间吸声体。这样可降低对空间吸声体面层材料的装饰要求，降低制作成本。网架结构的另一种屋顶做法是：部分做吊顶，部分暴露结构，如在观众席上方做空间吸声顶，在比赛场地上方露

出结构。这样，在网架中悬吊少量空间吸声体就能达到设计要求。图 13-2 为嘉兴市体育馆建声设计。该体育馆有效容积为 39000m³，内表面总面积为 8220m²，观众席 2800 座，结构形式为空间网架。在建声设计中，大厅两端墙 1.2m 高处以上采用阻燃织物面强吸声结构。两端墙下部、两侧墙面、比赛场地四周及主席台、裁判席周围墙面均采用大穿孔率穿孔 FC 板面吸声结构。观众席上方约 1000m² 做吸声吊顶，吊顶采用穿孔菱镁板，上铺 50mm 厚超细玻璃棉。比赛场地上方网架内悬吊平板吸声体，每根网架上弦杆上悬挂三块，每块大小为 1.0m×1.0m，厚 10cm，共 720 块。

为避免体育馆顶与比赛场地之间产生多重回声而干扰比赛，比赛场上方应作吸声处理。由于平板式及以平板为基本构件做成的空间吸声体低频吸声较小，故以空间吸声体为主要吸声构件时，宜有带大空腔的空间吸声体，以保证高、中、低频吸声的平衡。

目前新建综合型体育馆很多采用钢质复合板作为屋面板。这种板通常是由内外两层钢板、中间夹一层保温材料构成。由于大多数保温材料（如岩棉、玻璃棉等）又是吸声材料，故可通过内侧钢板穿孔来利用夹层保温材料吸声（图 13-3）。

在计算体育馆满场混响时间时，由于坐满观众的场次不多，建议观众吸声量按总数的 2/3 计算，或按实际使用中观众较少的一种用途计算。

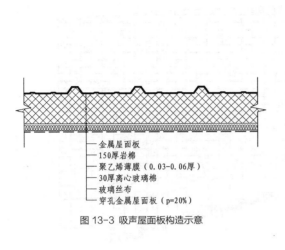

图 13-3 吸声屋面板构造示意

金属屋面板
150厚岩棉
聚乙烯薄膜（0.03-0.06厚）
30厚离心玻璃棉
玻璃丝布
穿孔金属屋面板（p=20%）

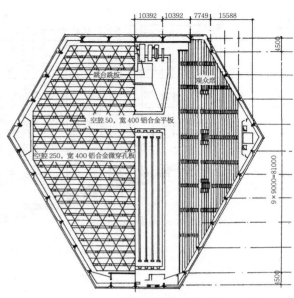

图 13-4 上海游泳馆平面及吊顶平面

13.4 专用体育馆音质设计

专用体育馆主要有游泳馆、田径馆、网球馆和室内射击场等。这些馆不作为多功能大厅使用，因此，声学要求不高，通常能听清简短的致词，通报运动员成绩和名字就可以。游泳馆、田径馆、网球馆的特点之一是容积和每座容积都很大，中频 500～1000Hz 满场混响时间宜控制在 2.0s 以内，当比赛大厅容积很大，控制混响时间有困难时，可放宽至 2.5s。室内射击场尽可能所有表面都作强吸声处理，这不仅是为了满足馆内语言清晰度要求，主要是通过吸声降噪，来降低室内噪声级，保护运动员、教练员、裁判等的听力不受损伤。

由于游泳馆室内相对湿度较高，因此，常用的吸声材料，如玻璃棉、岩棉等都不适用，必须选用防潮乃至防水的吸声材料。若用微穿孔板吸声结构，就可以满足这一要求。如上海游泳馆为国内较早建设的一个游泳馆，平面为不等边六边形，纵向长 90m，横向最大宽度为 88m，中间高 16.5m，四周高 20m，有效容积为 87000m³，总内表面积为 14300m²，观众席 4100 座。为控制混响时间，墙面和吊顶都采用了铝合金微穿孔板吸声结构，共 8000m²，穿孔率分别为 1.0% 和 2.5% 两种。它和铝板（不穿孔）空腔结构均匀交错布置，空腔深度有 5、7、12、16 和 25cm 五种规格。图 13-4 为上海游泳馆平面及吊顶平面。图 13-5 为墙面微穿孔板的配置及构造做法。图 13-6 为顶部微穿孔板的构造。上海游泳馆空满场混响时间见表 13-1。

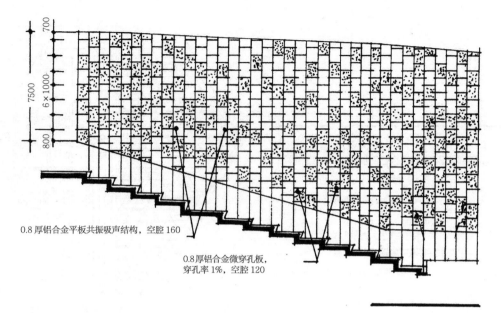

0.8 厚铝合金平板共振吸声结构，空腔 160

0.8 厚铝合金微穿孔板，
穿孔率 1%，空腔 120

图 13-5 墙面微穿孔板的配置及构造

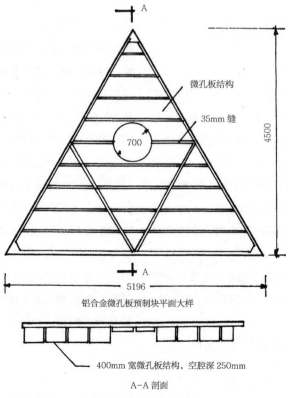

微孔板结构

35mm 缝

700

4500

5196

铝合金微孔板预制块平面大样

400mm 宽微孔板结构，空腔深 250mm

A-A 剖面

图 13-6 顶部微穿孔板的构造

第14章 电影院音质设计
Acoustic Design of Movie Theaters

14.1 概述

与音乐厅、剧场等不同，电影院是把录制在胶片或磁带上的声信号还原。由于录音信号已经过加工处理，不需要电影院对声音有过多的影响。因此，电影院采用很短的混响时间。

电影院按放映技术，可分为：普通电影院、宽银幕立体声电影院、IMAX、环幕电影、球幕电影等。

根据声音还原时的独立声道数，电影院可分为单声道和多声道两种。多声道电影种类很多，有5.1声道、7.1声道、巴可 AURO11.1 声道、最多64个声道的全景声等。各种数字立体声电影制式对电影厅的建筑声学要求基本是相同的。

目前我国新建或改造的数字立体声电影院大多采用英国杜比公司的 SR·D 制式，即为通常所说的宽银幕数字立体声电影院。下面主要介绍这种影院的音质设计。这种立体声电影院有5个独立的声道，即左、中、右3个主声道，左后、右后2个环绕声声道，1个次低音声道。与上述各声道相对应的左、中、右主扬声器布置在银幕后面，环绕声扬声器有很多，布置在中后部侧墙及后墙。次低音扬声器亦可设置在银幕后面，由于其对声像定位影响不大，对其位置要求不严。图14-1为杜比 SR·D 数字立体声电影院扬声器系统布置。

为适应市场需求，电影院基本都采用多厅模式，多个影厅设置在一个影院，影厅之间防止相互干扰十分重要。影厅之间宜有走道分隔，当影厅相邻时，应采用隔声量高的双层隔墙或多层墙。当影厅上下布置时，上层影厅地面应采用隔声量高的浮筑楼面。影厅出入口应设置声闸。空调风管不能穿越影厅，当影厅共用空调干管时，各支管应设置消声器，防止通过风管传声。电影厅背景噪声宜控制在 NR30 以内。图14-2为杭州新远影城三层平面，各影厅基本不紧邻，两个紧邻的影厅，为满足隔声要求，采用双层240mm 砖墙，建成后隔声效果很好。

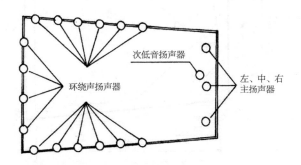

图 14-1 杜比 SR·D 数字立体声电影院扬声器系统布置

14.2 电影院体形设计

电影院要求短混响和平直的混响时间频率特性。

因此，电影院容积应尽可能地小。容积大就要增加控制混响时间所需的投资。电影院容积与银幕大小有关，银幕又宽又高，则大厅高度增加，第一排观众至银幕的距离增大（图 14-3），每座容积就大。因此，实际工程中，可在满足其他使用条件的情况下尽可能取小容积。

专业立体声电影院不宜设楼座，以使电影录音在观众厅内还原成一个完整的声平面。电影院观众厅长度不宜过长，太长会造成后排观众席听到的声音与看到的图像不同步。因此，一般要求银幕至最后排观众席的距离不超过 36m，最大也不应超过 40m。目前，专业立体声影院为了有更好的视听条件，总是尽可能用较大的银幕，这样，观众厅前区有较大区域不能布置观众席。同时，观众厅长度又有限制。因此，电影院容座规模就不会很大。为适应市场而采用的多厅小厅影院模式，小厅不到百人，大厅也就 300 人左右，对声学十分有利。

电影院观众厅平面可采用长方形或斜角较小的扇形。对于长方形平面，观众厅（包括舞台）的长宽比宜为 1.5 左右。电影院可以不设舞台或设小舞台。观众厅地面应有足够的起坡，需经过计算确定各排地面标高，满足视线无遮挡即可。电影环音系统扬声器声功率都较大，无需利用近次反射声来增大响度。

立体声影院观众厅两侧墙布置有环绕声扬声器，很容易在两平行侧墙之间发生多重回声，这是立体声影院的一个特点。为避免多重回声，可在侧墙作扩散或做倾斜侧墙面，使侧墙反射声射向观众席（图 14-4）。由于影厅为声音重放，并且表面吸声较多，因此对体形要求相对不高。

14.3 立体声影院的混响时间及吸声材料选用

由于在电影录音时，已有一定的混响效果，因此，电影院观众厅要求较短的混响时间值。电影厅的混响时间，应根据观众厅的实际容积，500Hz 混响时间可根据图 14-5 确定。

其余频率与 500Hz 混响时间的比值宜为：

125Hz	1.0~1.3
250Hz	1.0~1.1
2000~4000Hz	0.8~1.0

即混响时间频率特性基本平直，允许低频稍长、高频稍短。

立体声影院混响时间短，所需吸声材料或结构数量较多，在选用和布置时应注意以下几个方面：

（1）为有良好的声像定位，主扬声器附近墙、顶应作强吸声处理；

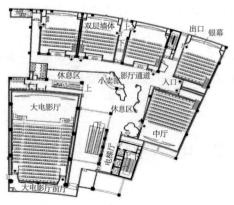

图 14-2 多厅影院平面布置

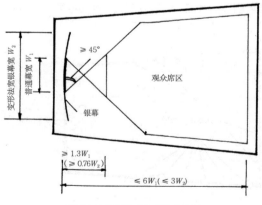

图 14-3 银幕大小与观众席布置

（2）为防止后墙产生回声，应作强吸声处理；

（3）座椅宜用吸声量大的沙发布面软椅，无论座椅坐人与否，吸声量基本不变；

（4）除上述吸声量外，还需增加的吸声可均匀地布置在侧墙和顶上。

由于吸声量大，应用多种吸声材料组合，以得到理想的吸声频率特性。图14-6为一立体声电影院观众厅音质设计实例。

14.4 其他电影院音质设计

不论是立体声电影院的放映设备还是建筑声学条件，都可满足兼放普通电影的要求。

放映70mm宽胶片影片的电影院，通常有6个独立的声道，其中5路主声道位于银幕后面，1路环绕声分别布置在左、右侧墙和后墙。这种影院要求更短的混响时间值，美国道尔贝公司推荐的中频（500~1000Hz）混响时间为0.5~0.7s，低频125Hz可提升1.10倍。影院的银幕更大，因此，影院的高度、容积也更大。相对四声道立体声影院，为控制混响时间，需要用更多的吸声材料或结构。

全景影院也有6个独立声道，平面通常选用圆形或卵形。环幕影院采用11个放映机用360°视角放映（图14-7），平面必须采用圆形。

全景影院、环幕影院要求短的混响时间和平直的频率特性。由于圆形平面的声聚焦作用，为避免声聚焦所做的吸声面，往往已达到控制混响时间所需的吸声量。

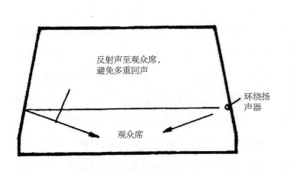

图14-4 倾斜侧墙避免多重回声

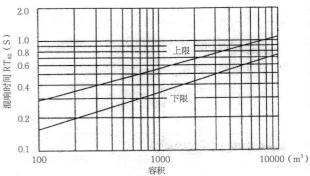

图14-5 电影厅500Hz混响时间取值范围

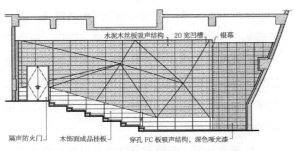

图14-6 立体声电影院观众厅音质设计示例

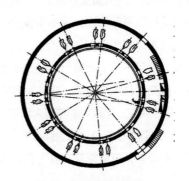

图14-7 环幕电影院平面

第15章 Acoustic Design of Recording Studios
录演播室音质设计

15.1 概述

广播电视、电影制片、唱片制作等使用的录音室、播音室、演播室与一般观众厅不同，在录演播室通过传声器、录音机等录制的声音，再通过电声设备在另一环境中重放。听众听到的音质受录制的音质的影响。因此，录音环境对声音应尽量少加影响。由于传声器接收与人听音不同，人是用"双耳"听音，"双耳"接收的声信号存在强度差、相位差和时间差，使人能辨别声源方向，能在许多信号中选择自己想听的声音，并有意识地忽略某些噪声的干扰；而传声器是"单耳"接收，它没有判断方向和选择声音的能力，只能无差别地接收所有声信号。因此，相对于其他声环境，录音场所的声环境要求较短的混响时间和更低的背景噪声级。

根据使用方式，录演播室分为纯录音用的录音、播音、配音室等以及除录音外尚需录像的各种电视演播室。电视演播室面积相对要大些。由于演播室使用中往往会使用不同的道具、布景及演出现场演员和观众人数变化较大等原因，演播室混响时间较难控制，一般控制在一个较短的范围内即可，同时，对背景噪声级的要求也没有录音室那么高。

根据录音内容，录音室又可分为音乐录音和语言录音两类。

录音室的声学要求，与录音技术密切相关。以音乐录音为例，早期在录音室中录制音乐节目时只用一个传声器，称做"一点录音"。声音的加工完全依赖于录音室的声学条件，因此，要求录音室有一定的混响。为了易于找到合适的传声器位置，强调录音室要有良好的扩散。这种录音室称为"自然混响录音室"。为了弥补"一点录音"中各组乐器声音不易取得平衡的不足，后来又出现了以"一点录音"为主，另加若干辅助传声器的办法；后来又有了对每个乐器组都设传声器的方法，这就是"多点录音"。"多点录音"还是要依靠录音室的自然混响。自然混响录音的优点是音色纯真、自然，整体性强，适合于录制传统的交响乐和室内乐。

近年来，出现了新的"多声轨录音"方法。它把每组乐器的声音分别录在各自的声轨上，然后采用电声设备加入人工混响或进行其他加工，最后合成一个节目。为了便于对每组乐器的声音进行独立加工，要求各组乐器之间有较高的声隔离度，通常用"隔声小室"或隔声屏障把各组乐器隔开。为了声隔离的需要，录音室本身也做成强吸声。所以这种录音室也称"强吸声录音室"。强吸声多轨录音的优点是：清晰度高、层次分明、乐器的质感好和便于重复加工制作。目前流行音乐的录制基本上都采用这种录音方式。

由于录播室、演播室是制作节目源的声环境，

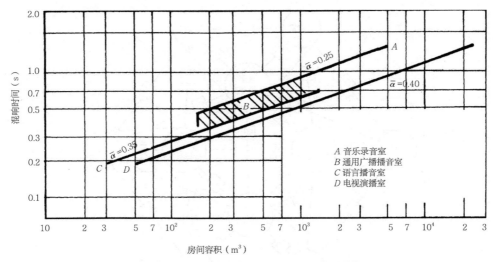

图 15-1 各类录演播室中频 (500Hz) 混响时间最佳值

在声学方面的要求更严格。同其他声环境相比，它们具有以下一些特点：

1. 混响时间

录播室、演播室要求较短的混响时间，根据用途不同，最佳混响时间也有所不同。图 15-1 是日本广播协会推荐的各类录演播室的最佳混响时间值。混响时间频率特性以平直为宜。

2. 房间比例和体形

录播室一般体积较小，尤其是语言录播室，面积小的只有 10m² 左右。在这么小的室内，低频区共振频率分布很少，如体形设计不当，很容易出现因共振频率分布不均而引起的声染色。因此，录音室长、宽和高三者比例要满足一定的要求，表 15-1 为矩形录音室的推荐比例。

录播室可以采用不规则体形，以利防止声染色的出现。录播室不得采用平、剖面为正方形或具有凹面墙、穹形顶的体形。

矩形录播室的推荐比例　　　　表 15-1

录播室类型	高	宽	长
小录播室	1	1.25	1.60
一般录播室	1	1.50	2.50
低顶棚录播室	1	2.50	3.20
细长型录播室	1	1.25	3.20

3. 背景噪声及隔声

录音室在录制节目时，绝不允许有噪声的干扰，因此，允许噪声值较低（表 8-1）。噪声控制是录播室声学设计中的主要内容之一。

为了达到表 8-1 中的允许噪声值，要求房间的墙和楼板有足够的隔声量。图 15-2 为各类声学用房相互之间中频 500Hz 所需声压级差。

要达到图 15-2 所列声压级差，通常应采用双层隔声墙。录演播室及其控制室的门应采用双层隔声门，两门之间加"声闸"。录演播室与其控制室之间的观察窗通常采用双层或三层隔声窗。

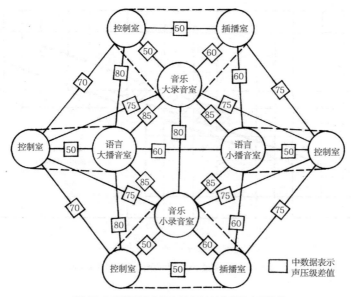

图 15-2 声学用房之间中频 (500Hz) 所需声压级差

录演播室与室外环境的声压级差一般要求在 55 ~ 60dB 以上，通常采用 490mm 厚砖墙或双层墙，就可获得满意的效果。

15.2　音乐录音棚音质设计

1. 自然混响音乐录音棚

自然混响音乐录音棚主要用于录制传统的交响乐及室内乐。因此，其规模通常是大、中型的。录音室应有足够大的容积，以便获得良好的低频声扩散以及声音的平衡和融和，避免产生声饱和的现象。实践表明，对于 50 ~ 80 人的乐队，录音室的容积不能小于 3500m³；对于 10 人左右的小型乐队，容积应在 2000m³ 左右。

1）体形

体形设计要考虑棚的长、宽、高比例（表 15-

1），并注意防止两平行墙面之间产生多重回声。若采用不规则体形，对声扩散和防止平行墙面之间的不利声反射是有利的。

为使录音棚有良好的声扩散和均匀的声场分布，通常需在墙面和顶棚作扩散处理，可设置各种不同尺寸的扩散体。扩散体中以球切面为最佳形式，其次是圆柱体、多边状锥体和三角形柱体等。

2）混响时间

自然混响音乐录音棚的混响时间，通常要低于同容积音乐厅的混响时间。混响时间长了，会严重影响清晰度和各声部的层次感。其混响时间最佳值可参考图 15-1 确定，通常为 1.2 ~ 1.4s。

低频 125Hz 混响时间相对于中频的提升量也宜低于音乐厅，因为低频混响时间长了，会影响乐器的质感和清晰感，通常选用中频混响时间的 1.1 ~ 1.2 倍。

高频混响时间原则上要求不低于中频，否则会影响高音乐器的亮度。但实际上较难做到，特别在大型音乐录音棚内，由于空气对高频声的吸收较多，使高频声衰减较快。因此，允许高频混响时间稍短于中频。

3）早期反射声

在直达声后 50ms 以内到达的反射声有助于提高直达声的强度和增加亲切感，从而增加录音音质的活跃度。当录音棚体积很大时，传声器位置处容易缺乏足够的早期反射声。对此，通常采用的解决办法是在传声器位置周围设声屏障或设置其他反射面，也可以悬吊顶部反射板，调整其高度和角度，使反射声到达传声器。

4）背景噪声控制

自然混响音乐录音棚要求很低的背景噪声级，其允许噪声标准为 NR-20。为了达到这一标准，要做好围护结构的隔声和空调系统的消声设计。

录音棚主体结构与建筑的其他部分应分开设置。墙体必须采用重结构，如 490mm 厚砖墙。当周围环境噪声级较高时，应设置双层 240mm 厚砖墙，中间留 100 ~ 150mm 厚空气层，或具有相当的面密度的双层钢筋混凝土墙体。

录音棚屋顶应采用 180 ~ 240mm 厚现浇或预制钢筋混凝土板。屋顶下再加上一层隔声吊顶。隔声吊顶可采用纸面石膏板、水泥纤维加压板（FC 板）等制作。

录音棚的门和观察窗也应有相应的隔声量。

空调系统的噪声控制包括控制气流噪声、减少风机噪声通过管道的传声以及隔离空调、制冷设备的固体传声三个方面，必须认真对待。

对于中小型自然混响音乐录音棚，如设在业务楼或其他主体建筑内时，必须设置"浮筑"结构，即"房中房"的结构形式。

2. 强吸声多声道录音棚

强吸声多声道录音棚的特点是将各乐师（或器乐组）分别安排在相互隔离的空间内，分声道录音，然后，根据需要通过电声设备对各声道进行加工（如加人工混响、调整电平等）后合成。图 15-3 为强

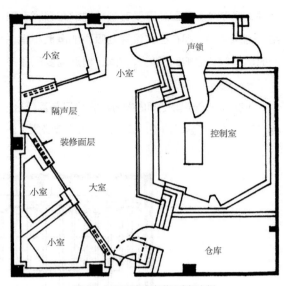

图 15-3 强吸声多声道录音棚实例

吸声多声道录音棚实例。

这种录音工艺的特点是乐器的质感强、清晰度高、层次分明、节奏感强，便于进行后期加工、合成，与自然混响录音棚一次合成相比，减少了重复录音的时间。此外，由于分声道录音，一个乐队可以分期分批进行录音，这样就可以压缩录音室面积，节约建设投资。

强吸声录音棚要求短混响，且具有接近平直的混响时间频率特性曲线。按棚的容积，中频 (500Hz) 混响时间可控制在 0.4 ~ 0.6s 范围内。考虑到控制低频混响较为困难，允许低频提升（相对中频）1.1 倍。隔离小室内的混响时间控制在 0.3s 左右。

各小室之间应有一定的隔声量，即传声器之间具有一定的隔离度，一般认为至少大于 15dB。

隔声小室的面积一般较小，为防止共振频率的简并，小室的比例应严格控制，通常采用不规则体形。

3. 强吸声与自然混响组合录音棚

对某些乐器，如弦乐、木管乐录取直达声后，追加人工混响的效果不佳，主要表现为声音不自然

和缺乏柔和感。因此，需要有自然混响和强吸声相结合的录音棚，即在棚内设置强吸声的隔离小室，同时具有较长混响时间的大空间，根据需要配置各类乐器，进行分声道录音。

可在同一个录音空间内划分出寂静区与活跃区，即在其一端通过强吸声使混响时间很短（寂静区）；在另一端，不作或少作吸声，使混响时间增长（活跃区）。录音时，根据各类乐器对混响声的不同要求，配置在不同的区域内。为了使寂静区和活跃区在音质上有明显差别，通常用各种活动隔板和声屏障，对不同区域进行分隔。图 15-4 为活跃－沉寂式录音室平、剖面图，图 15-5 为组合式录音室实例。

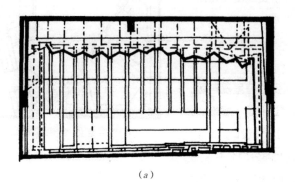

（a）

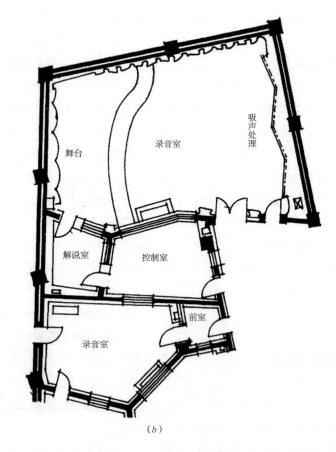

（b）

图 15-4 活跃－沉寂式录音室

（a）剖面图；（b）平面图

4. 多功能音乐录音棚

不同的录音工艺，要求有与之相适应的录音棚。录制不同的音乐，希望录音棚有不同的声学条件。为了满足各种要求，而去建造多种类型的录音棚，这在经济上往往是不现实的。多功能录音棚就是通过创造一个可变声学条件的声学环境来满足多种录音要求的录音棚。

为了使录音室混响时间可调，在多功能录音棚的墙面和顶棚设置可调吸声结构，并备有活动吸声、

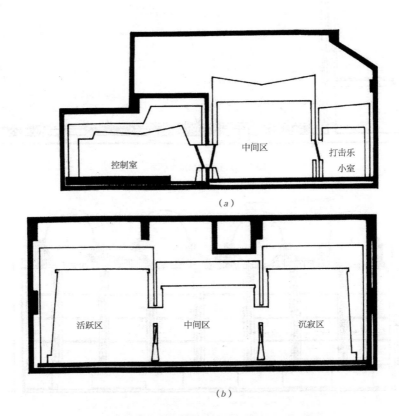

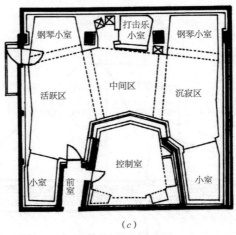

图 15-5 多轨组合式录音室
（a）纵剖面图；（b）横剖面；（c）平面图

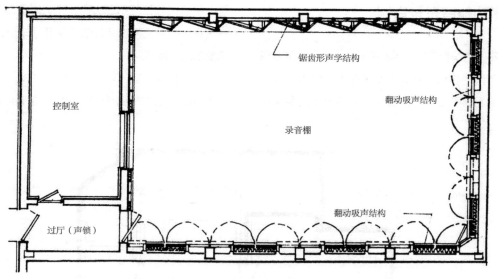

图 15-6 多功能录音棚平面

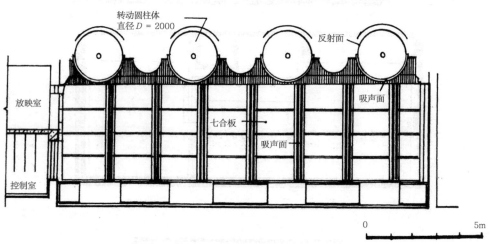

图 15-7 录音棚剖面

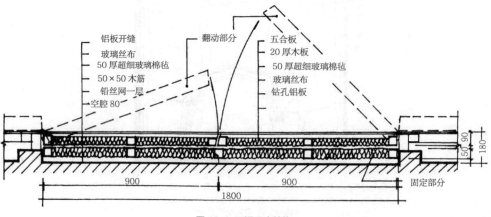

图 15-8 可调吸声结构

隔声屏障，以便需要时围成隔声小室。图 15-6 ～图 15-8 分别为航空部音乐录音棚平面、剖面及侧墙可调吸声结构。

多功能录音棚设计中，可调吸声结构的设计是关键。这种可调吸声结构应满足以下几个方面的要求：

(1) 可调幅度大，吸声面暴露时为强吸声结构，反射面暴露时几乎不吸声；

(2) 在 80 ～ 8000Hz 频率范围内各频带吸声的调幅量近乎相同；

(3) 处于反射状态时，不产生声学缺陷，仍具有良好的声扩散；

(4) 使用中便于操作、控制。

15.3 语言录播室音质设计

语言录播室是建造最多的一种录播室，不仅在专业的广播电视中心、电影厂、音像公司内设有各种类型的语言录音、配音和解说词室，而且在全国各电教、通信中心、广播站及各类学校等教育机构内也建造有大量的语言录音室。

语言录音室的声学要求是保证语言清晰、不失真，不受外界噪声干扰。设计中主要考虑以下几个问题：

1. 房间比例和室形

语言录播室的一个特点是面积很小，通常为 10 ～ 20m^2，小的不到 10m^2。在这样小的房间内，特别要注意防止共振频率简并造成的声染色。因此，房间比例应严格按表 15-1 给出的数据确定。语言录音室也可选择不规则体形，以利于防止声染色。

2. 混响时间

语言录播室均采用短混响，根据容积大小和使用功能通常选择 0.2 ～ 0.5s。混响时间频率特性宜为平直或在 100Hz 略为下降。对于 20m^2 以下面积较小的语言录播室，混响时间通常取上述范围的较短值。由于语言录播室容积小，为防止声染色，墙面、吊顶通常都作吸声。这样，混响时间自然很短。如室内平均吸声系数为 0.35 时，一个 12 ～ 16m^2 的语录室，其混响时间通常为 0.2s 左右。对音质偏干的问题，可通过电声设备加入工混响的办法解决。因此，目前对语言录音室有采用短混响的趋势，有时为避免录音室吸声过量，可采用间隔布置吸声材料和结构的办法。

3. 控制背景噪声

语言录音室允许噪声为 NR-15。小型语言录音室通常不可能独立建造，而是设置在业务楼内。因此，要达到上述允许噪声标准，一般都要做"房中房"隔声隔振结构（图 8-5），并尽量布置在建筑中噪声、振动最小的部位。这种"房中房"结构施工难度大，造价高，除专业语言录音室可以做到外，大多数单位建造的语言录音室往往由于经费问题而办不到。对于这种量大面广的非专业语言录音室，其录音质量要求相对要低一些，允许噪声值也可适当放宽些，如定为 NR-20 ～ NR-25。

15.4 电视演播室音质设计

电视演播室有广播电视中心内的综合文艺演播室、新闻演播室、专题访谈演播室、电视剧演播室及电教中心教学用演播室等多种类型。电视演播室要进行电视摄像，因此，需要较大的空间，有的演播室还要使用不同的道具，甚至有大量观众参与，因此，其混响时间往往难于精确控制。同时，对其背景噪声级的要求也可适量放宽一些（参见表 18-1）。

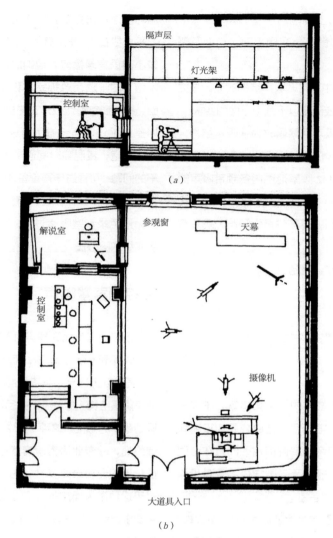

图 15-9 电视剧演播室
（a）剖面图；（b）平面图

演播室按用途可分为语言和文艺节目演播室两类。按面积大小可分为大、中、小三类：

大型：800 ~ 1000m²

中型：150 ~ 600m²

小型：30 ~ 150m²

目前我国省级电视台大演播室一般面积为800m²。市级电视台主演播室一般为400 ~ 600m²。

不同类型演播室的混响时间可按图 15-1 确定，对于大演播室，混响时间控制在 1.0s 以下，即可满足要求。为控制混响时间，演播室墙面和顶棚一般都作吸声。由于文艺演播室一般沿三面墙挂有天幕（图 15-9），对天幕后面的吸声结构无装饰要求，因此，可采用玻璃丝布包超细玻璃棉外加钢板网护面作主要吸声结构。这种结构吸声效果好且性能稳定。演播室墙面也可采用吸声砖结构，如中央广播电视中心 1000m² 大演播室四周均采用陶粒吸声砖。吸声砖在生产中应严格控制胶粘料与骨料的比例，否则，吸声系数会有很大差异。演播室使用时需要大量灯光，所以防火要求特别高，所用吸声材料必须是非燃烧材料。

小型演播室一般不设天幕，通常采用布景或道具作电视画面的背景。这时注意防止布景或道具产生有害反射声而影响录音音质。对于某些演播室，通过艺术处理，墙面声学装修可直接作为一种画面背景。

15.5　控制室设计

录音室、广播室、演播室都有控制室与之相连。录音师通过观察窗观察录音室内的活动，通过控制室内的监听扬声器监听录音室的声音。控制室也应有良好的音质，以使录音师作出正确的判断。自然混响录音棚的控制室的混响时间一般取 0.3 ~ 0.4s。强吸声多声轨录音棚的控制室，不仅用来监听，而且还是录音师合成节目的场所，要求有足够大的容积，以便室内早期反射声的延时尽可能与录音棚接近。由于立体声监听扬声器左右对称布置在录音师的前方，因此控制室内的声学特性，应尽可能左右对称，即房间平面、体形以及声学装修左右对称。室内混响时间可取 0.25 ~ 0.4s，混响时间频率特性以平直为宜。控制室的后部宜作扩散处理，使录音师背后有一个均匀扩散的混响声场。

第16章 Acoustic Design of Home Theaters and Listening Rooms
家庭影院和听音室的音质设计

16.1 家庭影院音质设计

　　所谓家庭影院，顾名思义，就是在家庭中放映影碟，营造类似于电影院的视听环境，享受类似于电影院的视听效果。家庭影院设备分为音频和视频设备两类。现阶段较常见的音频设备包括 AV（Audio and Video 的缩写，即音频与视频之意）功率放大器、卡拉 OK 混响器和扬声器系统；视频设备有大屏幕彩电（25 英寸以上）、激光影碟机 (LD)、小影碟机 (VCD) 或高保真立体声录像机 (VCR) 等。

　　家庭影院的出现，应归功于杜比环绕声系统的问世。1976 年，美国杜比 (Dolby) 公司成功地将四声道立体声经过编码后录制在 35mm 电影拷贝的两条光学声迹中，建立了电影院四声道立体声系统。今天，世界上已有超过 2200 多座电影院采用此放音技术。此后，杜比公司又致力于开发家用环绕声技术。1982 年，杜比公司开发成功第一个家用环绕声产品。1987 年，第二代环绕声产品——专业逻辑（Prologic）环绕声产品问世。专业逻辑环绕声系统除了传统双声道立体声的左右两个前向声道外，还附加了中央声道和环绕声道，构成四声道立体声系统，营造出三维环绕声场。其主要特点是突出声像定位功能。当声像定位于某一点时，该系统就自动地强调信号的声强差，使声音传出的方位与画面的

图像一致，达到听觉和视觉相统一。这种技术已经结合到新一代的激光视盘中。影片录制时，伴音信号已经过杜比定向逻辑系统编码处理，因此播放时，必须采用具有 Dolby Surround (Prologic) 标记的 AV 功率放大器，以便还原成四或五声道以上的声信号。第三代杜比数字声传输环绕声系统 AC—3 已经引入到影碟制作标准中，AC—3 可提供 6 个独立声道（包括低频效果声道），均用数字方式传输信号，因此大大提高了动态范围和频宽，可保证重放时的低失真。这种新技术将与新的数字视像 DVD 系统相配套，成为新一代家庭影院的视听系统。由于本章的目的主要在于介绍家庭影院和听音室的室内音质设计，故不过多地介绍音像设备。

　　从上面的介绍中可知，家庭影院的环绕立体声效果主要是由电声系统提供的。但是如果光有好的音频设备，而没有好的室内声学环境与之相配套，其效果必然大打折扣。所以，必须重视家庭影院的建声设计和装修。高保真听音有两方面含义：其一是高保真录放音，即节目声信号录音和放音的高保真；其二是高保真聆听，即要求在良好的听音环境中还原录音时的声场。这就对房间的室内声学条件提出了较高的要求。

　　家庭影院的室内声学指标很多，最主要的是混响时间和背景噪声两项。家庭影院与立体声电影院一样，其声学环境主要应保证影片中所记录的声

场的忠实重放，不希望室内声学条件对原有声场造成过多的影响，所以混响时间要短些，一般控制在 0.3 ~ 0.4s 之间。混响时间频率特性要尽可能保持平直，即低、中、高频段的混响时间要大体一致。另一方面，高的听音质量不希望受到任何噪声的干扰，因此，室内背景噪声级要求较低，应控制在 35 ~ 40dBA 的水平。

通常的居室要达到上述两项声环境指标，应采取若干隔声和吸声装修措施。家庭影院隔声处理的目的有两个：一是使户外环境噪声和邻室生活噪声不对听音造成干扰；二是本室放映影片时的高分贝声音不对邻户造成影响。隔户墙如果是二四砖墙，其隔声量已足够。如果是轻质隔墙，可以在其内侧增设一道纸面石膏板或水泥纤维加压板（FC 板）分立墙，以提高其隔声能力。通常两道 12mm 的石膏板，相距 80mm 时，隔声量为 38dB；相距 140mm 时，隔声量为 46dB。当墙和楼板隔声量已足够时，漏声和透声的薄弱环节主要是门和窗，必须另加处理。门的隔声量取决于门扇本身的隔声量及门缝的密封程度。一道普通木门的隔声量只有 12 ~ 15dB，若将门板做成多层复合的夹层门，如采用五合板与七合板中间填充 50mm 厚玻璃棉毡做门扇，或采用密实厚重材料做门扇，可大大提高其隔声量。门缝密封也很重要，可做成斜口外加毛毡密封或用橡胶条密封。经过密封的门一般可增加 5 ~ 7dB 的隔声量。窗户也是隔声的薄弱环节。通常 3mm 厚的单层玻璃窗，平均隔声量只有 15 ~ 18dB，5mm 厚的玻璃窗，隔声量约为 22dB。但由于受吻合效应的影响，高频时会出现 10dB 的隔声量低谷。为了避免吻合效应的影响，可采用双层玻璃窗。两层玻璃厚度不一致，相距 15 ~ 20cm 以上。双层窗空腔周边可用毛毡封边。这种双层窗的平均隔声量可增至 38dB。

为了降低室内噪声，同时为了使房间的混响时间控制在优选值上，宜对室内作些吸声处理。为了保证混响时间频率特性平直，使声音不致失真和畸变，应注意采用多种吸声材料和吸声结构，分别吸收低、中、高频声音。通常多孔材料主要吸收高频声音。在室内，可以通过铺地毯、挂壁毯、摆沙发、在床上铺织物床罩、在距玻璃窗 15cm 处挂织物窗帘等措施来吸收高频声。其中窗帘的吸声能力还与其打褶程度有关，打褶越多吸声量越高。还可在顶棚下 10 ~ 20cm 处设置岩棉吸声板吊顶，来增加对高频声的吸收。不过多孔吸声材料也不可过量使用，以免高频声吸收过度，影响音质的清晰度和明亮度。应注意在布置多孔吸声材料的同时，也适当布置一些低、中频吸声结构。通常薄板吸声结构主要吸收低频声。其吸声频带在 80 ~ 300Hz 之间，吸声系数约为 0.2 ~ 0.5。有条件时，建议在室内架设木地板或做木墙裙。室内的橱柜、写字台等一般用薄板做成，也可吸收部分低频声。在上述薄板上穿以一定密度的小孔，或者再在其后铺衬岩棉毡等，就构成了穿孔板吸声结构。当穿孔板中的圆孔变为平行窄缝时，穿孔板吸声结构就演变成狭缝吸声结构。这是在室内装修中常用的一种共振吸声结构。它富于艺术装潢效果。只要改变狭缝面积与总面积的比例，就可以改变其吸声频带。通过上述措施，可在较宽的频率范围内取得吸声效果。

除了进行必要的室内声学设计和装修外，欲取得良好的视听效果，尚必须重视音像设备的摆位。家庭影院的电视机与左右主音箱不宜整齐地摆在一条水平线上。电视机可略往后退，而将中置音箱置于电视机上，并使其前沿超出电视机屏面。这样摆位使中置音箱置于左、右音箱的中点稍向后处，使三者到听者的距离大致相等。两个主音箱与听者的夹角可控制在 45° 左右。中置音箱与左右主音箱应具有大致相同的高度，并且使其高音单元与听者耳朵处于同一高度。高音单元指向听者，可明显改善高音质量。环绕音箱则置于听者位置处两侧墙上，或稍向后。高度可为距地 60 ~ 90cm。环绕音箱可置于专用支架上，也可置于用膨胀螺钉固定在墙上的金属架上。

为了达到较好的视听效果，家庭影院的面积

宜在 20m² 以上，最好在 30m² 以上。其长度可为 6.5 ～ 8.5m，最好在 8.5m 以上。这样可使环绕音箱与主音箱拉开足够距离，以便形成较理想的环绕声场。两主音箱相距 2 ～ 2.5m 以上，距左、右侧墙的距离为 0.5 ～ 1m 左右，最好在 1m 以上。因此，房间宽度可为 3.5 ～ 4.5m 以上。当音箱距后墙或侧墙较近时，侧后墙均应作吸声处理。图 16-1 中给出了几种家庭影院的音像设备的布局，可供参考。

16.2　听音室音质设计

许多音乐发烧友热衷于欣赏传统的双声道立体声音响，至多再增加一超低音。对于他们，拥有一个良好的家庭听音室是梦寐以求的事。听音室声学环境的基本要求类似于家庭影院。其混响时间可控制在 0.4 ～ 0.5s，同样应具有较平直的频率特性和

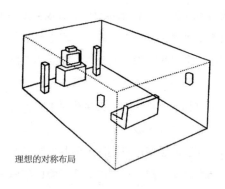

理想的对称布局

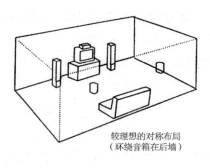

较理想的对称布局
（环绕音箱在后墙）

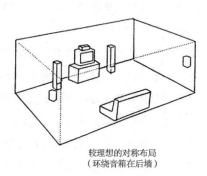

较理想的对称布局
（环绕音箱在后墙）

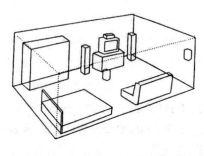

在无法实现对称布局时，
这种布局不失为一种权宜之计

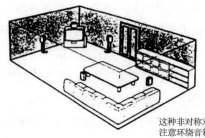

这种非对称对角线布局，要特别
注意环绕音箱的安装位置的角度

图 16-1 家庭影院音像设备的布局示例

低的背景噪声水平。因此，隔声和吸声处理同样很有必要。

根据美国音响工程学会的建议，理想的听音室的宽、长和高度的尺寸约为 4.9m×7.9m×3m，即具有黄金分割比的三维尺度。这时，音箱中线距离后墙可取听音室高度乘以 0.618，即 1.85m；听音位（俗称皇帝位）离其背后墙的距离也为 1.85m。这样，听音位与两个音箱连线的长度为 4.2m。两音箱至侧墙的距离为听音室宽度乘以 0.276，即为 1.35m。这样两音箱之间相距为 2.2m。以上尺寸可供参考，参见图 16-2。然而居室的面积通常没有那么大。因此，建议家庭听音室的面积可在 15～20m² 之间，最好在 18m² 以上。摆位时，两音箱应保持声学条件上的对称。听者与左、右音箱构成等腰三角形，使人的头部与两音箱的夹角在 45°～60° 之间（大多数音箱要求听者位置距两音箱的距离大于音箱间距）。两音箱间距约为房间宽度的 0.7 倍左右，常取 2～2.5m。一般而言，两音箱拉得越开，声场越宽阔；距离过小，则形成不了立体感。但若间距过大，又会使中间声像变弱，以致造成声像断开之感。两音箱离侧墙的距离应大于 0.2m，最好为 1m 左右。若两音箱靠侧墙过近，则来自边墙的反射会影响中场声像的定位。这时需要对边墙作吸声处理。音箱至后墙的距离宜为房间长度的 1/3 或 1/5。这样可减少激发起房间驻波的机会。音箱与其背后的墙体有一定距离，还有利于音箱后的低音反射孔起作用，可改善低频声的辐射质量。音箱的高度宜使其高音单元与人耳同高（通常音箱中的高音单元离地 0.8～1m）。音箱离地过近，则低频声被地面反射后，可能与直达声波相干涉，使低音音质变差；若离地面过远，则低频成分反射减少，又会使低音不足。通常将落地音箱的底部垫高 0.2～0.4m，使低音单元的下沿与地面的距离约为低音扬声器直径的 1.5～2 倍。此外，在两侧墙第一反射点部位（指音箱通过侧墙一次反射至听者的反射声入射点部位）进行吸声处理，可使中高频音质更佳，空间感更明显，参见图 16-3。

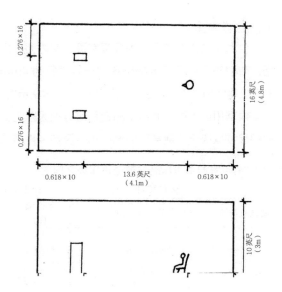

图 16-2 符合黄金分割比的听音室

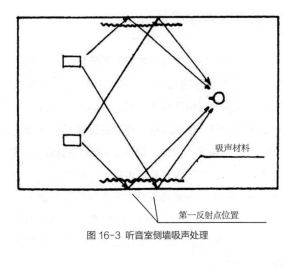

图 16-3 听音室侧墙吸声处理

第17章 Room Acoustic Design of Other Buildings
其他建筑的声学设计

17.1　声学实验室设计

声学实验室主要有用于声学测量的消声室、混响室和隔声室。其中消声室和混响室是通用性实验室，用途十分广泛。如在建筑声学领域内材料或结构吸声系数测定，音质主观评价的模拟试验，设备及某些工业产品噪声级及声功率级的测量，扬声器、乐器声学特性的分析测量以及生理、心理声学方面的研究等都离不开声学实验室。

1. 消声室声学设计

消声室的作用是为声学测量和声学实验提供一个无反射声影响的自由场（或半自由场）声学环境。在理想的自由声场中，点声源的声压是按反平方定律衰减的，也就是与点声源的距离增加一倍，声压级衰减 6dB。为此，消声室内表面的吸声系数应等于 1。这在实际上难以达到，一般质量较高的消声室，要求在测试频率范围内表面吸声系数大于 0.99，并把吸声系数达到 0.99 的最低频率称为截止频率 f_c。但对于测试要求较低的消声室，允许吸声系数略低些。

检查消声室是否满足自由场要求，通常是把球面声源置于消声室的中心，沿声源到消声室八个顶角的连线测量声压级，把测得的结果与自由场衰减的理论值进行比较。对用于测定声源功率的消声室，测量值与理论值的偏差应满足表 17-1 的要求。

消声室的背景噪声应低于被测声源声压级 10dB 以上，如对于传声器、扬声器的声学特性测量，乐器和精密仪器的声学分析等，通常要求允许噪声标准为 NR-15；而对家用电器的噪声测定，则允许噪声标准可为 NR-25；如专用于大型电机、空压机、通风机的声功率级测定，室内允许噪声控制在 NR-30 即可满足要求。

1）全消声室

全消声室六个表面均为强吸声面，室内为自由场。在消声室中间偏低的位置做一层直径为 4mm 的钢丝网结构作为工作平面。图 17-1 为消声室示例。

根据用途不同，消声室的容积可有很大差别。它的尺寸取决于所测声源的体积和声源与传声器的

消声室测量声压级与理论声压级之间的最大允许偏差　　表 17-1

测试室类别	1/3 倍频程中心频率（Hz）	允许偏差（dB）
消声室	≤ 630	±1.5
	800 ~ 5000	±1.0
	≥ 6300	±1.5
半消声室	≤ 630	±2.5
	800 ~ 5000	±2.0
	≥ 6300	±3.0

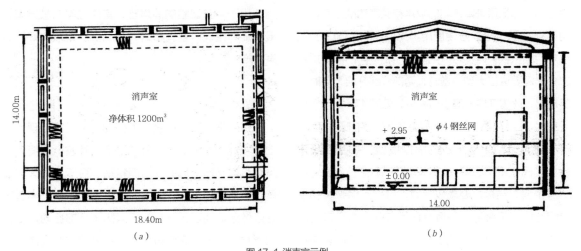

图 17-1 消声室示例
（a）平面图；（b）剖面图

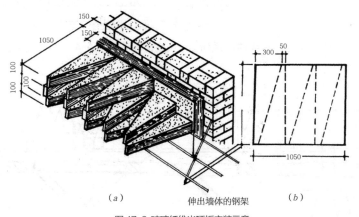

图 17-2 玻璃纤维半硬板安装示意
（a）切割成的吸声尖劈；（b）玻璃棉板切割方法

距离，即所要求的自由场的范围。如最低测量频率的相应波长为 λ，消声室的长、宽净尺寸应大于测量范围 $\lambda/2$。同时消声室的容积应大于所测最大声源体积的 200 倍以上。

为了使消声室内表面吸声系数达到 0.99 以上，通常在墙、顶、地上安装吸声尖劈。通常使用的吸声尖劈用 $\phi4$ 钢筋做骨架，外包玻璃丝布和塑料窗纱，内填多孔性吸声材料。多孔性吸声材料主要是各种玻璃纤维。也吸声尖劈加工制作比较麻烦，为节省加工费用，也可用吸声泡沫塑料切割成形做吸声尖劈。同济大学消声室采用玻璃纤维半硬板切割成形，配置在墙面上，再在其外挂一层玻璃丝布和

窗纱，也取得了很好的效果，达到了节约投资、缩短工期的目的。图 17-2 为玻璃纤维半硬板安装示意。

为了使墙、顶有足够的隔声量，特别是有良好的低频隔声性能，截止频率 $f_c \leq 125Hz$ 的消声室通常都采用双层墙结构，如双层砖墙或双层钢筋混凝土墙，更多是外墙用砖墙，内墙用钢筋混凝土墙体，墙间设通道或空气间层。

消声室的门应有相应的隔声量。早期，隔声门采用厚重的单层门，并在室内一侧挂吸声尖劈。这种门都设地轨平推启闭（图 17-3）。这种门重量大，开启不便，且门缝不严密，隔声效果相对较差。目前采用较多的是双层门，外层为开扇隔声门，内层为吸声

尖劈门，即把原来隔声门的隔声和吸声功能分开，有利于提高隔声量并方便使用，见图17-3（b）。当隔声门面积很大时，可以把隔声门和吸声门都做成两部分，需要进出大型设备时，两部分都开启，平时人员进出，只需开启一扇小门即可，见图17-3（c）。

为防止外界振动传入消声室产生噪声和振动干扰，必须采取相应的隔振措施。在截止频率f_c<100Hz，周围又存在振动源的情况下，应采用"房中房"结构。要求较高时，可采用钢弹簧和橡胶组合的隔振装置。隔振装置的自振频率f_0可控制在1.5～3.0Hz范围内。要求稍低时，可用玻璃棉板、岩棉板等作隔振材料。当周围无振源时，可仅在消声室内做浮筑地面，用150mm厚沥青混凝土或300mm厚粗砂作隔振层。

根据需要，消声室内应设置空调或通风系统。

例如用于听觉试验的消声室，室内经常有被试者，最好能有空调。空调和通风系统都应采取良好的消声措施。

2）半消声室

如果室内四个墙面及顶棚均作强吸声处理，而地面为坚硬光滑表面，就成了半消声室。半消声室具有可以承重的地面，因而特别适合于测量大型设备，例如大型机械、汽车、机车等的噪声。半消声室应做浮筑地面，一方面可以防止外部振动对测试的影响，另一方面可防止消声室内测试时设备产生的振动对周围环境的干扰。

如在半消声室的地面上布置可活动的吸声尖劈，在其上部适当位置安装钢丝网，也可以作为全消声室使用（图17-4）。

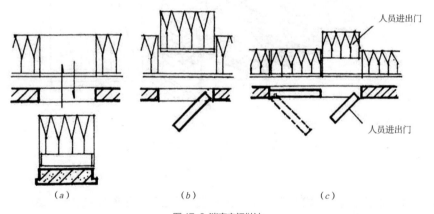

图17-3 消声室门做法
（a）吸声、隔声一体门；（b）吸声、隔声分开；（c）大小门

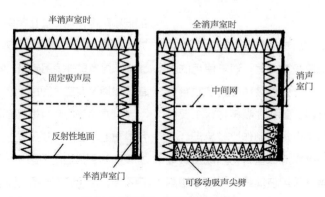

图17-4 半消声室、全消声室两用示例

2. 混响室声学设计

与消声室相反，混响室的作用是创造一个供测试用的扩散声场，其主要用途是用于测试材料或结构吸声系数和声源声功率。混响室各表面要求有很好的反射性能。室内具有较长的混响时间和充分的声扩散，此外，还应有足够低的背景噪声级。

混响室的容积不能太小。考虑到高频时空气吸收的影响，容积也不宜太大。测定吸声材料的混响室，一般测试频率范围为 100 ~ 4000Hz，其容积应控制在 200 ~ 300m³。

混响室可以采用不规则体形，以利声场扩散。如采用矩形房间，房间的长、宽、高不应有两个相等或成整数比。此外，室内最大线度（矩形房间的主对角线，不规则形房间的最长对角线）不应大于 1.9$V^{1/3}$（V 为房间容积）。通常矩形混响室有三个以上表面作扩散，以保证两个平行墙面中至少有一个是扩散面。扩散体可以采用圆柱或球切面。为防止扩散结构对低频声的过量吸收，通常采用砖砌体粉光或浇制混凝土重结构。图 17-5 为混响室示例。

为进一步改善混响室的声扩散，尚可在混响室内无规则地悬吊一些尺寸不同，吸声很小的弧形板，并控制其总面积不大于地面面积。

混响室要求有较长的混响时间，较少的吸声量。对体积为 200m³ 的用于测量吸声系数的混响室，国际标准化组织（ISO）推荐的 1/3 倍频带允许最大吸声量见表 17-2 所示。如混响室体积大于 200m³，则应将表中所列值乘以（$V/200$）$^{2/3}$。

混响室通常做"房中房"隔声隔振结构。混响室的门应为隔声门。

17.2 教室声学设计

1. 教室声学要求

教学用房的声学要求主要是满足语言清晰度

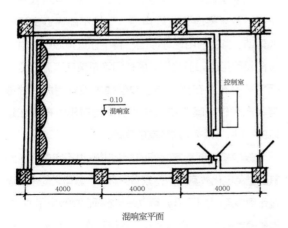

混响室平面

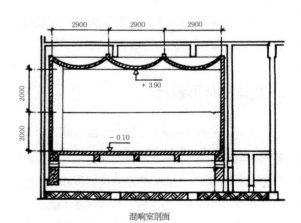

混响室剖面

图 17-5 混响室示例

200m³ 混响室允许最大吸声量 表 17-2

频率（Hz）	125	250	500	1000	2000	4000
空室允许最大吸声量（m²）	6.5	6.5	6.5	7.0	9.5	13.0
相应的最短混响时间（s）	5.0	5.0	5.0	4.5	3.5	2.0

各类教室混响时间参考值①　　　　　　　　　　　　　　表 17-3

房间名称	房间容积（m³）	500～1000Hz混响时间平均值(s)（使用状况）
普通教室	200	0.9
大教室	500～1000	1.0
音乐教室	200	0.9
电化教室	200～1000	0.7～0.9

①表中混响时间值，可允许有 0.1s 的变化幅度；房间容积可允许有 10% 的变动幅度。教室的允许噪声可取 NR-25 标准，至多也不宜超过 NR-30。

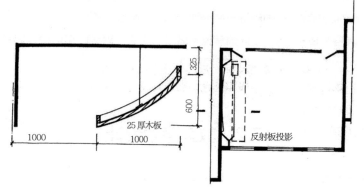

图 17-6　教室讲台上部悬吊反射板

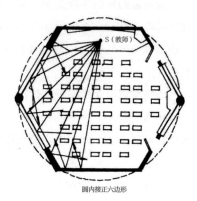

图 17-7　正六边形教室反射声分布不均

和没有噪声干扰，对容积较大的教室应保证足够的响度，对容积较小的教室还要注意防止低频声染色。

为获得良好的清晰度，教室的混响时间应较短，各类教室的混响时间可参考表 17-3。

2. 教室的体形设计

从室内声场分布考虑，教室采用矩形平面是适宜的。矩形平面还有利于课桌安排及采光。在讲台两侧和顶部设置反射面，将声音反射至教室后部，可以提高后排座位的声压级，从而改善这些座位的语言可懂度。图 17-6 为教室讲台上部悬吊反射板的实例。

有的教室设计成正六边形，见图 17-7 所示。这种平面形式使教师的声音沿周边反射，可造成室内声场分布不均，而且容易对其他声源位置发出的声音产生声聚焦现象。

3. 教室的噪声控制

教学楼的设计，首先应防止环境噪声对教室的干扰。教学楼应远离噪声源，例如不能靠近交通干线建造。当由于用地等原因不得不靠近声源布置时，应把辅助用房如卫生间、楼梯间等布置在声源一侧，而将教室布置在另一侧。教学楼中设备用房、健身房等产生较强噪声和振动的房间相对集中布置在建筑的一端，以减少对教室的影响。

教学楼内部教室之间的相互影响也不容忽视，尤其应避免电化教室对其他教室的影响。教室之间主要通过走廊传声（图17-8）。可以在走廊顶部做吸声吊顶（如做矿棉板吊顶），以减弱走廊的传声效应。此外，教室门也应有一定的隔声量，并具有良好的密封性能。

普通教室之间的隔墙应具有45dB以上隔声量，电化教室之间的隔墙至少应有50dB的隔声量，并要注意避免因在墙体内嵌入配电箱、接线箱等而使墙体隔声性能大幅下降。

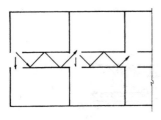

图 17-8 教室之间通过走道传声示意

图 17-9 不规则琴室平面

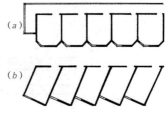

图 17-10 琴室外墙处理

17.3 琴室声学设计

艺术类院校常需建造练琴室。一般练琴室容积较小，因此，特别要注意防止因低频共振频率分布不均所引起的声染色现象。为此，琴室通常采用不规则体形（图 17-9）。

琴室两相邻墙面和顶棚宜作吸声处理。吸声材料可采用交错布置的方式，以增加房间声场的扩散度。

琴室混响时间可取 0.4 ~ 0.6s，混响时间频率特性以平直为宜。由于不同乐器要求的最佳混响时间有所不同，如果经济条件许可，琴室内最好设置可调吸声结构，以便灵活调节混响时间。琴室允许噪声级可采用 NR-25 ~ NR-30 标准。琴室设计中要防止室外环境噪声及建筑内部设备噪声干扰。由于琴室内声级较高，琴室之间的相互干扰比较严重，其噪声传播，主要通过窗绕射、走廊传声及隔墙、楼板传声三种途径。琴室之间的隔墙可采用 240mm 厚砖墙，以满足隔声要求。为降低窗口噪声绕射传播，可采用锯齿形外墙（图 17-10a），或在外墙切角处开窗（图 17-10b）。这种布置方式与平行布置琴房的对比测定结果表明，在开窗的情况下，在中高频段约有 3 ~ 7dB 的隔声改善量。另一种改善窗隔声的方法是把窗的通风与采光功能分开，平常窗关闭，通过带换气扇的消声道进行换气。

当琴室分层布置时，普通 120mm 或 180mm 厚钢筋混凝土楼板不能满足撞击声隔声要求。一种经济有效的措施是在钢琴、打击乐器等撞击声较大的乐器下加弹性垫层或作局部隔振处理（图 17-11）。

17.4 歌舞厅声学设计

歌舞厅中的声源，有的是通过扬声器播放音乐，也有的是小型乐队演奏和人声演唱，即兼有电声和自然声。歌舞厅的混响时间可控制在 1.0s 左右，低频混响时间可为中频的 1.2 ~ 1.3 倍，高频可与中频保持一致。歌舞厅背景噪声可控制在 NR-30 ~ NR-35 以内，或 40 ~ 45dBA 以内。

歌舞厅的声学设计要注意以下一些问题：

（1）体形设计中应避免弧形墙、穹形顶等容易引起声聚焦的平剖面形状。

（2）在装修材料的选用上，应做到高、中、低频不同吸声材料的搭配使用，以获得良好的混响时间频率特性。由于歌舞厅往往采用大量薄板装修，故特别要防止由于薄板共振引起的对低频声的过量吸收。

（3）舞台附近的界面可作吸声处理。这样有利于提高扩声系统的传声增益，防止啸叫。

（4）歌舞厅的围护结构应有较好的隔声性能，一方面是为了防止外部噪声的传入，另一方面，由于歌舞厅室内声压级较高，如迪斯科舞厅最高时可达 105dBA，要防止歌舞厅对邻近建筑和周围环境的干扰。目前，由歌舞厅引起的噪声干扰问

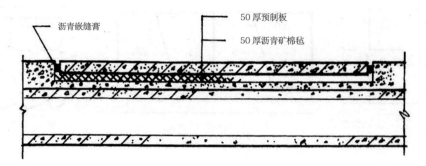

图 17-11 琴室内钢琴隔振构造

题十分普遍，应引起足够重视。普通歌舞厅可采用 240mm 厚砖墙作外墙；迪斯科舞厅宜用 370mm 厚砖墙，或 240mm+120mm 双层墙结构，中间留 100mm 空隙。屋顶应采用厚度 120mm 以上钢筋混凝土板。

17.5 开敞办公室及旅客等候厅声学设计

1. 开敞办公室设计

开敞办公室可以方便工作上的联系与协调，提高工作效率。但如声学设计不当，开敞办公室各工作台之间容易产生噪声干扰。为解决这一问题，可用具有一定高度的屏障把每个工作台加以围合，并做吸声吊顶，这不仅可以防止噪声通过顶棚反射传播，而且可以控制办公室的混响时间及降低室内噪声级。

为提高语言私密性及减少相互干扰，还可以在开敞办公室用扬声器播放无意义的宽频噪声，以对语言声进行掩蔽。由于决定语言清晰度的频率成分主要分布在 250 ~ 4000Hz 范围内（最主要的是 500 ~ 2000Hz 范围内）。为改善掩蔽效果，掩蔽声应覆盖 250 ~ 4000Hz 频率范围，其频谱应

与语言声频谱相近。掩蔽声太低不足以保证相邻工作区之间的语言私密性；反之，掩蔽声太高，又会引起人们的烦恼。通常可把掩蔽声级控制在 40 ~ 50dBA 之间。

2. 旅客等候厅声学设计

很多人有过这样的感受，在候车（机、船）厅里听到广播通知，可就是听不清其中内容或听起来十分费劲。这是由于候车厅一般容积比较大，在未进行适当的吸声处理的情况下，混响时间过长导致语言清晰度降低。旅客等候厅的混响时间可控制在 1.0 ~ 1.2s 范围内，以便满足语言清晰度要求，混响时间频率特性没有特别要求。通常可在等候大厅做吸声吊顶，如矿棉板吊顶或用大穿孔率穿孔板后铺 50mm 厚超细玻璃棉做吊顶。吸声吊顶还可以降低等候大厅内的总体噪声水平，有助于创造一个舒适、文明的等候空间。此外，服务于等候大厅的播音室亦应满足一定的要求，具体设计方法可参考本书第十五章。一些公共建筑的门厅、宾馆大堂等场所往往人员进出较多，有时还播放背景音乐，有的宾馆大堂还举行钢琴演奏等活动。在这些空间宜作适当吸声处理把混响时间控制在 1.0s 左右，有利于创造较安静的环境气氛。

第18章 Acoustic Design of Outdoor Public Performance Spaces
户外公共观演空间声学设计

18.1　概述

　　城乡公共观演空间是城市与乡村中一类很重要、不可缺少的公共活动空间。诚然，现在许多观演活动是在专门的观演建筑如剧院、音乐厅室内进行的。就广义而言，这类室内观演建筑也可归入城乡公共观演空间的范畴，然而本章所要讲述的仅限于户外的比较方便公众参与的公共观演空间，如室外音乐棚、露天音乐台、戏台、露天舞池、音乐喷泉之类的演出场所。这类空间之所以重要，是因为它们能够促进居民的交往，丰富城乡文化生活，活跃城乡气氛。同时这类设施与专门的观演建筑相比，具有投资少、观众量大，免费或票价低廉，方便公众参与，不设空调，特别适合夏季气候及南方炎热地区使用等优点。为响应城市更新与乡村振兴的国家需求，不断夯实人民幸福生活的物质基础，使得人民精神文化生活更加丰富，在城乡规划与设计中，应注意安排这类公共观演空间。

　　户外公共观演空间的设立具有悠久的历史传统。中外建筑史上都可看到这类公共观演空间的实例。绪论中我们谈到的古希腊与古罗马的露天剧场，都属于户外公共观演场所。文艺复兴时期，欧洲城市中出现的旅馆庭院式剧场及城市街道广场型剧场，也都是典型的例子。以奥地利因斯布鲁克著名的金屋顶街道剧场为例。它位于一条短街尽端的一个扩充部，并与另两条弄堂相连，在这里搭设临时舞台。迎面街道两侧的建筑物渐次向外缩进，以便楼上居民可以看清舞台上的表演。其余观众则会聚在街上观看表演（图 18-1）。

　　在我国，从殷代的"宛丘"、汉代的乐坛、两晋南北朝寺院的乐舞、隋唐时期的戏场和乐棚，直至宋代的露台等均属于在城市中举行公共观演活动

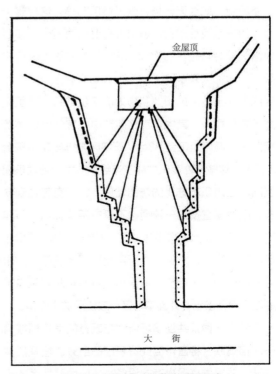

图 18-1 因斯布鲁克街道剧场平面示意

的场所及设施。金、元以后，民间出现大量戏台建筑，一直流传至近代，成为城乡公共观演活动的主要场所，并且在世俗文化生活中起到重要的作用。

凡此种种，都说明在城市和乡村中开辟公共观演空间，是中外建筑史的共同特征之一，可谓源远流长。这充分说明了公共观演空间在城乡生活中的重要性以及在城乡规划设计中设置这类活动空间的必要性。

18.2　公共观演空间的新发展

除了前述历史上遗留下的一些城市公共观演空间的形式得到继承、改造和发展外，当代城市中也出现了一些新型的公共观演空间。

20 世纪 80 年代，随着西方流行音乐的风行，为了活跃城市文化生活，提供给市民以更多的娱乐选择，美国和西欧一些城市兴建了不少新型的露天观演场所，如露天剧场、露天音乐棚等。这种露天音乐棚一般包括乐台、前部设有遮棚的座位区和后部露天草坪座位区。例如 1986 年建成的美国麻省曼斯菲尔德大森林演艺中心室外音乐棚及 1991 年建成的北卡罗来纳州罗利市郊的沃尔纳特·克里克露天音乐棚等。其中大森林演艺中心室外音乐棚遮棚区末排座席距乐台 38m，草坪区末排座席距乐台 150m。这些户外音乐棚成了炎热季节世界各地乐团巡回演出时乐于选择的演出场所。它具有容纳观众多、门票便宜及空气流通、不设空调等优点。每年 5 ～ 9 月，演出场次多达 45 ～ 70 场。演出节目包括民歌、歌剧、交响乐直至重金属摇滚乐等。演出时一般遮棚区内用自然声演出，有的乐队则靠自带的电声设备演出，外面草坪区一般使用扩声设备。

另有一种公共观演场所则与既有的音乐棚或音乐厅相耦联，将音乐棚或音乐厅的部分边墙及后墙敞开，并提供高保真音响设备，使外面草坪区的观众也可观看到室内的演出，并聆听到音质良好的声音。例如美国麻省列诺克斯的唐列坞音乐棚和赛吉·奥扎瓦音乐厅，就是典型的例子。唐列坞音乐棚建于 1938 年，于 1959 年重新改建，设计了反射顶棚和音乐罩，其侧面和后面的大部分面积可以敞开，使位于外面草坪上的万名观众也可以同时聆听音乐演出。棚内还可以容纳 5121 名观众（图 18-2）。赛吉·奥扎瓦音乐厅建于 1994 年 7 月，其后墙可完全敞开。厅内容纳 1180 名观众，另有 2000 名观众则位于户外呈浅碗状的草坪上。他们通过电声系统收听并观看音乐演出。

国外许多露天剧场、露天舞台等都配备有音乐罩，以加强声音的反射。设置音乐罩一方面可以改善舞台区乐师和演员的相互听闻，促进音乐声在舞台区的扩散、平衡和融合，并最终将平衡、融合的声音投向观众席；另一方面可提供给观众区丰富的早期反射声，提高观众区声音的响度。

城市公共观演活动，并不局限于听音乐、观看戏剧和歌舞表演，还包括电影、魔术、杂技、武术、时装表演以及动物表演等。此外，随着艺术科技的发展，已出现并将继续出现越来越多新型的观演艺术形式。例如新加坡圣陶沙公园，就设有音乐喷泉观演场所。该音乐喷泉位于一个台地上，观众则安排在与之相对的层层看台上。音乐通过电声系统播放，喷泉随音乐翩翩起舞，千姿百态，配以五色灯光，更是美不胜收。音乐喷泉吸引了当

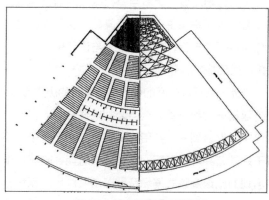

图 18-2　美国唐列坞音乐棚平面

地居民和大量游客，成为新加坡一处著名的观演场所。除了音乐喷泉外，新型的高科技观演活动尚包括激光音乐表演、大屏幕彩色电视和立体声音乐表演、声景以及虚拟立体场景演示等。所谓声景（Soundscape），指的是通过环绕声技术，在有限空间范围内逼真地再现诸如森林、海洋或音乐厅等场合的三维立体声场。现在的环绕立体声技术已可以模拟著名音乐厅的音质，达到几可乱真的程度。三维虚拟场景将是新型的观演艺术形式。它以光盘软件的形式提供，通过多媒体技术在大型屏幕上演示各种虚拟的立体场景。

近年来，笔者首次在国际上提出"光景"（Lightscape）的概念。"光景"是视觉景观中的一个特殊方面，即指主要由光源、光影及其变化所构成的景观。同时，笔者总结本人及其团队多年来在声景、香景和光景领域的学术成果，首次提出"三景"融合的多元景观理念。城市公共观演活动，也越来越重视声景、香景与光景的营造与融合。

城市公共观演活动还包括面大量广的多种群众自娱性与参与性的活动，如卡拉OK演唱、歌咏、交谊舞、健美操、武术等。现在我国许多城市的居民，特别是退休的老年人，乐于开展此类活动，但往往苦于没有合适的场地和空间。这不仅妨碍了这类有益于身心健康的文化娱乐活动的广泛开展，而且容易对邻近居民造成干扰，引起矛盾和纠纷。这一问题应当在居住区规划和设计时加以研究解决。

最后，城市观演活动还应包括一些街头艺人的表演。他们多利用街道、广场、车站等空间流动演出，并无固定的场所。

18.3　公共观演空间的声学设计

由于观演活动多种多样，因此，公共观演空间也应该有多种类型和形式，有不同的等级、规模和面积。既可以有专门性的观演空间，如音乐喷泉等，也可以有多功能的观演空间，可供进行多种观演活动；既可以是固定的场所，也可以是半固定或临时性的，在规划和设计时，宜作通盘考虑。特别是在设计广场、公园、公共绿地、旅游景点等公共活动空间时，应注意考虑与观演空间的结合，达到功能上的兼容性与多样统一。图18-3为美国旧金山古拉德利广场平面。由于在该广场上设置了音乐台，从而增加了广场的功能。

为了取得良好的听音与视觉效果，户外公共观演场所本身往往需要较低的背景噪声，不希望受到邻近噪声源的干扰。同时，这些场所对于附近居民又是一种噪声源，因为许多音乐歌舞演出本身声级就高，尤其是一些流行音乐以及其他利用扩声设备的演出，

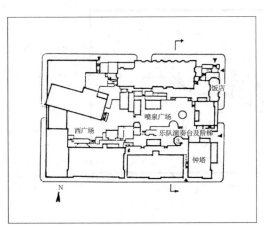

图18-3 旧金山古拉德利广场平面

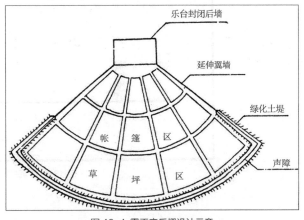

图18-4 露天音乐棚设计示意

更具有高分贝声级，加上观众的人群噪声，容易对周围的居民生活造成干扰。因此，在选址与设计时，应注意这些问题，要进行必要的环境评价和预测，据此采取必要的隔声降噪措施。前述美国大森林演艺中心和沃尔纳特·克里克露天音乐棚建成后，就曾引起周围居民的抱怨，有的甚至威胁要将它们关闭。尤其是夜间重金属摇滚乐的演奏，最高声级达 112dB，更使周围近 5km 的住户受到影响。后来签订协议，规定最高声级在帐篷座席区为 105dBA，在草坪区为 95dBA 并设置连续自动监听系统，使之不超标，同时在周围建声障等隔声设施，才使附近居民接受它。

若要建立露天音乐棚之类的设施，选址时应注意不要设在稠密住宅区，并注意使乐台的朝向避开居民区和其他敏感区域，可面对机场及工业区等。乐台应采用封闭后墙并建张开的延伸翼墙。草坪区最好能选择碗状地形，在其后部筑绿化土堤，或在堤上再建声障隔声（图 18-4）。电声设备宜选用指向性强的声柱或采用分散布置的扬声器系统，尽量减少对听众区以外方向的声能辐射。此外，采取较严格的最高声级限制和必要的限时演出的管理措施，以保证邻近区域的环境噪声不超标。

在居住区开辟供居民开展健身操、交谊舞或武术等活动的场地时，可利用一些较不怕吵的建筑作为防噪障壁建筑，围合出一定的僻静区域，以减少

伴奏音乐对邻近居民的干扰。

音乐罩在露天音乐演出场所具有良好的声学效应，建议在较重要的公共观演场所的舞台上设置。音乐罩分固定的端室式音乐罩及易装卸的分离式音乐罩两大类（参看第 12 章中关于音乐罩的设计一节）。音乐罩设计时应作仔细的声线分析，使声音有效地投射至观众区。观众席位应有足够的升起，同时采用半圆形、扇形等平面，或伸出式、岛式舞台等设计，使观众席尽量接近乐台区。较重要的演出场所应设音控室，放置电声及影像设备。对扬声器等设备系统，应有可靠的防护设施。

除了采用高出地面舞台式布置方式外，为便于观众参与，有的公共观演场所，如露天舞池、健身场地等还可采用下沉广场式的布置方式，并在周围设台阶式看台。这样，观众视线、声线不受遮挡，可看清场地上的表演，同时又可随时参与其中的活动（图 18-5）。

只要我们在城乡规划与设计中注意设置公共观演空间，做好声环境设计（包括音质设计和噪声控制），并重视多元景观营造，城乡居民生活将更加丰富多彩，我们的城市和乡村将更加勃勃生机与充满活力，同时，可以为建构生态文明时代多元景观体系，弘扬中国传统文化，提升人居环境品质做出贡献，更能适应新世纪艺术科技发展的新潮流。

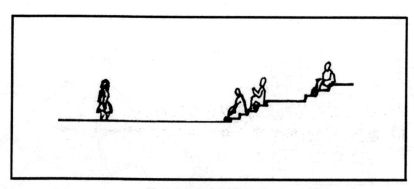

图 18-5 下沉式观演场所示意

第19章 Electro-acoustic System 电声系统

从剧场、会堂中的扩声系统，到车站、空港、宾馆中的有线广播，再到普通住宅中的对讲门铃、电话、家用音响，电声设备无所不在，成为建筑中满足其使用功能要求的不可缺少的一个部分。同时，它也要求建筑设计为其创造一个适宜的建筑声学环境，并提供必需的安装、使用空间。一般建筑中的电声系统可分为以下几类：

（1）广播通信系统：包括有线广播、灾害报警、避难诱导系统以及有线和无线电话等。其用途是远距离通信。特点是对信号只要求清晰度，不要求高的保真度。

（2）扩声系统：将语言、音乐等信号通过传声器拾音，放大器放大，再由扬声器发声。主要用途是在房间较大、声源声功率级较小的情况下将声音放大。它要求有较大的声功率，并有较高的保真度。

（3）重放系统：将录制在磁带、电影胶片、激光唱片等录音介质上的声音经过还音、放大，再由扬声器发出。如电影回音系统以及宾馆、饭店背景音乐系统等。一般剧场、体育馆等扩声系统都配备录音机、激光唱机等还音设备。

（4）音质主动控制系统：由传声器拾音，声处理设备加工（如延时、加混响），放大器放大，再由扬声器在所需位置和方向发声。其作用在于弥补建筑声学的不足和创造所要的音质效果。

重放系统、音质主动控制系统所用大部分设备与扩声系统相同，并且扩声系统一般兼有重放功能，故这里主要介绍扩声系统。

本书侧重于对扩声系统原理的介绍，使读者对扩声系统有一个初步认识，在建筑声学及建筑设计中有更好的配合。构成扩声系统的电子设备发展很快，各个生产厂家的产品也各有特点，读者想深入了解扩声系统，可阅读有关专业介绍扩声系统的书籍和文章。

19.1 扩声系统

1. 扩声系统的组成

最简单的扩声系统包括传声器、带前置放大和电压的功率放大器及扬声器三种设备（图 19-1）。小型会堂使用这样的系统即能满足扩声要求。

剧场、多功能厅、综合性体育馆的扩声系统一般以调音台为中心。信号源除传声器外，还有卡座、

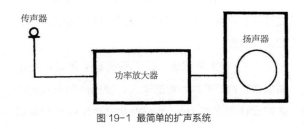

图 19-1 最简单的扩声系统

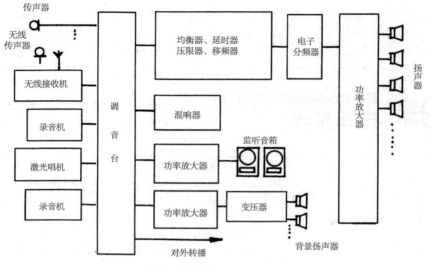

图 19-2 较完善的扩声系统

激光唱机及收音机等。从调音台输出的信号在到达功率放大器前，由频率均衡器、延时器、混响器、分频器等设备作进一步加工处理后，经功率放大器放大，最后由扬声器转换成声音发出。图 19-2 为一套较为完善的扩声系统框图。

2. 扩声系统评价指标及标准

扩声系统评价指标有以下几个：

（1）传声增益：指传声器离测试声源一定距离（语言扩声为 0.5m，音乐扩声为 5m）拾音，扩声系统逐渐增加音量，当刚达到产生自然啸叫状态后再降 6dB，即达到最高可用增益。此时，观众席上的平均声压级与传声器处的声压级差值即为传声增益。

（2）传输频率特性：扩声系统达到最高可用增益时，观众席上的平均声压级对于传声器处声压级的频率响应。

（3）最大声压级：扩声系统置于最高可用增益状态，调节扩声系统的输入，使扬声器输入功率达到设计功率的 1/4，此时观众席声压级平均值加

6dB 即为最大声压级。

（4）声场不均匀度：扩声时，观众席各处声压级差值。

（5）总噪声级：扩声系统达最高可用增益，但无有用声信号输入时，听众席处噪声声压级平均值。

（6）早后期声能比：扬声器系统发出猝发声衰变过程中，厅堂内各测点 80ms 以内声能与 80ms 以后的声能之比的以 10 为底的对数再乘以 10，单位为 dB。

《厅堂扩声系统设计规范》GB50371—2006 对文艺演出类扩声系统、多用途类扩声系统及会议类扩声系统的声学特性指标分别作了规定，主要内容见表 19-1 ～ 表 19-3，详细内容可参阅设计规范。

2011 年发布的推荐性标准《厅堂、体育场馆扩声系统设计规范》GB/T28049—2011 扩声系统特性指标增加了语言传输指数（STIPA）及总噪声级。适用范围增加了体育馆和体育场。该规范中，文艺演出类、多用途类、会议类扩声系统特性指标要求与《厅堂扩声系统设计规范》是一致的。

文艺演出类扩声系统声学特性指标 表 19-1

等级	最大声压级 (dB)	传输频率特性	传声增益 (dB)	稳态声场不均匀度 (dB)	早后期声能比	系统总噪声级
一级	额定通带内：≥ 106dB	80 ~ 8000Hz 的平均声压级为 0 dB，在此频带内允许范围：- 4 ~ 4dB，40 ~ 16000Hz 频带内允许一定的放宽	100 ~ 8000Hz 的平均值≥ -8dB	100Hz 时 ≤ 10dB；1000Hz 时 ≤ 6dB；8000 Hz 时 ≤ 8dB	500 ~ 2000Hz 内 1/1 倍频带分析的平均值≥ +3dB	NR - 20
二级	额定通带内：≥ 103dB	100 ~ 6300Hz 的平均声压级为 0 dB，在此频带内允许范围：- 4 ~ 4dB，50 ~ 12500Hz 频带内允许一定的放宽	125 ~ 6300Hz 的平均值≥ -8dB	1000Hz、4000Hz ≤ 8dB	500 ~ 2000Hz 内 1/1 倍频带分析的平均值≥ + 3dB	NR - 20

多用途类扩声系统声学特性指标 表 19-2

等级	最大声压级(dB)	传输频率特性	传声增益 (dB)	稳态声场不均匀度 (dB)	早后期声能比	系统总噪声级
一级	额定通带内：≥ 103dB	100 ~ 6300Hz 的平均声压级为 0 dB，在此频带内允许范围：- 4 ~ 4dB，50 ~ 12500Hz 频带内允许一定的放宽	125 ~ 6300Hz 的平均值≥ -8dB	1000Hz 时 ≤ 6dB；4000 Hz 时 ≤ 8dB	500 ~ 2000Hz 内 1/1 倍频带分析的平均值≥ + 3dB	NR - 20
二级	额定通带内：≥ 98dB	以 125 ~ 4000Hz 的平均声压级为 0 dB，在此频带内允许范围：- 6 ~ 4dB，63 ~ 8000Hz 频带内允许一定的放宽	125 ~ 4000Hz 的平均值≥ -10dB	1000Hz、4000Hz ≤ 8dB	500 ~ 2000Hz 内 1/1 倍频带分析的平均值≥ + 3dB	NR - 25

会议类扩声系统声学特性指标 表 19-3

等级	最大声压级 (dB)	传输频率特性	传声增益 (dB)	稳态声场不均匀度 (dB)	早后期声能比	系统总噪声级
一级	额定通带内：≥ 98dB	125 ~ 4000Hz 的平均声压级为 0 dB，在此频带内允许范围：- 6 ~ 4dB，63 ~ 8000Hz 频带内允许一定的放宽	125 ~ 4000Hz 的平均值≥ -10dB	1000Hz、4000Hz ≤ 8dB	500 ~ 2000Hz 内 1/1 倍频带分析的平均值≥ + 3dB	NR - 20
二级	额定通带内：≥ 95dB	125 ~ 4000Hz 的平均声压级为 0 dB，在此频带内允许范围：- 6 ~ 4dB，63 ~ 8000Hz 频带内允许一定的放宽	125 ~ 4000Hz 的平均值≥ -12dB	1000Hz、4000Hz ≤ 10dB	500 ~ 2000Hz 内 1/1 倍频带分析的平均值≥ + 3dB	NR - 25

19.2 扩声系统常用设备

1. 传声器

传声器是一种将声信号转变为相应电信号的换能器，也叫话筒或麦克风。传声器的种类很多，在扩声中常用的有动圈式传声器、电容传声器、铝带式传声器和驻极体电容式传声器等。

动圈式传声器在其前部有一膜片，膜片后连接可移动线圈，嵌入永久磁铁环形缝隙中（图19-3）。当膜片在声场内受声波作用而振动时，线圈在磁场内作往返运动，切割缝隙中的磁力线，于是在线圈内产生微量的电信号，使声能转换成电能。由于动圈式传声器价廉耐用，故得到普遍的应用。

电容式传声器内有一块膜片式的极板和一块固定式的后极板组成极头（图19-4）。极头所需极化电压为50～200V。膜片在声场内受声波作用而振动，导致极板间电容量发生变化，引起负载电阻上的电流变化。电容式传声器极头电阻抗很高，约16～15mΩ。在这样高的阻抗下直接传输信号是不现实的，因此，在传声器内要有一个小型前置放大器，以取得较低的输出阻抗。由于电容传声器具有高保真度、高灵敏度、高信噪比等特点，所以在音质要求较高的场所经常被选用。

传声器是扩声系统的第一个环节，应该具有较高的质量并满足不同条件下扩声的要求。传声器的技术特性指标有：灵敏度、频率响应、指向特性、输出阻抗和动态范围等。此外，使用中还要求传声器性能稳定、结构牢固、使用方便。

（1）灵敏度：灵敏度是表明传声器声电转换本领的重要指标。通常说的灵敏度是传声器的轴向灵敏度，即在自由声场中正弦形声波由声轴方向入射时，传声器开路输出电压和输入声压的比值，单位为毫伏／帕（mV/Pa）。动圈式传声器的灵敏度在1mV/Pa左右，电容传声器的灵敏度较高，测量用电容传声器的灵敏度可达25～50mV/Pa。

（2）频率响应：传声器灵敏度随频率变化的情况称为频率响应，简称"频响"。它是反映电声设备或系统在电声信号转换或放大过程中对频率特性改变程度的一个重要指标。一般未指明的频率响应都是指声波0°入射时的频响。普通动圈式传声器中频段（大约300～3000Hz范围）比较平直，低频和高频灵敏度逐渐下降。电容传声器的频响可以从低频到高频很宽的频率范围内保持平直。频响一般用频响曲线表示，如图19-5所示，或用频率范围加上不均匀度表示，如某传声器为（20～46000）Hz±2dB。一般要求传声器频响曲线在使用频率范围内尽量平坦，即不均匀度小些。

（3）指向特性：传声器灵敏度随声波入射方向而变化的特性称为传声器的指向特性。指向特性与频率有关，频率越低，指向特性越弱；频率越高，

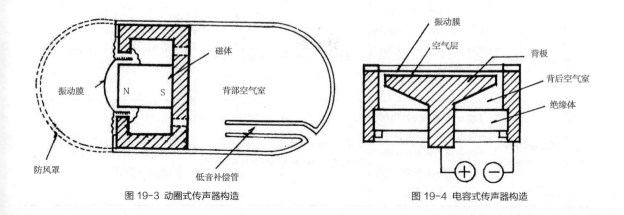

图19-3 动圈式传声器构造　　　　　　　　图19-4 电容式传声器构造

指向特性越强。一般用指向性图案（图 19-6）或正背差（传声器正面与背面灵敏度之差）表示。

（4）输出阻抗：传声器有一定的内阻，从输出端测得的交流阻抗就是该传声器的输出阻抗。根据输出阻抗大小不同，传声器分为高阻和低阻两种类型。输出阻抗 50～600Ω 的为低阻传声器；1～50kΩ 的为高阻传声器。

传声器的选择，应根据使用要求和传声器特性确定。一般的语言扩声，并不需要使用过分昂贵的传声器，可选用动圈式传声器；音乐扩声或录音，要求传声器有很好的频率响应，可选用电容传声器。会议扩声或大厅混响时间过长时应选用强指向性传声器，以减少声反馈，防止啸叫。音乐扩声和录音，除使用有指向性传声器外，还需要无指向性传声器，以拾取整体效果。

2. 扬声器

扬声器的作用是把电信号转化为声信号。扬声器主要有两类，一种是直射式扬声器，它通过振动膜片直接把声波辐射到空气中，图 19-7 为这种扬声器的构造图；另一种为号筒式扬声器，其膜片的振动经过号筒的耦合，再把声波辐射到空气中（图 19-8）。

扬声器或音箱的主要技术特性如下：

（1）灵敏度：给扬声器输入一定的粉红噪声（倍频带或 1/3 倍频带声能相等的连续噪声）信号电功率，在轴线上一定距离处测定声压级，换算到输入为 1W，测试距离为 1m 时所得的声压值，称为特性灵敏度，单位为帕/瓦（Pa/W）。工程中为便于计算，常用输入为 1W 时，1m 处的声压级来表示灵敏度大小。灵敏度越大，从电能转换成声能的效率就越高。

（2）频率响应：当扬声器输入电压保持不变时，在扬声器轴线方向上一定距离处声压级随频率的变化情况。频率响应一般用频响曲线表示，或频率范围加上不均匀度表示。

（3）指向特性：扬声器输入功率不变时，离扬声器相同距离的不同方向上声压级的变化情况。指向特性与频率有关。扬声器指向性一般用指向性图表示，或用辐射角加上指向性因素 Q 来表示。辐射角是以灵敏度最大的方向（通常是 0° 方向）向两侧衰减 6dB 的角度，分水平辐射角和垂直辐射角。

（4）额定阻抗：指馈给扬声器音圈的电压与音圈中的电流之比。在扩声系统设计中，扬声器额定阻抗要求与功效放大器输出阻抗相匹配。

（5）额定功率：扬声器正常工作时平均功率的

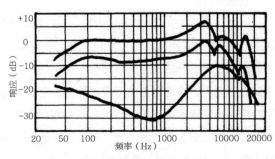

图 19-5 传声器频响曲线示例

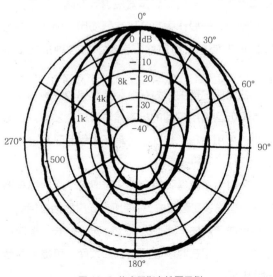

图 19-6 传声器指向性图示例

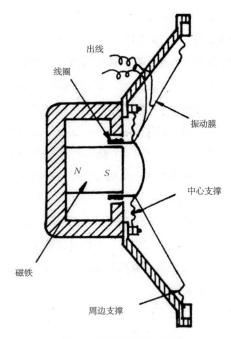

图 19-7 直射式扬声器的构造

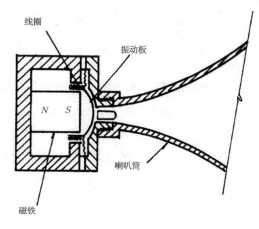

图 19-8 号筒式扬声器的构造

极限值。使用时因节目信号起伏很大，扬声器的功率要留有足够的余量。

单只直接辐射扬声器功率较小，效率也不高，但在一定频率范围内有较好的频率响应。因此，通常把多只扬声器组合在一起做成音箱，以提高功率和辐射效率。号筒式扬声器辐射效率高，音量大，但频带窄，一般作中高音扬声器使用。为适合在各种环境下使用，扬声器（音箱）有各种形式（图19-9）。

在大厅扩声中，为在全频域获得较高声功率，通常高低音采用不同的扬声器（音箱）发声。功率较小的家用音箱，往往一个箱子中组合了高、中、低频几种不同的扬声器。

有时为了获得强指向性，可把各个直射扬声器排成一直线装在音箱内，并使所有扬声器相位相同，这样就成了声柱（图19-10）。声柱越长，指向性越强。声柱用在混响时间较长的大厅，可提高声音的清晰度。

把多个音箱组合在一起做成线阵列，由于其良好的指向性控制，被广泛采用。扬声器生产厂家通过电子和物理的方法制造出具有特殊指向性的音箱，可以在混响时间较长的房间，获得较高的直达声与混响声的声能比，从而提高语言清晰度。

3. 调音台

调音台也称扩声控制桌，是扩声系统的控制中枢。调音台由传声器放大器、中间放大器及末级放大器三部分组成。

一个调音台有多个传声器放大器，一般有4路、6路、16路、24路等，根据所用信号源及传声器的多少决定调音台的通道数。调音台可对每一路输入信号的电平、频率特性进行单独控制。在各路信号的相对电平满足要求后进行混合或分组。目前，大量使用的主要为数字调音台，一般都具备各种辅助功能，包括增加混响、延时等功能。

侧墙悬挂式	吊顶扬声器	吊顶扬声器
监听用	室外用	室外用
墙上悬挂式（两面辐射式）	声柱	厅堂用组合扬声器

图 19-9　各种扬声器外观

4. 功率放大器

功率放大器（简称功放）的主要作用是把信号放大。功率放大器特性指标主要包括输入阻抗、输入电平、输出功率、额定负载阻抗、频率响应、总谐波失真及信噪比等。

5. 辅助设备

辅助设备主要作用是对信号进行加工处理。常用的辅助设备有：

（1）频率均衡器：用于调整扩声系统的频率响应，使某些频率的声音大于或小于其他频率，还可

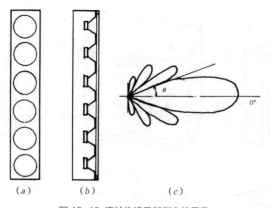

图 19-10 声柱构造及其指向性示意

（a）立面；（b）部面；（c）指向性示意

用来抑制啸叫。

（2）延时器：使信号延迟一段时间后再发出。在扩声系统中对某些辅助扬声器的信号进行延时处理，可避免声像的改变。

（3）混响器：给信号加入混响声。在某些混响时间偏短的大厅，可改善声音的丰满度。

（4）压缩限幅器：相当于一个音量控制器，是一种增益随着输入电平的增大而减小的放大器。当通过信号峰值电平首次超过门槛电平后，超出部分就被自动削去；而当信号电平超出门槛电平持续十几毫秒后，整个信号电平被压低，使信号不至于失真。

（5）激励器：通过程序控制的方法，给信号加入丰富的高次谐波，以改善音质。

目前辅助设备种类很多。它们一般在一个方面或几个方面对信号进行加工处理。随着人们对室内音质认识的深化和电子技术的发展，各种音响辅助设备将越来越多。

19.3 扩声系统设计及设备选型

1. 电声功率估算

扩声系统扬扩器所需发出的总声功率 W_s 决定

于大厅所要达到的声压级，同时与大厅体积及吸声量有关。它可根据 19-1 式估算。

$$W_s = W_0 \times 10^{(L_P - 10\lg\frac{4}{R})/10} \qquad (19\text{-}1)$$

式中　W_s——扬声器总稳态声功率，W；

　　　W_0——参考声功率（$W_0 = 10^{-12}$W，W）

　　　L_p——大厅稳态声压级，dB；

　　　R——房间常数（参见第四章），这里 R 可取 250 ~ 4000Hz 六个倍频带中心频率的平均值或近似取 500Hz 的 R 值。

在一般音乐或语言扩声中，维持正常响度所需声功率是很小的，如在一个体积为 8000m³ 的大厅中，要维持 85dB 左右声压级，所需功率只要 0.06W 即可。在扩声中，峰值功率通常是稳态功率的 10 ~ 20 倍左右。

扬声器所需的电功率 W_D，由声功率 W_s、扬声器电声转换效率及声功率的动态系数决定。

$$W_D = k\frac{W_s}{\eta} \qquad (19\text{-}2)$$

式中　W_D——扬声器电功率，W；

　　　W_s——扬声器声功率，W；

　　　k——声功率动态系数，一般 取 10 ~ 20。

　　　η——扬声器电声转换效率，一般仅为 0.5% ~ 1%。

在布置扬声器时，有时为了调整声像等原因，实际采用的扬声器功率一般要大于上述计算值。工程中，通常根据扬声器最大声压级选择扬声器及其数量。

2. 扬声器组直达声声压级与最大辐射距离计算

扩声系统扬声器组可以是声柱，也可以是组合式音箱。厅堂内扬声器组直达声的供声面大小由其辐射角所决定。轴向直达声声压级由式（19-3）计算：

$$L_{P0} = L_{P1m \cdot 1VA} + 20\lg\frac{1}{r_0} + 10\lg W_D \quad (19\text{-}3)$$

式中 L_{P0}——轴向受声点的声压级，dB；

$L_{P1m \cdot 1VA}$——扬声器组的平均轴向灵敏度，dB / m · VA，由制造厂家提供；

r_0——辐射距离，即受声点至扬声器组轴心点的距离，m；

W_D——扬声器组的额定电功率，W。

扬声器轴线一般应指向大厅后 2/3 或 3/4 处。

室内混响声有利于声场分布均匀，但过多的混响声能会降低清晰度。因此，在厅堂扩声中直达声与混响声应有一个合适的比例。若取直达声强不低于混响声强 12dB，则大厅最远座位和扬声器的距离不应超过混响半径 r_c 的 4 倍。清晰度要求较高的大厅，最大距离可选取为混响半径的 r_c 的 3 倍。

3. 扬声器系统与功率放大器的配接

关于功率放大器与扬声器系统的功率匹配，如果功率放大器功率取扬声器系统额定功率的 2~4 倍，便可获得最好的效果。这样放大器能驱动扬声器系统在它的额定功率附近工作，并留有足够的余量以使瞬时节目峰值通过。这种配接要求扩声系统操作人员训练有素，以防止偶然事件把扬声器烧坏。

一种较为保守的做法是：使放大器的输出功率等于扬声器系统的额定功率。

功率放大器按其输出方式可以分为定阻式和定压式两种。功率放大器采用定阻输出时，要求所接扬声器的总阻抗与功率放大器的输出阻抗相同，这样才能获得最大功率和最小失真。如果负载电阻抗过大，则输出功率小，同时要增大失真；如负载阻抗过小，也要增大失真，并且很容易把功率放大器烧坏。

定阻抗输出又分为低阻和高阻两类。低阻一般有 4Ω、6Ω、16Ω 等几种输出抽头。低阻输出一般用在扬声器离功率放大器较近、导线等声信号能量的损耗较小的场合。通常的厅堂扩声可用低阻输出。高阻输出通常有 100Ω、250Ω 等，扬声器端用变压器耦合。可根据扬声器的阻抗、额定功率设计专用变压器。高阻输出用于扬声器离功放较远的场合。

为使扬声器总额定阻抗与功率放大器输出阻抗匹配，可通过并串联方式达到。图 19-11 所示为两种定阻抗输出的连接。

大型扩声系统需要用多个功率放大器，分别负载不同的扬声器。有时不同的扬声器要单独控制音量，甚至馈给独立的信号，也就要由不同的功放分别负载。在总的系统中，功放数量要有备份，以便在损坏时及时切换。

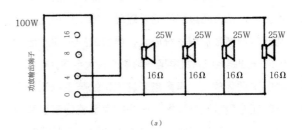

(a)

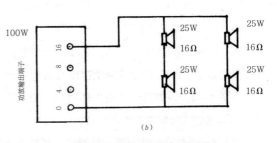

(b)

图 19-11 两种定阻抗输出的连接

功率放大器采用定压式输出时,输出内阻很低,在额定功率以内和额定阻抗以上,其输出电压变化很小,失真也很小。在定压工作方式下应该防止功率放大器严重过载。

4. 其他电声设备之间的配接

电声设备之间的连接,要注意到阻抗匹配和电平匹配两个问题。一般要求后级的输入阻抗大于前级的输出阻抗。现较多设备采用600Ω的阻抗匹配。

设备之间还应满足电平匹配。多数设备采用"零电平"匹配。"零电平"是指在600Ω负载上消耗1mW的电压值,即0.775V为0dB。

设备间的连接有平衡式和非平衡式两种。非平衡式是两根信号线中一根接地,并可兼作屏蔽线。这种连接最为简单,但容易受到干扰。平衡式连接时,两根信号线都不接地,而在负载的中间点接地,如变压器的中间抽头接地,可以使两根导线上的感应噪声相互抵消。一般要求高的系统都采用平衡式连接。

5. 反馈啸叫的抑制

扩声时,扬声器发出的声音一部分直接传至传声器,一部分经过房间的反射后反馈到传声器。这两部分声音经扩声系统放大,再次由扬声器发出,形成一闭路系统。如果某一频率的放大系数大于1,经多次循环放大,声音越来越大,就产生啸叫,严重时还会导致设备损坏。一些扩声系统尽管功率余量很大,却因为啸叫而无法提高音量。抑制啸叫的根本措施是减少扬声器发出的声音反馈到传声器。一般可通过以下方法来控制啸叫:

(1)控制大厅混响时间。混响时间过长往往是产生啸叫的主要原因。把混响时间控制在合适的范围内,可有效减少反射声反馈进入传声器,使扩声系统比较容易达到所要求的传声增益。

(2)选用强指向性传声器和扬声器,调整传声器和扬声器的相对位置,使两者互相避开灵敏度高的方向。控制易反馈扬声器的音量,例如在体育馆布置扩声系统时,将直射主席台的扬声器音量进行单独控制,必要时可降低该扬声器的音量。

(3)使用窄带均衡器,降低某些易产生啸叫的频率信号的增益。

(4)对于周边布置的会议室扩声,对传声器和扬声器信号合理分组,减少扬声器对传声器的反馈。

(5)使用"移频器",使整个扩声系统的输出信号比输入信号提高几个赫兹(一般为1~4Hz),破坏原来系统可能产生反馈啸叫的条件。但采用这种方法可能降低系统的保真度。

(6)采用压缩限幅器,使信号过大时系统自动降低增益。

19.4 扩声系统扬声器的布置与安装

扬声器布置直接影响扩声声环境的质量。室内扬声器布置的原则是:

(1)使整个观众席声压级分布均匀;

(2)观众席上的声源方向感良好,即观众听到的声音应与看到的讲演者、表演者等声源的方向一致;

(3)控制声反馈以防止啸叫,并避免产生回声和颤动回声;

(4)扬声器辐射角应交迭覆盖全部观众席。

扬声器布置方式应根据使用性质、室内空间的大小和形式来决定,一般分为集中式、分散式及混合式三种。

1. 集中式

把扬声器集中布置在观众席前方靠近自然声源的地方,如剧场、报告厅的台口上方或两侧(图

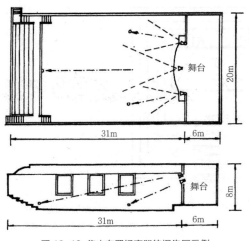

图 19-12 集中布置扬声器的报告厅示例

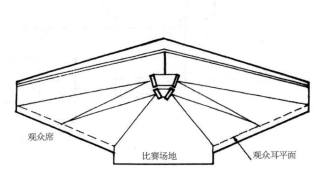

图 19-13 集中布置扬声器的体育馆示例

19-12）；体育馆比赛场地中央上方（图 19-13）。一般可使扬声器产生的声压级比自然声源发出的声压级高 5 ~ 10dB，而时间比自然声级延迟 10 ~ 15ms，使听众感到声音仍来自自然声源。这种布置的优点是声源方向感好，清晰度高。集中式布置适合于容积不大、体形比较简单的厅堂。

2. 分散式

当房间面积较大、平面较长、顶棚又低时，采用集中式布置就不能满足声场分布均匀的要求。这时可把扬声器分区布置在吊顶或侧墙上。这种方式可以使声场分布很均匀，清晰度高，但声音的方位与自然声源的方位较难取得一致。为改善方向感，应对各路扬声器信号分别进行延时，使来自自然声源方向的声音先到达听众（图 19-14）。此外，采用分散布置时，扬声器之间辐射的波束宽度要相互重叠一半，以覆盖整个观众席。

当大厅容积很大，或混响时间很长时，也可采用分散布置法，使扬声器靠近观众席，提高直达声强度。

3. 混合式

对于一些多功能厅及一些规模很大的厅堂，常采用集中与分散相结合的方式布置扬声器。这样可使大厅的后部或较深的挑台下空间等处也能获得足够的声压级。这时辅助扬声器的音量要调小一些，并且宜有一定的延时。扬声器布置在台口上方，使前排观众感到声音来自头顶，可能产生压顶感。为此，可同时在台口两侧和舞台边增加扬声器，以改善前区观众席的方向感。图 19-15 为一多功能厅扬声器布置图。图 19-16 为一采用混合式扬声器布置的体育馆。

扬声器的安装有暗装和明装两种。扬声器暗装时，开口应足够大，外部罩面应用金属板网或喇叭布等透声材料。扬声器四周宜封闭，背后宜放置吸声材料（图 19-17）。扬声器安装宜牢固、稳定，以免箱体发生振动。扬声器特别是低频扬声器体积较大，建筑设计时应预留安装空间。

19.5 扩声系统对建筑设计的要求

厅堂建筑声学条件和扩声系统共同决定音质的好坏。为有良好的扩声效果，要求厅堂有合适的混响时间及频率特性，声场有一定的扩散，具有低的背景噪声和无回声、多重回声、声聚焦等音质缺陷。

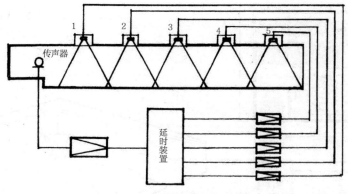

图 19-14 扬声器分散布置

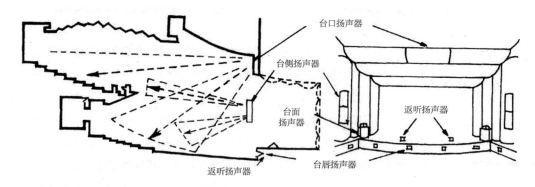

图 19-15 扬声器混合式布置的多功能厅

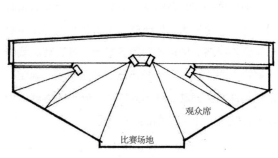

图 19-16 扬声器混合式布置的体育馆

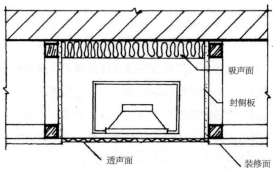

图 19-17 扬声器暗装方式

第 9 章所介绍的对自然声合适的建声条件对扩声同样适用，由于扩声时，声源功率足够大，厅堂容积可不受限制。

扩声系统对建筑设计的要求：一是要求在建筑设计中预留安装扬声器的位置。暗装扬声器的饰面应完全透声，可为铝板网或喇叭布。二是要安排好扩声控制室的位置及面积大小。

控制室用于对扩声系统进行控制和监听。扩声系统调音台及其他周边设备一般都布置在控制室内，对于小型扩声系统，功率放大器也可能会设置在控制室内。扩声控制室应能通过观察窗直接观察到舞台活动区以及大部分观众席。剧场、会堂等的控制室可设在舞台一侧挑台上或观众厅后面。控制室设在台侧的优点是与舞台联系方便；缺点是不能看到观众席，也不能根据直接聆听观众厅内的声音进行调整。控制室设在观众厅后面的优点是能看到整个舞台和观众席；缺点是离舞台较远，联系不便，而且传声器电缆较长，安装比较麻烦。最好的做法是把调音部分设在观众厅内比较中心的位置，调音师可听到观众厅现场声音，视线也好，监听直观可靠，这种方式要尽可能减少对场内观众的影响。体育馆内，一般主席台与裁判席相对设置，扩声控制室应布置在主席台、裁判席的侧面。

一般控制室最小净面积应大于 15m²，高度和宽度的最小尺寸要大于 2.5m。

观察窗要足够大，使控制人员能看到主席台和 2/3 以上的表演区。靠近观众厅的控制室，观察窗应能开启，以便能直接听到厅内声音。为了使地板不易受潮，并具有良好的绝缘性能，地面最好铺木地板。控制室内设敷线地沟，地沟净深约 10cm，宽度应大于 20cm，内衬铁皮以防鼠、防潮及便于接地，同时应装活动盖板，见图 19-18。控制室顶、墙宜有一定吸声，以改善监听条件。控制室应有良好的通风，或设有空调。图 19-19 为扩声控制室一例。

扩声控制室应设独立的地线。扩声控制室不应靠近可控硅调光室，以防止可控硅对扩声系统的干扰。

19.6 室内音质主动控制

利用电声设备改善室内音质或创造某种特定的声学效果，被称为音质主动控制。音质主动控制主要分两个方面：一是增加早期反射声，并改善反射声分布；二是增加房间混响声能，延长混响时间。增加反射声的方法非常简单：在声源附近布置传声器拾取直达声，将声信号经过放大并根据需要进行延时处理后，再由扬声器在特定位置按所需方向发出即可（图 19-20）。这一系统可称为电子反射声系统。

若置传声器于混响声场中拾取混响声，经放大、延时后再由扬声器在大厅的发出，就能提高室内混响声能，起到延长混响时间的作用（图 19-21）。当然，这样一个简单的回路在增益很小时，并没有实际应用价值。当增益提高时，将使系统稳定性变差，并出现声染色现象，而使音质失去自然性。要使一个混响延长系统能被人们所接受，必须具备三个条件：

（1）系统的稳定性好；

（2）系统音质的保真性佳；

（3）系统的可控性强。

最早在厅堂中使用人工混响系统（称为受援共

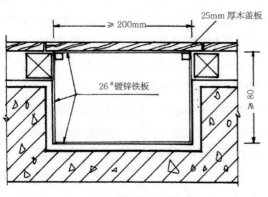

图 19-18 控制室敷线地沟构造

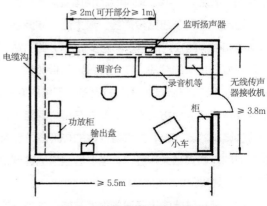

图 19-19 扩声控制室设备布置及尺寸

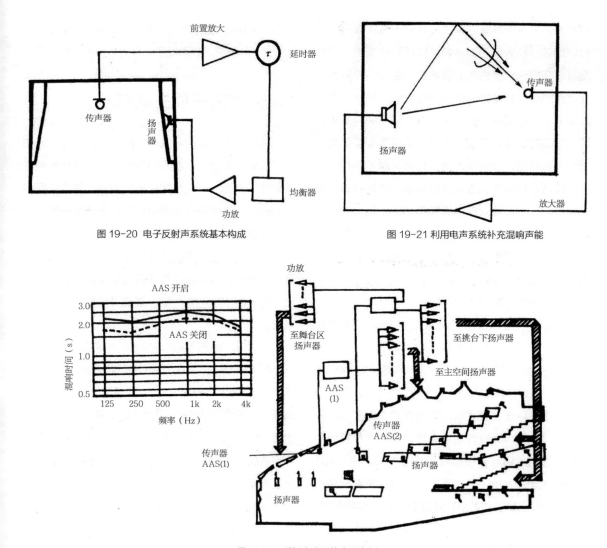

图 19-20 电子反射声系统基本构成

图 19-21 利用电声系统补充混响声能

图 19-22 受援音响系统应用实例

振系统）的是 20 世纪 50 年代的英国皇家节日音乐厅。当时，采用了包括传声器、放大器、滤波器、移相器和扬声器在内的电声回路多达 172 路。每一回路对应一极窄的频段。在低频段，两相邻频率的间隔仅为 1 ~ 2Hz。通过分别控制各个回路的增益，来避免声染色。为防止各路交叉，在每个回路上使用特性陡峭的滤波器，并将各回路的传声器分别装在对应的亥姆霍兹共振腔内。通过这些措施达到良好的音质效果。

用于延长混响的电子设备很多，如日本雅马哈

公司的受援音响系统 AAS（Assisted Acoustic System）。它通过内部电路，可产生一个反射声系列，不仅能提高混响声能，还能用于增加前次反射声。AAS 采用四个一组的传声器阵，根据实际需要决定所使用的传声器阵组数，一般为 1~4 组。当用于提高混响声能时，传声器应布置在混响声场内。当用于增加前次反射声时，传声器应靠近声源。图 19-22 为该系统在一多功能厅内应用的实例。

电子科技的发展，给声场主动控制的发展提供了技术基础。目前，技术比较成熟，国际上应用十

声场控制技术的应用   表 19-4

系统名称	应用对象	应用目的
• Constellation 系统 • Vivace 系统 • 受援音响系统 AAS • 多通道混响延长系统 MC • 电子反射声系统 ERES • 延时／混响系统 • Delay/Rev • 混响请求系统 • RODS (Reverberation On Demand System)	多功能大厅	扩展大厅功能，满足多种使用要求
	扇形大厅	改善大厅音质的空间感
	音乐教学、练习用房	创造可调音响环境，满足音乐教学要求
	多用途体育馆	对大容积、强吸声的大厅，提高其声级、延长其混响时间
	历史性建筑	在不改变内部装修的情况下，改善其音质
	教堂	控制管风琴演奏时的混响时间
	大厅挑台下空间	改善挑台下空间的音质
	舞台、演奏台	代替舞台反射板 改善演出区听音条件
• 待尔塔话筒 • 幻像舞台 （Vision-Stage）	歌剧院	加强来自舞台的直达声
	剧 场	改善声像定位
	露天剧场	在自由场中创造反射声及混响声

分广泛的是 Meyer Sound 公司的 Constellation 系统，其核心为 VRAS 技术，VRAS 技术最先由 Mark Poletti 博士发明。它采用了一个强大的 DSP 引擎，来产生多通路混响和早期反射，并对信号进行混频、处理和路由分配。Constellation 能够精确产生早期反射和混响的能力让它能够灵活地满足多种声学需要。系统功能十分强大，既可用于延长混响时间，又可用于增加观众厅早期反射声，还可用于改善舞台区听闻条件等。该系统需要使用大量传声器，用于拾取舞台上的直达声和观众厅混响声。

BBM 公司的 Vivace 系统是另一个应用广泛的系统，它通过给舞台上拾取的直达声卷积一个事先准备好的脉冲响应，再放回大厅，以此获得较长混响。卷积用的脉冲响应选择十分重要，通常在国际著名大厅录制。当一个观众厅使用了某个著名大厅的脉冲响应，可以说，具有了该著名大厅的基因。Vivace 系统在我国有应用，混响时间增长明显。根据大量专业人员试听，认为音质自然，效果很好。

用于增加反射和延长混响时间的电子系统还有多通道混响延长系统 MCR（Multi-Channel Amplification of Reverberation）、电子反射声系统 ERES 以及延时／混响系统等。另外还有一些用于改善混响以外其他音质指标的控制系统，如待尔塔立体声话筒（Delta-Stereophon）和幻像舞台（Vision-Stage）等。几种声场控制系统的功能及应用对象见表 19-3。

声场主动控制技术除对信号处理要求高外，对传声器、扬声器的要求也很高，工程应用中传声器、扬声器布置同样重要。以目前的电子技术和电声设备来处理室内声场，某种意义上，具有无限可能，因此，系统调试变得非常关键，要求调试者不仅熟悉系统技术，而且要有非常好的音质审美能力。此外，建筑声学及内部装修的配合必不可少，房间原始混响时间宜短一些，并且混响时间频率特性平直，把系统扬声器隐蔽在装修层中，在视觉上避免给观众造成扬声器发声的引导。声场主动控制技术今后在室内声学领域应该会有更广泛的应用，但听音作为一种艺术欣赏体验，自然声仍是室内音质的追求。

第20章　Computer Simulation of Room Acoustics
室内声场的计算机模拟

在室内声场的研究中，计算机作为数据处理的重要工具，测试自动化的控制手段以及理论研究的辅助工具而获得了越来越广泛的应用。计算机室内声场模拟是计算机在室内声学中应用的一个重要方面。虽然通过声波的传播理论方程能够在一定范围内得到解析解，但是对于复杂的边界条件，解析求解波动方程依然是十分困难的；而另一种传统的研究方法——缩尺模型方法，则无论从时间、经济还是技术上，都存在着无法避免的不足。使用计算机仿真技术来研究声波在室内的传播规律，预测室内声学性质比其他传统的方法快速、高效、便利得多，因而具有重大的研究价值和应用前景。

20.1　室内声场计算机模拟技术的发展

到目前为止，室内声学计算机模拟技术主要有两大类：基于波动方程的数字计算方法和基于几何声学的数字模拟方法。前者主要包括有限元法和边界元法两种。这类方法需要很大的计算机容量，运算时间较长，尤其是对较大的复杂形状的室内空间更是如此。基于这一局限，这类直接应用波动方程的数字计算方法在室内声学中并没有获得广泛的应

用。人们更着重于探求基于几何声学的数字模拟方法，它主要包括声线跟踪法和虚声源法（亦称声像法）两类基本的模拟方法。声线跟踪法是将室内声源发出的球面波设想为由许多条声线组成，每一条声线携带一定的能量，以直线形式遵循几何声学规律传播，遇到墙面时反射，同时也损耗部分能量。计算机在对所有声线传播跟踪的基础上合成接收点处的声场。虚声源法则将声波在墙面处的反射效应用声源对该墙所形成的虚声源（声像）等效，室内所有的反射声都假定由相应的虚声源发出。声源与所有虚声源发出的声波在接收点合成总的声场。这两类方法都是基于几何声学中声波以直线形式传播这一基本假设的。

室内声场的计算机模拟自 1958 年公开发表的第一篇论文至今，已有了很大的发展。在这篇文章中，阿尔勒德（Allred）和纽豪斯 (Newhouse) 首次运用蒙特卡罗法来计算声线在边界的碰撞几率。这可以说是室内声学中计算机模拟的首次尝试。1962 年，施罗德 (Schroeder) 利用计算机模拟音乐厅的声传输特性以评价厅堂音质。但是，由于当时计算机软硬件等条件的限制，这项工作并没有引起足够的重视。1968 年，克罗斯塔德 (Krokstad) 等人首次发表了用声线跟踪法模拟室内声场的方法。他们用该方法研究音乐厅观众席上早期反射声的分布。1970 年，施罗德用声线跟踪法对两维

平面"房间"的混响过程进行了模拟。1971 年，库特鲁夫 (Kuttruff) 用声线跟踪法进行了在不同房间内混响曲线的研究工作。而利用虚声源法模拟室内声场的工作，则最早见于琼斯 (Jones) 和吉布斯 (Gibbs) 于 1972 年发表的文章。他们用虚声源法模拟了长方体房间内不同吸声量的声压分布，并通过模拟房间的实验将测量结果、模拟结果与经典公式计算结果进行了比较。第二篇有关虚声源法的文章由桑通 (Santon) 于 1973 年发表。70 年代末，阿伦 (Allen) 和伯克利 (Berkley) 利用虚声源法研究了正方体房间内声压分布的问题。至 80 年代初为止，计算机模拟技术在室内声学的研究中已开始占领了一席之地。

20 世纪 80 年代以后，随着计算机技术的突飞猛进，有更多的声学工作者涉足这一领域，促使这方面的研究成果层出不穷。研究工作主要沿着两条路线展开：一方面利用计算机模拟，对经典理论及其成立的前提进行检验，用计算机实验的形式找出房间形状、吸声材料分布、声源和接收点位置等因素对室内声场的影响的规律；另一方面，则是致力于模拟技术的实用化，将它应用于指导实际音质工程设计。

如果说室内声场计算机模拟早期工作的重点是通过模拟各种室内形状和吸声材料分布下的声场，研究混响理论，探讨室内声传播规律的话，那么随着模拟技术的不断发展，近年来则着重于对模拟方法进行改进和完善以期取得更为逼真的模拟效果。这方面的新设想和新技术屡见发表。例如维安 (Vian) 等人提出的圆锥束方法使模拟的准确度有所提高。又如日本的 Sekiguchi 提出用声线跟踪法对有限平面的反射面积积分，较好地描述了接收点"看到"的声反射情况。近来一项引人注目的成就是进入室内声场的双耳模拟阶段，并利用卷积过程将模拟处的声学性能与"干"信号源结合产生可听声。

20.2 室内声场计算机模拟的基本方法

建立在几何声学基础上的室内声场计算机数字模拟主要有两种方法：声线跟踪法和虚声源法（亦称声像法）。前者是应用声线的反射定律逐一跟踪各条声线的传播过程；后者是应用虚声源原理来确定房间界面所引起的声反射。

1. 声线跟踪法

1）声线的概念

在几何声学中，常常用声线的概念来代替声波的概念。如图 20-1 所示，将室内点声源发出的球面波假设为由许多声线组成，每条声线携带一定的声能，沿直线形式以声速传播，并遵循几何声学的规律。在遇到房间界面时，部分声能被吸收，其余的声能被反射。若界面非常光滑，则遵循镜像反射定律，即反射角等于入射角；若界面粗糙不平时，则发生扩散反射。

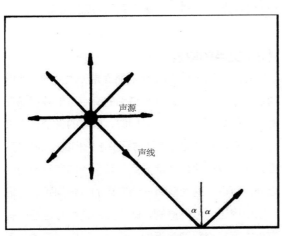

图 20-1 声线的概念

2）声线跟踪法的模拟过程

声线跟踪法首先从声线的起始点出发，沿着初始方向，确定声线的方程，然后计算该声线与房间某界面之间的交点，并按镜像反射或扩散反射的规则确定反射方向，同时有部分声能被吸收；再以反射点为新的起点，反射方向为新的传播方向继续前进，再次与某界面相交，直到满足一定的截止条件而终止该声线的跟踪，转而跟踪下一条声线。在此过程中，还可按需要考虑空气的吸声及遇到障碍物等的情况。最后，在完成对所有声线跟踪的基础上，合成接收点处的声场。

（1）声线方程的确定

从声源 (x_0, y_0, z_0) 出发，沿着（α_0, β_0, γ_0）方向角传播的声线参数方程为：

$$\begin{cases} x = x_0 + l\cos\alpha_0 \\ y = y_0 + l\cos\beta_0 \\ z = z_0 + l\cos\gamma_0 \end{cases} \quad （20-1）$$

其中 l 为大于 0 的参数。

若声源无指向性，向全空间均匀发出声线，则某一声线的方向余弦可由下式确定：

$$\begin{cases} \cos\alpha_0 = \sin\theta\cos\phi \\ \cos\beta_0 = \sin\theta\sin\phi \\ \cos\gamma_0 = \cos\theta \end{cases} \quad （20-2）$$

$$\begin{cases} \theta = \arccos(1-2r_1) \\ \phi = 2\pi r_2 \end{cases} \quad （20-3）$$

其中：
式中 r_1 和 r_2 是（0,1）区间上的随机数。

（2）声线与界面交点的计算

在计算声线与房间界面的交点时，首先要知道界面的方程。若界面是平面，则其方程为：

$$x\cos\alpha_n + y\cos\beta_n + z\cos\gamma_n - d_n = 0 \quad （20-4）$$

式中　α_n、β_n、γ_n——平面法线的方向角；

　　　　d_n——坐标原点到平面的距离。

该方程可通过输入平面的三个顶点坐标来得到。由于三点可确定一个平面，若设三个顶点坐标分别为 (x_j, y_j, z_j)、(x_k, y_k, z_k) 和 (x_l, y_l, z_l)，则有：

$$\begin{vmatrix} x - x_j & y - y_j & z - z_j \\ x_k - x_j & y_k - y_j & z_k - z_j \\ x_l - x_j & y_l - y_j & z_l - z_j \end{vmatrix} = 0 \quad （20-5）$$

将上式展开与式（20-4）联立，即可得到 $\cos\alpha_n$、$\cos\beta_n$、$\cos\gamma_n$ 及 d_n 的表达式。

把平面方程式——（20-4）与声线方程式——（20-1）联立，可解出参数 l，即从起点 (x_0, y_0, z_0) 到平面上交点处的距离：

$$l = \frac{d_n - (x_0\cos\alpha_n + y_0\cos\beta_n + z_0\cos\gamma_n)}{\cos\theta} \quad （20-6）$$

式中 $\cos\theta = \cos\alpha_0\cos\alpha_n + \cos\beta_0\cos\beta_n + \cos\gamma_0\cos\gamma_n$ 　（20-7）

若 $l < 0$，表示交点在声射线的反方向上，即实际上声线与平面并无交点；若 $l > 0$，则表示交点存在。把 l 代入式（20-1），就可得到交点的坐标。

（3）交点的取舍

由式（20-4）所表示的平面是无限大的。所以通过此式与声线方程联立得到的交点可能并不落在房间实际界面的范围内。同时，房间的各个界面都可通过各自的方程与声线方程解出它们的交点坐标，但其中只有一个是实际交点，其余的均在封闭空间之外。所以，这里就有一个交点的取舍问题。我们可采取择近而取的原则，即实际的交点必定是所有交点中离起点距离最近的。所以，可以把声线与各界面的交点——求出，取其中最小的一个 l_{min} 代人声线方程求出真正的交点。

（4）反射声线的方程

得到了声线与房间界面的交点（x_1, y_1, z_1）以后，便需确定反射声线的方程，即求出反射方向。若是镜像反射，则反射方向余弦为：

$$\begin{cases} \cos\alpha_1 = \cos\alpha_0 - 2\cos\theta\cos\alpha_n \\ \cos\beta_1 = \cos\beta_0 - 2\cos\theta\cos\beta_n \quad （20\text{-}8） \\ \cos\gamma_1 = \cos\gamma_0 - 2\cos\theta\cos\gamma_n \end{cases}$$

式中，$\cos\alpha_0$、$\cos\beta_0$、$\cos\gamma_0$ 是入射声线的方向余弦。若界面是扩散表面，则可按 Lambert 余弦定律或者其他的扩散反射规则来确定反射方向。

（5）声线跟踪的退出

声线每次碰到房间界面时，均会因吸声而损失部分能量，故一条声线在连续多次反射后不需要再跟踪下去了。一般是预先设定一个能量阈值 E，设声线的初始能量为 E_0，经过 n 次反射后，声线所携带的能量为：

$$E_n = E_0 \prod_{i=1}^{n} (1-\alpha_i) \quad （20\text{-}9）$$

式中　α_i——各界面的吸声系数。

当 $E_n < E$ 时，便可退出跟踪。此外，还可通过预设反射的次数或跟踪的时间来决定是否退出跟踪。

（6）跟踪结果的处理与输出

把房间划分成三维网格，通过计算声线进入每个网格的次数及其携带的能量，可得到声能的三维空间分布。若要求反射声的时间分布，则还要记录每个反射点的位置和出现的时序，得出脉冲响应，并进一步得到各种音质参数。跟踪结果可以数字、表格等形式输出，或更为直观地以图形的形式输出。图 20-2 表示了一种声线跟踪法的模拟流程。

2. 虚声源法

1）什么是虚声源

虚声源是声源对某个界面所形成的镜像声源。该界面可用相应的虚声源来代替，来自界面的反射声线可以看作是从虚声源发出的，见图 20-3。图中 S 是声源，R 是接收点，S' 是 S 对界面的声像即虚声源。反射声线 SOR 可以认为是从 S' 发出的。引入了虚声源 S'，界面就可被移走，其作用由虚声源 S' 来等效。这是一个界面的情况，更为复杂的情况如图 20-4 和图 20-5 所示。

图 20-4 是两个平行的界面，这时不仅增加了与界面 2 相对应的一个一阶虚声源 S_{12}，而且还有与二次、三次……反射声相等效的二阶、三阶……虚声源 S_{21}、S_{22}、S_{31}、S_{32}……因此，需要引入一个无穷多的虚声源链，才能与两个界面的各次反射作用相等效。这样，计算的工作量就大大增加了，约和 m^n 成正比，其中 m 是界面数，n 是虚声源的阶数。当然，随着阶数的提高，虚声源对接收点的声能贡献就越来越小了。通常在计算中，对三阶以上的虚声源可以忽略不计。

以此类推，如果是在一个由三对平行界面形成的矩形房间中，则房间界面的作用可以由一个三维虚声源点阵来代替，见图 20-5。图中仅画出了二维平面的虚声源点阵。

2）虚声源法的模拟过程

虚声源法首先要按照精度的要求逐阶求出房间各个界面对声源所形成的虚声源，然后连接从各阶虚声源到接收点的直线，从而得到各次反射声的历程、方向、强度和反射点的位置，并考虑各次反射时界面对声能的吸收和传播过程中空气的吸声，最终得到接收点处各次反射声强度的时间和方向分布。

声线跟踪法与虚声源法各有利弊。一般来说，声线跟踪法主要用于模拟声场某处的回声以及与声

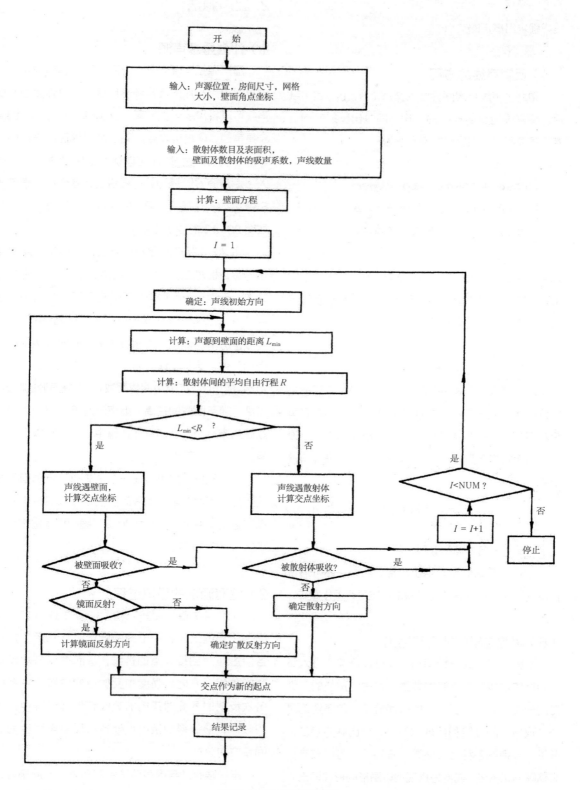

图 20-2 声线跟踪法流程图

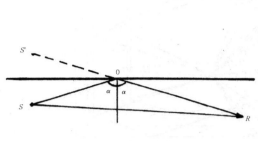

图 20-3 虚声源的概念

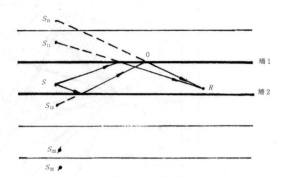

图 20-4 平行界面间的虚声源链

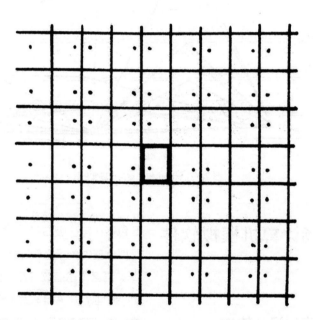

图 20-5 矩形房间的虚声源点阵

能有关的声学特性；而虚声源法则主要用于模拟与声压及声能有关的声场性质。此外，如果考虑多次反射，且房间的几何形状较为复杂，界面数较多，那么声线跟踪法较虚声源法来得简单，计算耗时少；但反之，如果仅考虑二次反射声，且房间的边界条件比较简单，尤其是房间的几何形状对称时，则用虚声源法更为便利。

图 20-6 是用计算机模拟三维室内声场的一个实例。这是一个 2000 座的厅堂，其中 (a) 是平面图，(b) 是剖面图。图中示出了从声源到受声者的直达声以及经厅堂内各主要表面反射后的一次和二次反射声。

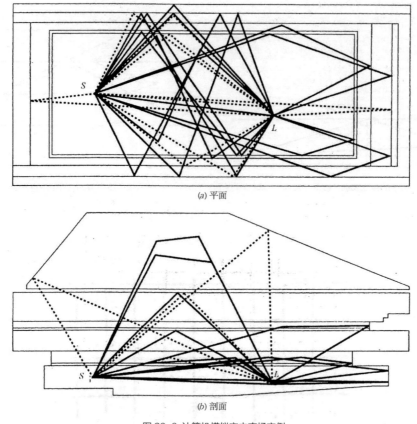

(a) 平面

(b) 剖面

图 20-6 计算机模拟室内声场实例

20.3 室内声场计算机模拟软件介绍

1. ODEON 建筑声学设计软件

该软件是由丹麦科技大学于 1984 年开始研究开发的，其基本思路是通过一定的方法模拟声场的脉冲响应，以求得任意点或者区域的声学参数，同时，将脉冲响应作进一步处理后与人工头传递函数（HRTF）卷积，从而实现音质可听化。软件采用了基于几何声学原理的虚声源法与声线跟踪法相结合的混合法以及第二声源法（次级声源法）进行计算机模拟，并考虑了一定的波动性。

通过 ODEON 软件模拟计算可以得到的音质参数包括：声压级 SPL、A 计权声压级 SPL（A）、早期衰变时间 EDT、混响时间 T_{30}、侧向声能因子 LF、语言传输指数 STI、明晰度 C_{80}、清晰度 D_{50}、重心时间 TS、A 计权后期侧向声压级 LLSPL（A）、舞台早期支持 ST、后期支持 ST 和总支持 ST 等。

ODEON 软件 8.5 版本包括了工业版本、厅堂版本和综合版本共 3 个版本。其中工业版本可用于环境声学和噪声模拟，预测环境声学中 SPL、SPL(A)、T_{30} 和 STI 等重要参数。软件支持点声源、线声源和面声源，能够轻松模拟大型复杂声源，适用于研究工厂大厅声学设计，预测各种噪声排放源（机械）影响大厅的声压级和员工的噪声暴露。厅堂版本适用于室内声学模拟，可以预测室内声学参数，适用于音乐厅、报告厅、剧场等室内空间。厅堂版本与工业版本不同，不支持使用线声源和面声源建立模型。综合版本包括了前述工业版本和厅堂版本的全部功能。

ODEON 软件可视化工具相当丰富，可以提供声线、声粒子和基于 OpenGL 的 3D 建筑效果。对载入软件的厅堂模型可以三维显示，厅堂显示可以平移或任意角度旋转。用户可以在自己想要的角度对模型进行查看，配以丰富多彩的表面颜色，能够检查不同表面的声吸收和声散射状况。

该软件还具有可听化功能，可以利用厅堂某处的房间脉冲响应，并利用真人头或假人头在消声室测量所得出的相关传输函数 HRTF，再加上原始的消声室录制的听音材料，对其依次卷积运算，从而得到包含厅堂声学效果和声源定位效果的听音文件，通过扬声器或耳机重发方式即可聆听厅堂声学效果，实现双耳可听化和多通道可听化，让用户在设计阶段就能听到建成后的音质效果，避免声学缺陷的发生。

2. EASE 声学模拟软件

该软件由 ADA（Ahnert 声学设计公司）最早于 1990 年第 88 次 AES 大会上发布，并发展成为当今最知名的专业声学设计软件之一。至 EASE4.3 版本为止，该软件经过了 5 代更替改进。

该软件主要的理论基础是依林公式和赛宾公式，模拟方法主要为声线追踪法。在确定的三维空间内，从声线的起点开始追踪，连续追踪计算声线的反射过程，通过对大量的声线进行追踪，计算整个声场中的发射声时间和空间分布，把握其衰变过程，从而得到混响时间。EASE 还可以通过载入多个计算模块来满足不同情况的使用。

EASE 的主要功能包括：①计算和显示厅堂的混响时间及其频率特性；②计算和显示厅堂的声压级分布曲线、直达声声场的声压级分布曲线、直达声和混响声声场的总声压级分布曲线；③计算和显示厅堂的声音质量，包括辅音清晰度损失、快速语

言传递指数、声音清晰度等；④查看声音的传输特性，并进行声线跟踪和影视显示；⑤预听厅堂的声音效果。

EASE4.3 模拟声环境的主要步骤包括：新建文件、设置房间参数、绘制模型、检查模型漏洞、模型材质选择、设置模型内部听声面以及座位、插入扬声器、查看 RoomRT 以及进行 Area Mapping。当模拟进行到 Area Mapping 时，可以根据需要选择 Local Decay Time、Aura 或者 Calculation#(Temporary) 等进行计算。其中，Local Decay Time 可以计算所选区域听声面范围内的各频段衰变时间；Aura 可以计算听声面区域的 EDT（早期衰变时间）、T_{30}、双耳相关系数等值；Calculation#(Temporary) 可以计算 Direct SPL、Total SPL、STI、C_{50}、L_{50} 等数值。在上述三种计算模式下均可以查看其变化曲线以及各频率段的具体数值。

EASE4.3 虽然可以帮助我们模拟空间的声环境，但是其声学材料和扬声器的性能参数绝大多数为国外材料商提供，国内吸声材料资料比较欠缺。此外，在选择材料时，由于无法实时浏览该吸声材料的吸声特性，因而必须等加入所使用的吸声材料表后才能浏览。对于不熟悉其内置材料的人而言，选择合适的吸声材料较为耗时。

3. RAYNOISE 声场模拟软件系统

RAYNOISE 是比利时声学设计公司开发的一种大型声场模拟软件系统。其主要功能是对封闭空间或者敞开空间以及半闭空间的各种声学行为加以模拟。它能够较准确地模拟声传播的物理过程，包括：镜面反射、扩散反射、墙面和空气吸收、衍射和透射等现象。该系统可以广泛应用于厅堂音质设计，工业噪声预测和控制，录音设备设计，机场、地铁和车站等公共场所的语音系统设计以及公路、铁路和体育场的噪声估算等。

RAYNOISE 是一种音质可听化系统，它是以几何声学为理论基础的。目前计算脉冲响应主要有虚源法和声线跟踪法两种。RAYNOISE 是将这两种方法混合使用作为其计算声场脉冲响应的核心技术。通过模拟计算，得到的输出结果有：声压级、A 声级、混响时间、混响半径、侧向发射率、早期发射声、清晰度 (D_{50})、明晰度 (C_{80})、STI、RASTI 等。在指定计算点后可得到该计算点的时间序列以及对应的声线、该点的频率响应、该点的双耳脉冲响应及主观音质评价声音文件等。

由于 RAYNOISE 系统以几何声学为理论基础，因而计算受到几何声学的限制。例如在低频或小尺度空间的模拟结果不够准确。此外，它只能给出简单声源在给定点的模拟结果，而对于运动声源、分布式声源、指向性声源以及更为复杂的情形则不太适用。

第21章 Test of Scale Model in Acoustic Design
声学设计中的缩尺模型试验

21.1 声学缩尺模型技术发展简史

音质模型试验，最早是采用水槽，从水波的反射来看出声波在界面的反射情况。后来出现了光学模型，一般采用1：50或1：100的比例，将模型内表面做成反光面，将光源置于声源位置上，用光波模拟声波的反射。真正意义上的声学模型技术最早是于1934年由斯朋多克（F.Spondok）提出的。他在三个典型房间的1：5模型里，用变速录音的办法研究了混响过程。20世纪40年代，彼得森（P.O.Pedersen）、乔丹（V.L.Jordan）及奥默斯塔德（H. Ormestad）等人进一步作了探索，使这项技术于50年代在厅堂音质设计中得到初步应用。1950年，蒙谢（R. W. Muncey）提出声学缩尺模型的模拟条件为尺度缩小n倍的模型应与原型具有相同的边界形状，且模型内表面对频率nf的声阻抗应等于原型相应部位对频率f的声阻抗。1950年，哈迪（H.C.Hardy）和替泽尔（F.G.Tyzzer）用1:20和1:16的模型分别研究了两座多功能剧场的音质设计，包括混响时间、声压级分布和脉冲响应等，有效地避免了若干声学缺陷。法国、苏联等国也进行过类似研究。我国于20世纪50年代末在设计人民大会堂时，也进行了模型试验。清华大学还制作了1:10的国家歌剧院音质模型。50年代的缩尺模型，对于空气对高频声音过量吸收的问题，仅采用降湿处理的方法予以初步考虑。

20世纪60～70年代，声学缩尺模型研究和应用逐步达到成熟期和鼎盛期。这一时期对各种界面吸声系数的模拟研究进行得较充分，积累了大量的资料。如日本的伊藤毅、橘秀树、石井圣光和木村翔等人研究了各种典型的模型材料，包括中、高、低频的吸声材料和构造以及座椅的吸声特性。1971年，赫格沃德（L.W. Hegvold）制作了1:8标准观众模型，较仔细地研究了观众吸声的模拟问题。60年代，在缩尺模型中，已普遍采用空气干燥法来解决高频声空气吸收问题。1967年，石井圣光等人建议用氮气置换法来解决这一问题，并获得成功。这一时期，缩尺模型试验的仪器设备和测试技术研究也取得长足进展，促使这一技术走向实用化，在厅堂音质设计中得到大量应用。例如60年代中期起，乔丹在纽约州剧院及悉尼歌剧院等厅堂的音质设计中都应用了缩尺模型技术。我国的叶恒健等人在杭州剧院设计中也进行过缩尺模型试验。模型声学测试的项目通常包括混响时间、声级分布、回声检测及脉冲响应等。模型比例多采用1：10，测试频率最高达到100000Hz。模型中声学指标的测试结果，与建成后厅堂的实测值基本符合，表明缩尺模型在音质客观指标测量方面已基本达到实用化的要求。

缩尺模型技术发展的新方向，是利用其相对于计算机仿真的某些长处，来研究复杂空间和界面的声衍射、声散射及边缘反射现象。另一方面则是探求利用缩尺模型进行音质主观评价，包括环绕感、混响感、方位感和双耳互相关等因素的可能性。

21.2　缩尺模型声学试验原理

缩尺模型试验是建立在相似性法则的基础上的。首先，由于厅堂尺寸按比例缩小，因此声波波长也要按同一比例缩小，这意味着频率要相应提高，也即各物理量之间存在相似比的关系。下面我们对此给予简单的推导证明。

假定模型与原型之间的几何相似比，也即尺度比例为1:n，即

$$l_m=\frac{1}{n}l \qquad m \qquad (21-1)$$

式中，下标m表示模型（下同）。

则声波波长相似比为：

$$\lambda_m=\frac{1}{n}\lambda \qquad m \qquad (21-2)$$

时间相似比为：

$$t_m=\frac{1}{n}t \qquad s \qquad (21-3)$$

由于声速的量纲是长度和时间之比，所以应有：

$$c_m=c \qquad m/s \qquad (21-4)$$

这表明模型中声速和原型中的声速一样，又由于$c=\lambda f$，$c_m=\lambda_m f_m$，根据$\lambda_m=\frac{1}{n}\lambda$，导出：

$$f_m=nf \qquad (21-5)$$

从以上相似性关系可看出，由于缩尺模型比例n常取10～50，所以模型中相应的频率要放大10～50倍。这就要求用于模型试验的声源和声接收设备要在很高的频率范围内工作。换言之，必须使用高频声源和高频响应良好的传声器。此外，模型中各界面和物体（如观众的模拟物）在高频nf时的吸声特性应与原型中相应界面和观众对于频率f的吸声特性相一致，因此，必须通过试验寻求对应的各种模型材料。

华南理工大学亚热带建筑与城市科学国家重点实验室为了寻找与原型音乐厅的座椅吸声特性相一致的材料与构造，专门建了1：10缩尺混响室，在缩尺混响室中经过多次试验，找到了一种和实际座椅坐垫吸声性能匹配的材料——聚酯纤维板。用该材料制作的坐垫和背垫的缩尺座椅可以很好地模拟实际厅堂座椅的声吸收。

在缩尺模型试验中尚要考虑空气对声能的吸收问题。空气对声能的吸收率与频率有很大关系，在高频时存在过度吸收问题，若不考虑解决，必然影响模拟精度。空气对声波的吸收分为经典吸收m_1和分子弛豫吸收m_2两部分。日本东京大学的石井圣光等人发现在1：10的模型中m_1+m_2的相应值恰好与m_1的曲线相吻合，因此，如果在模型中，气体吸收仅有m_1部分而没有m_2部分即可满足要求。m_2吸收主要是由于湿氧气的弛豫吸收引起的。如果空气湿度干燥至2%，可使$m_2=0$。另外，若把空气中的氧气排掉，换为氮气，也可使$m_2=0$。具体做法是：在模型中预留进出口，抽出氧气，输入工业用氮气。这个办法比干燥空气法便宜。另外，也有人采用从理论计算上予以修正的办法。例如要研究混响时间，由于厅堂中混响时间可通过下式计算

$$T=\frac{0.16}{\alpha\dfrac{S}{V}+4m} \qquad (21-6)$$

则模型中混响时间计算式为：

$$T_m=\frac{0.16}{\alpha\dfrac{S_m}{V_m}+4m'} \qquad (21-7)$$

式中，m和m'分别代表实物和模型相应的测试频率的空气吸收系数。

设模型比例为1/10，则有：

$$V/S=10V_m/S_m \qquad (21-8)$$

所以

$$T=10T_m \frac{1}{1+\frac{(40m-4m')}{0.16}T_m} \quad (21\text{-}9)$$

式中，T 为由模型测出的混响时间值，m 和 m' 可从文献中查出。这样，由式（21-9）便可计算出实际厅堂混响时间 T 的数值。

21.3 缩尺模型试验仪器设备

1. 声源

对缩尺模型所用的声源有三方面的基本要求：一是不具有明显的指向性；二是要能产生所希望的高频信号，且具有稳定的频谱特性，即具有可重复性；三是要有足够的信噪比。根据研究的需要，声源可分为稳态声源和脉冲声源两类。

通常厅堂音质研究的频率范围为 125~4000Hz，如果缩尺模型采用1:10的比例，则相应的频率范围变成1250~40kHz。这意味着模型中的声源要能产生超过20000Hz的达到超声频段的高频声信号。目前用于模型试验的高频稳态声源有两种：一种是采用高频电动扬声器。它可发出 500~100000Hz的稳态声，但它的缺点是随着频率的升高，指向性增强。因此，若要求采用无指向性

声源，可用6或12面体扬声器。另一种是采用空气动力性声源。图21-1所示为这种声源的一个例子。它可产生2~80000Hz的宽频稳定噪声，并具有足够的信噪比。其相应的频谱在图21-2中给出。另一个例子由4个互成90°的干燥氮气喷管组成，喷嘴彼此相距2cm。它可产生稳定的高频声丰富的频谱，且无指向性。也可用录音机快速重放的办法来相应地提高高频。例如可将声信号以15cm/s的磁带速度记录，然后以150cm/s的带速通过高频扬声器在模型中重放。这相当于将频率提高10倍。模型中传声器接收的信号，以150cm/s的带速记录后，最后再以15cm/s的带速重放，就可将声信号的频率复原，供主观听音评价。

用于模型试验的脉冲声源通常采用电火花发生器。图21-3给出了一个实例。电火花也是一种无指向性的声源，其频谱示于图21-4中。电火花发生器由钨丝电极构成。它使用一个次级触发电极，来使产生火花的电容器充足电。主火花可由一个 $4\mu F$ 的高能型电容器充电至大约2kV来供电。

2. 传声器及信号处理装置

声接收部分通常采用1/4英寸或1/8英寸的传声器，在其前加上鼻锥（如UA0053型），使其接近于无指向性。传声器输出的信号经过放大和倍频程滤波后，记录在磁带录音机上，然后可进一步由信号处理装置处理，以得出混响时间等物理指标的测量数值。接收部分的声信号处理，可分为模拟

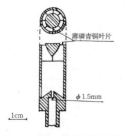

图21-1 空气动力性声源示例

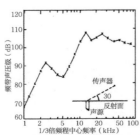

图21-2 空气动力性声源频谱

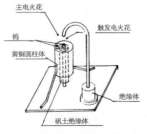

图21-3 电火花声源示例

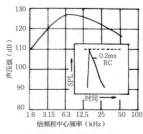

图21-4 电火花声源频谱

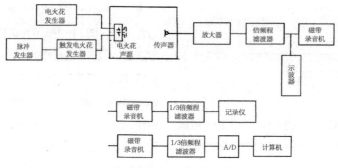

图21-5 缩尺模型测试仪器框图

式与数字式两种方式。兹以混响时间的模型测试为例给出典型的仪器框图（图21-5）。从图中可以看出，模拟式信号处理是从磁带录音机输出的信号，经过记录仪得出房间中声衰变曲线，再量出混响时间值。数字式信号处理则是从磁带录音机输出的信号，经过滤波后，经由A/D转换器（即模拟信号→数字信号转换器），转化为数字信号，再经由计算机进行能量积分计算，求出混响时间数值。最后一个步骤的原理，是根据德国声学家施罗德（M.R.Schroeder）于1965年提出的测量混响时间的新方法。他证明，经过整体平均以后脉冲响应积分的对数等于房间中噪声衰变曲线。

华南理工大学亚热带建筑与城市科学国家重点实验室在缩尺模型试验中所采用的脉冲声源平均脉宽为0.189ms，频响可达160000Hz，采用B&K4138（1/8英寸）传声器来接收声信号，其灵敏度为0.5～1mV/Pa，可测频率范围为6.5～140Hz，动态范围为52.2～168dB。数字信号采集采用B&KPulse3560C高频模块，采样率可达524000Hz。采用Dirac声学测量分析软件，根据模型测量的温湿度和实际厅堂的温湿度按缩尺比将模型的脉冲响应转换为足尺厅堂的脉冲响应，从而得到各重要客观指标的数值。缩尺模型的预测结果与实际厅堂建成后的测试结果相比，良好吻合。

第22章 Architectural Acoustic Measurement
建筑声学测量

22.1 声学测量概述

    声环境的优劣主要决定于声源及围护结构的声学特性。建筑声学测量服务于声环境设计，其主要内容包括：声源声学特性、材料和结构声学特性及环境声学特性测量等。

    声学测量必须具备声源、可控声学环境（声学实验室）和声接收分析设备系统三个条件。测量声源时，通常把待测声源置于一定的声学环境中，直接由声接收设备对其声信号进行接收分析；测量材料和结构声学特性时，如材料吸声系数、构件隔声量测量等，一般做法是把待测材料和构件置于特定声环境中，由声源发声，此时接收设备接收到的声信号已反映了待测材料和构件的影响，因此，通过对接收信号的分析即可获得材料和构件的声学特性；测量声学环境时，只需具备声源和接收设备即可。声源在待测环境中发声，分析接收到的声信号，就可了解环境的声学特性。声学测量中所用的声源、声环境及接收设备必须满足一定的要求。

1. 声源

    测试所用的声源有普通声源和电声源两种，前者如产生脉冲声的发令枪、爆竹、气球（爆裂发声）、电火花发生器和产生宽带稳态噪声的气流噪声、标准打击器等；后者通常由信号发生器、滤波器、功率放大器和扬声器组成，信号发生器通常有白噪声发生器、粉红噪声发生器、正弦信号发生器和脉冲声发生器等几种。图 22-1 为各种声源框图。白噪声和粉红噪声是两种具有特定频谱的稳态噪声。白噪声的频率特性是在相等带宽内具有相同的能量，见图 22-2（a）。当用等比带宽滤波器（如倍频程滤波器或 1/3 倍频程滤波器）去分析时，则中心频率增加一倍（相当于绝对带宽增加一倍）能量就增加一倍，即增加 3dB，见图 22-2（b）。粉红噪声则是在等比带宽内具有相等的能量，见图 22-2（c）；而在等带宽时，频率增加一倍，能量减少一半，即降低 3dB，见图 22-2（d）。

2. 声学实验室

    声学实验室为声学测量提供特定的可控声学环境。常见的建筑声学实验室有混响室、消声室和隔声实验室等（详见 17 章）。

    混响室具有表面吸声很小、混响时间长、扩散性好、声场分布均匀等特点，主要用于测量材料吸声系数、声源声功率及混响时间等。

    消声室与混响室相反，表面吸声达 0.99 以上，满足自由场条件。消声室主要用于对声源特性的测

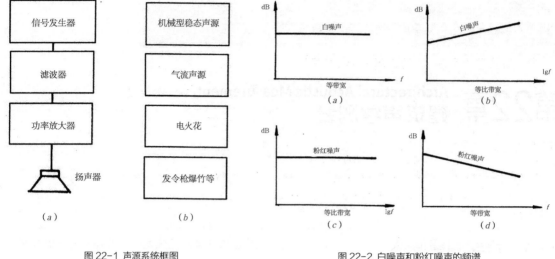

图 22-1 声源系统框图
（a）电声源；（b）普通声源

图 22-2 白噪声和粉红噪声的频谱

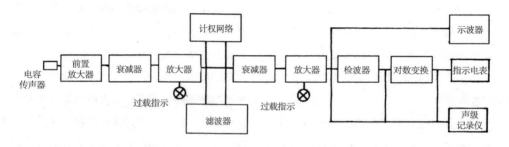

图 22-3 声学测量接收系统框图

量及用于模拟自由场条件的环境声学实验等。

隔声实验室主要用于测量构件空气声及撞击声隔声量。

3. 声学测量接收系统

声学测量接收系统通常由传声器、放大器、滤波器、显示装置、记录装置、数据处理装置等组成。图 22-3 为声学测量接收系统框图。

1) 传声器

传声器的作用是把声学物理量转换成电学物理量，而连接其后的仪器设备都是处理电学物理量的。基本的声学物理量是声压、质点速度和位移。因为测量声压的传声器比测量质点速度和位移的传声器具有制造简单、性能良好的优点，又可以模拟人耳这个同样是接受声压的接收器，所以现在广泛使用的是把声压转换成电学量（通常是电压）的传声器。因此，声学测量中最常用的基本声学物理量是声压。

传声器的种类很多，声学测量中常用的是电容传声器。它具有灵敏度高（即在一定声压作用下输出的电压高）、动态范围大、频率响应好（在很宽的频率范围内有平直的响应）以及性能稳定等优点。电容传声器价格较高，且需配有提供极化电压的电源，这是它的不足之处。另有一种驻极体电容传声器，其稳定性稍差，但不需要另加极化电压，因此使用方便，可作为测量精度要求较低的测量传声器。

根据测试条件的不同，传声器灵敏度又分为自由场灵敏度、扩散场灵敏度和声压灵敏度。一般自由场灵敏度都是对 0° 入射角而言。扩散场灵敏度是指声波无规入射时的灵敏度，即所有入射角的自由场灵敏度的平均值。压强灵敏度是不管声场条件，只考虑传声器膜片上所受到的实际声压情况，即传声器输出电压与作用在膜片上的声压之比。形状规则的传声器，这三种灵敏度之间有一定的关系。

为了方便测量，有的传声器做得使 0° 入射时的自由场灵敏度频响尽量平直，见图 22-4（*a*），称为自由场型传声器，如 B&K4145 型、B&K4165 型。有的传声器做得使压强灵敏度或扩散场灵敏度的频响尽量平直，见图 22-4（*b*），称为压强型传声器。在进行声学测量时，应按照声场情况，选用适当型号的传声器。如在室外测试时，应选用自由场型传声器；在反射声较强的室内测试时，可选用压强型传声器。在缺乏自由场型传声器而又要进行自由场 0° 测试时，可考虑以压强型传声器在 75° 入射时使用。对于直径较小的传声器，如直径 12mm 以下，由于大多数声学测量的主要频率范围内的灵敏度随入射方向变化不很大，因此可以忽略方向的影响。

2）测量放大器

由传声器接收来的信号一般是微弱的，在进行信号分析之前必须加以放大。放大器一般设有直接和前置放大器输入端。前置放大器输入端给传声器提供必需的极化电压。测量放大器有输入和输出两级放大，共提供增益 100dB 以上。在两级放大器之间插入滤波器和计权网络。两级放大器均有各自的衰减器。两个衰减器的配合使用要得当，一般是尽量少在输入级衰减，以便获得较大的信噪比，但要注意不能使输入级过负荷，否则信号失真较大。

测量放大器一般带有快、慢、脉冲、峰值等时间响应特性，配上电容传声器后，可成为实验室用的精密声级计，如配上加速度计，即成为振动测量仪器。

3）滤波器

滤波器是一种选频装置。根据不同频率成分的通过特性，滤波器可分为低通滤波器、高通滤波器、带通滤波器和带阻滤波器等几种。在信号频率分析中主要使用带通滤波器。带通滤波器又有恒百分比带宽、恒频带带宽和恒频率数带宽之分，常用的为恒频带带宽滤波器，如 1/3 倍频带滤波器和倍频带滤波器。

理想的滤波器对通带内的信号没有衰减，使其全部通过；对通带外的信号全部衰减，不能通过。但实际的滤波器对通带以内的信号仍会有一定程度的衰减，而通带以外的信号也有少量通过，见图 22-5。通常把滤波器通带两侧衰减 3dB 的频率叫做滤波器的截止频率，高端的叫做高截止频率 f_2，低

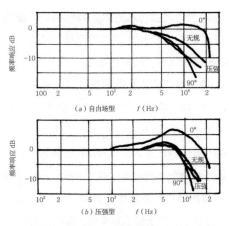

图 22-4 ϕ 23.77mm 传声器的自由场、扩散场、压强灵敏度的频率特性

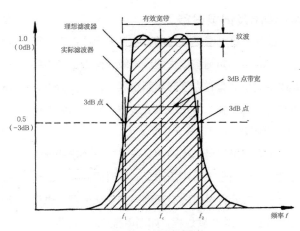

图 22-5 实际滤波器与理想滤波器的比较

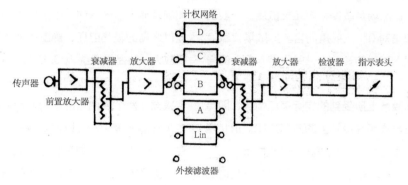

图 22-6 声级计方框图

端的叫做低截止频率 f_1，$\Delta f = f_2 - f_1$ 为滤波器的带宽，$f_c = \sqrt{f_1 \cdot f_2}$ 为滤波器的中心频率。于是一个滤波器的特性可以用中心频率 f_c 和带宽 Δf 表示。

声学测量中，通过使用滤波器可以了解被测对象的频率特性以及把不需要的频率成分滤除掉，以改善接收信号的信噪比。

为了使测得的声学物理量与人的主观感受有较好的对应关系，在声学测量接收系统中加入计权网络，以便对不同频率的声音进行不同的衰减。计权网络是滤波线路的一种，通常有 A、B、C、D 四种，分别用于测量不同的噪声，测量结果分别用 dBA、dBB、dBC 和 dBD 表示。在环境噪声测量中，通常都采用 A 计权。如果对所有频率都不衰减，则被称为"线性"（档），测量结果直接用 dB 表示。

4）读出及记录设备

接收系统测量结果通常以指针指示或数字显示的方式表示，如测量放大器、声级计面板上的表头或数字显示。有时为了对测量结果作进一步分析，如混响时间测量（声压级衰变过程）时，需要把结果输出到其他记录或显示设备。

声级记录仪是常用的记录设备之一。它能记录直流和交流信号，可用于记录一段时间内噪声的起伏变化，如分析某时段交通噪声的变化情况，也可用来记录声压级衰变过程，如测量房间混响时间。

示波器可用来显示较短的脉冲或变化极快的信

号。为了方便摄影，建筑声学中测量脉冲响应使用的是低频长余晖示波器。磁带记录仪可以把声音记录在磁带上加以保存或重放。

5）声级计

把传声器、放大器、计权网络和显示装置等组成一个仪器，就是声学测量中广泛使用的声级计。图 22-6 为声级计方框图，有时也把倍频带滤波器或 1/3 倍频带滤波器组合到声级计中，成为一台功能较全的组合式声学测试设备。

通过放大、处理后的噪声信号，在表头上指示读数或显示数字时，其响应时间一般有"快"和"慢"两档。功能较多的声级计有更多不同的平均时间。对于脉冲声级计，还有"脉冲"档以及"脉冲保持"、"最大值保持"等不同功能，使用中应根据不同类型的噪声信号，选用合适的时间响应档。"慢档"可以测量不短于 1000ms 的声音信号；"快档"可以测量不短于 200ms 的声音信号；短于 200ms 的脉冲声，必须用"脉冲"档测量。对长于 1000ms 的稳态信号，用"慢档""快档"和"脉冲"档测量，得到的结果应当相同。

目前一些声级计还增加了储存和计算功能，可以按一定采样间隔在一段时间内连续采样，最后计算出统计百分数声级和等效连续 A 声级，实际上已成了一台噪声分析仪，用于环境噪声的测量十分方便。

声级计每次使用前都要用声级校正设备对其灵

敏度进行校正。常用的校正设备有声级校正器，它发出一个 1000Hz 的纯音。当校正器套在传声器上时，在传声器膜片处产生一个恒定的声压级（通常为 94dB）。通过调节放大器的灵敏度，进行声级计读数的校正。另一种校正设备为"活塞发声器"，同样产生一个恒定声压级（通常为 124dB）。活塞发声器信号频率为 125Hz，所以在校正时，声级计计权必须放在"线性"档或"C"档。

声级计一般配有防风罩，在室外有风的情况下使用。稍大的风会在传声器边缘产生风噪声，给声器套上防风罩可减少风噪声的影响。

随着计算机技术的不断发展，计算机应用于声学测量越来越广泛，经传声器接收、放大器放大后的模拟信号，通过模数转换成为数字信号，再经数字滤波器滤波或快速傅里叶变换（FFT）就可获得噪声频谱，对此由计算机作各种运算、处理和分析，可以得到各种所需的信息。最终结果可以很方便地存贮、显示或通过打印机打印输出，做到测量过程自动化，显示结果直观化，大大节省人力，提高测量效率。可以预计，将来的声学测量，将以计算机作为接收系统分析、处理数字信号的核心设备。

22.2 环境噪声测量

由于现代工业、交通等的发展，噪声源辐射的总噪声能量有增长的趋势。另一方面，随着人民生活水平的提高，对环境质量的要求也随之提高。噪声扰民问题变得更加突出。因此，环境噪声测量越来越普及。通常环境噪声测量的目的是了解被测环境是否满足允许噪声标准或噪声超标情况，以便提出相应的控制对策。对不同的噪声源和不同的环境，噪声测量的方法也有所不同。

考虑到人耳的频率响应特性，环境噪声测量中大多测量 A 计权声级。有时为了了解噪声频率特性，尚需测量倍频程或 1/3 倍频程声压级。

从时间分布特性来看，噪声通常可分为稳态噪声、脉冲噪声和随机分布噪声。稳态噪声是指强度和频谱基本上不随时间变化的噪声，如电机噪声、风机噪声等。对稳态噪声，用声级计"慢"档与"快"档测量的结果应是相同的。脉冲噪声是持续时间很短的噪声，如冲击噪声、爆裂噪声等，通常可用"脉冲"档，或"最大保持"档测量。随机分布噪声的产生可以是由于声源的发声是随机的，或者声源的出现和消失是随机的，如道路交通噪声、无明确噪声源的室外环境噪声等。对随机噪声，可测量一段时间内的等效连续 A 声级 L_{Aeq}，或测量统计百分数声级 L_N。测量时，在一段时间 T 内，以一定的采样间隔 Δt，读取 $n=T/\Delta t$ 个声级值（n 取 100 的整数倍），然后对所得到的 n 个数据按从大到小的顺序排列，则第 $N \cdot n/100$ 个数据 L_N 表示有百分之 N 的读数大于它，或有百分之 N 的时间中声级大于它的声级值。通常用 L_{10}、L_{50}、L_{90} 三个数据来表示噪声的大小。L_{10} 反映了随机噪声的峰值，L_{50} 反映了平均值，L_{90} 反映了背景噪声值。等效声级 L_{Aeq} 按下式计算，

$$L_{Aeq}=10\lg\left(\frac{1}{n}\sum_{i=1}^{n}10^{0.1L_{pi}}\right) \qquad (22\text{-}1)$$

式中　L_{pi}——每次测得的声级值（dBA）。

现在无论 L_N 还是 L_{Aeq} 均可由自动仪器直接测量，读出结果。

测点位置的不同也会直接影响测量结果。当需了解某建筑受环境噪声污染大小时，测点应选在面向噪声源一侧建筑外窗或外窗外 1m、高度大于 1.2m 的位置。工业企业厂界噪声测量时，测点应选在厂界外 1m 处。道路交通噪声测量，测点位置选在人行道上离马路边 20cm 处，高度为 1.2m。生产环境的噪声测量，测点应选在工人操作的位置，测点高度应为人耳的高度。测量时，传声器指向影响较大的声源；若难于判别声源方向，则应将传声器竖直向上。测点数应足够多，以便涵盖各工种的操

作岗位与操作路线。非生产场所室内噪声测量，如办公室、会议室、医务室、托儿所等室内噪声测量，一般应在室内居中位置附近选 3 个测点，将传声器置于离地面 1.2m 高处，最后以三点的平均值代表室内噪声水平。

22.3　混响时间测量

混响时间测量是最重要的建筑声学测量项目。在厅堂音质评价、材料和结构吸声系数测量、隔声测量及混响室法声源声功率测量中都要进行混响时间测量。

混响时间测量的仪器框图见图 22-7。

混响时间测量中，声信号通常采用白噪声或粉红噪声。当房间内背景噪声级较高时，可在功率放大器前加带通滤波器，以提高信噪比。传声器把接收到的信号输出给测量放大器和滤波器，经滤波和放大后的信号最后输给声级记录仪。测试时，待扬声器发出的声音达到稳态后，使声源突然停止发声，在此之前先启动记录仪，使记录纸以一定速度匀速前进，以便记录笔在其上画出声压级衰变曲线（图 22-8）。

如果记录仪走纸速度为 v（mm/s）（通常为 10mm/s 或 30mm/s），声压级衰变为 ΔL（dB），

记录纸走过 ΔL(mm)，则走纸时间为 $\Delta t=\Delta L/v$(s)，于是声压级衰变 60dB 所需时间即混响时间为：

$$RT=60\times\frac{\Delta t}{\Delta L}\quad（s）\quad（22-2）$$

通常混响时间可以用透明混响圆盘直接在声压级衰变曲线上量得（图 22-8）。具体方法是：选择混响圆盘上标有相应的记录纸声压级范围（通常为 50dB 和 75dB 两种）和纸速的区间，使之顺着走纸方向，同时使该区间右侧过圆心的粗线压在衰变曲线上，并使混响圆盘的圆心通过记录纸的一条分格线，此时，该分格线所指刻度值即为混响时间值（图 22-8）。通常根据衰变曲线上 −5 ～ −35dB 的衰变范围来决定衰变斜率。

混响时间测量中，声源信号也可以采用调频正弦信号，即"啭音"信号。调制频率约为 10Hz。采用啭音是为了避免采用正弦信号时容易出现的驻波现象。此外，也可采用脉冲声作为声源信号。通常用的脉冲声源有发令枪、爆竹和气球爆裂声等。

测量频率一般选取 125 ～ 4000Hz 共 6 个倍频程中心频率或 100 ～ 3150Hz 共 16 个 1/3 倍频程中心频率。

厅堂混响时间测量时，声源通常是放在自然声源的位置，如舞台中央大幕线内 3m，高度为距舞台面 1.5m 左右。测点数一般不应少于 5 个。对非

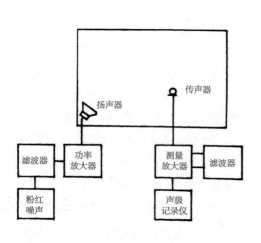

图 22-7 混响时间测量仪器设备框图

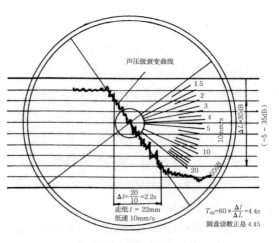

图 22-8 声压级衰变曲线与混响时间度量

对称体形的厅堂，应适当增加测点。测点位置的选择应有代表性。对于对称体形的厅堂，测点必须在偏离纵向中心线 1.5m 的纵轴上及侧座内选取。对有楼座的厅堂，应包括楼座区和挑台下的测点。测点距离地面高度应为 2 ~ 2.5m，与墙的距离应大于 1.5m。每个测点对低频段（500Hz 以下）的每个中心频率测取 6 条衰变曲线，求其平均值；在中高频段测取 3 条曲线，求其平均值。

目前一些数字式声学仪器可以自动测量混响时间，以数字显示并打印出结果，比较方便。但用传统测量方法可得出声压级衰变曲线，除可获得混响时间外，还包含着其他信息，有时还是很有用的。

22.4　吸声系数测量

常用的吸声系数测量方法有混响室法和驻波管法两种。混响室法用于测量无规入射吸声系数，测量过程比较复杂，测得的结果可直接用于声学设计。驻波管法测量垂直入射吸声系数，测量过程比较简单，测得的结果一般仅用于吸声能力大小的比较。

1. 混响室法吸声系数测量

1）测量原理

把一定数量的待测材料或结构按使用要求安装在混响室中，根据混响室放入被测试件前后混响时间值的变化，便可得出吸声系数或吸声量：

$$\alpha_s = \frac{55.3V}{c \cdot S}\left(\frac{1}{T_2} - \frac{1}{T_1}\right) \qquad （22-3）$$

$$A = \frac{55.3V}{c}\left(\frac{1}{T_2} - \frac{1}{T_1}\right) \qquad （22-4）$$

式中　α_s——试件吸声系数；

　　　A——试件吸声量，m^2；

　　　V——混响室体积，m^3；

　　　S——试件面积，m^2；

　　　T_1——放入试件前的混响时间，s；

　　　T_2——放入试件后的混响时间，s；

　　　c——空气中的声速，m/s。

2）测量要求

混响室的容积应大于 $200m^3$，室内应有良好的声扩散。被测材料或构件的安装和布置应与实际使用情况尽可能相同。平面试件应为一整体，试件面积应为 10 ~ $12m^2$。平面试件边缘应用反射性框架封闭，框架应紧密地贴在室内一界面上，以尽可能减少试件边缘吸声。

混响时间测量可参考本章第三节，测试频率一般为 100 ~ 5000Hz 之间 1/3 倍频程中心频率，或 125 ~ 4000Hz 倍频程中心频率。

2. 驻波管法

用于测量材料垂直入射吸声系数的驻波管，是一个具有刚性内壁的矩形或圆形截面的管子。在管的一端安装扬声器，另一端安装吸声材料。管中有一个探管与管外传声器相连，用于测量探管端部的管内声压级（图 22-9）。

测试时，信号发生器产生正弦信号（纯音）后由扬声器发声，在管内产生平面声波。当声波入射到另一端吸声材料表面时产生反射。反射波和入射波在管中形成驻波。用 p_i、p_r 分别表示入射声波和

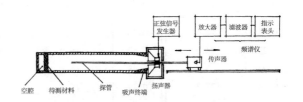

图 22-9 驻波管法测吸声系数装置图

反射声波的振幅，用 p_{max}、p_{min} 分别表示管中驻波波腹和波谷处的振幅，则有：

$$\begin{cases} p_{max} = p_i + p_r \\ p_{min} = p_i - p_r \end{cases} \qquad (22-5)$$

用 S 表示驻波比，即：

$$S = \frac{p_{max}}{p_{min}} \qquad (22-6)$$

又根据吸声系数 α_0 定义有：

$$\alpha_0 = 1 - \left(\frac{p_r}{p_i}\right)^2 \qquad (22-7)$$

由式（22-5）、式（22-6）可得

$$\alpha_0 = \frac{4S}{(S+1)^2} \qquad (22-8)$$

管中波腹与波谷声压级差 ΔL 为：

$$\Delta L = L_{max} - L_{min} = 20 \lg S$$

所以 $S = 10^{\Delta L/20}$。

代入式（22-8），

得 $\qquad \alpha_0 = \dfrac{4 \times 10^{\Delta L/20}}{(1+10^{\Delta L/20})^2} \qquad (22-9)$

移动传声器探管，很容易测得波腹和波谷处的

a_0 与 ΔL 的关系   表 22-1

a_0	ΔL (dB)	a_0	ΔL (dB)	a_0	ΔL (dB)	a_0	ΔL (dB)
0.01	52.0	0.26	22.5	0.51	15.1	0.76	9.3
0.02	45.9	0.27	22.1	0.52	14.8	0.77	9.1
0.03	42.3	0.28	21.7	0.53	14.6	0.78	8.8
0.04	39.7	0.29	21.4	0.54	14.4	0.79	8.6
0.05	37.8	0.30	21.0	0.55	14.1	0.80	8.4
0.06	36.2	0.31	20.7	0.56	13.9	0.81	8.1
0.07	34.8	0.32	20.3	0.57	13.6	0.82	7.9
0.08	33.6	0.33	20.0	0.58	13.4	0.83	7.6
0.09	32.6	0.34	19.7	0.59	13.2	0.84	7.4
0.10	31.6	0.35	19.4	0.60	13.0	0.85	7.1
0.11	30.7	0.36	19.1	0.61	12.7	0.86	6.8
0.12	29.9	0.37	18.8	0.62	12.5	0.87	6.6
0.13	29.2	0.38	18.5	0.63	12.3	0.88	6.3
0.14	28.5	0.39	18.2	0.64	12.0	0.89	6.0
0.15	27.8	0.40	17.9	0.65	11.8	0.90	5.7
0.16	27.2	0.41	17.7	0.66	11.6	0.91	5.4
0.17	26.6	0.42	17.4	0.67	11.4	0.92	5.1
0.18	26.1	0.43	17.1	0.68	11.1	0.93	4.7
0.19	25.6	0.44	16.8	0.69	10.9	0.94	4.4
0.20	25.1	0.45	16.6	0.70	10.7	0.95	4.0
0.21	24.6	0.46	16.4	0.71	10.5	0.96	3.5
0.22	24.2	0.47	16.2	0.72	10.2	0.97	3.0
0.23	23.7	0.48	15.8	0.73	10.0	0.98	2.5
0.24	23.3	0.49	15.6	0.74	9.8	0.99	1.7
0.25	22.9	0.50	15.3	0.75	9.5	1.00	0.0

声压级 L_{max} 和 L_{min} 及两者声压级差 ΔL。再根据式（22-9）即可求得吸声系数 α_0。为方便使用，表 22-1 中列出了不同 ΔL 时的吸声系数 α_0。

通常在测量声压级的频谱仪或测量放大器的指示电表上有专门的刻度用于测量 α_0。使用时只要移动探管找到声压级极大值，并调节放大器灵敏度，使指针指向满刻度，然后移动探管找到声压级极小值。这时，表头指针就可指出所测试件的吸声系数 α_0。

为了保证管中的声波是平面波驻波，管的截面尺寸要比所测最高频率声波所对应的波长 λ 小。对于方管，其边长应小于 0.5λ；对于圆管，其内径应小于 0.586λ。另一方面，管子的截面也不能过小，否则声波和壁面的摩擦会使声波在管中传播时衰减太大。为了测量 100 ~ 5000Hz 频率范围的吸声系数，通常至少用两个不同尺寸的驻波管。驻波管内壁应光滑坚硬。试件安装时，试件与管壁之间不能留有缝隙。

22.5 隔声测量

隔声测量可采用实验室测量和现场测量两种方法。根据测量内容，隔声测量又可分为空气声隔声测量和撞击声隔声测量。

实验室法测量隔声量，需要在专门的隔声实验室中进行。图 22-10 为一隔声实验室示例。一个标准隔声实验室包含三个测量房间，分别作为声源室和受声室。受声室与声源室通过开口相连，两室之间除通过试件传声外，通过其他途径的传声应很小，以致可以忽略。因此，受声室与声源室在结构上应分开。同时还应防止噪声经由其他途径进入受声室，故受声室通常做成"房中房"隔声、隔振结构。受声室与声源室之间预留的试件安装开口，对于墙板，一般为 $10m^2$，对于楼板，为 10 ~ $20m^2$。

测试房间的容积不应小于 $50m^3$，最好在 $100m^3$ 左右，房间尺寸比例应合理选择，使长、宽、高不成简单整数比。房间内应有良好的声扩散，必要时可在测试房间内安装扩散体。受声室混响时间不宜过长，一般控制在 2s 以内。

1. 实验室空气声隔声测量

墙板隔声量测试时，把待测墙或板按使用要求安装在声源室与受声室之间的洞口上，试件面积等于洞口面积，即 $10m^2$。通常门、窗面积较小，故需将一个有足够隔声量的墙装在试件洞口内，再把门或窗装在该墙上。测量仪器设备见图 22-10。测试时，信号发生器产生粉红噪声或白噪声，经功率放大器放大，再由扬声器在声源室发声。调节功率放大器输出功率，使受声室声压级高出背景噪声 10dB 以上。为提高信噪比，也可在功率放大器前加滤波器。对于 1/3 倍频带噪声，分别测量声源室和受声室的平均声压级。通常 500Hz 以上各频率测 3 个点，500Hz 及以下测 6 个点，然后取平均值，

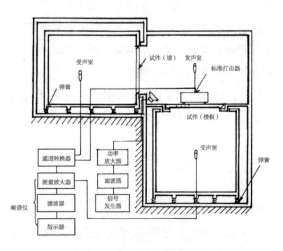

图 22-10 隔声实验室及测量仪器框图

分别代表声源室和受声室的声压级,并按下式计算试件隔声量:

$$R = \overline{L}_{p1} - \overline{L}_{p2} + 10 \lg \frac{S}{A} \qquad (22\text{-}10)$$

式中　R——试件隔声量,dB;

　　　$\overline{L}_{p1}$——声源室平均声压级,dB;

　　　$\overline{L}_{p2}$——受声室平均声压级,dB;

　　　S——试件面积,m²;

　　　A——受声室吸声量,m²。

可根据混响时间测量方法通过测量受声室混响时间 T 来计算。由赛宾公式计算出吸声量:

$$A = \frac{0.161V}{T} \qquad (22\text{-}11)$$

式中　V——受声室体积,m³;

　　　T——受声室混响时间,s。

隔声测量的频率范围是 100 ～ 3150Hz,共 16 个 1/3 倍频程中心频率,然后据此计算计权隔声量 R_w(有的书上称隔声指数 I_a),计算方法参见本书第 7 章。

2. 空气声隔声现场测量法

两室之间空气声隔声现场测量法类似于实验室测量法。房间容积及试件面积依实际大小而定。通常要求两室体积不要相差过大。背景噪声较低的一个房间作受声室,另一个房间作声源室。如试件为楼板时,声源室应布置在楼下。

在为房屋使用者提供隔声效果时,采用标准声压级差 D_{nT},可按下式计算:

$$D_{nT} = \overline{L}_{P1} - \overline{L}_{P2} + 10 \lg \frac{T}{T_0} \qquad (22\text{-}12)$$

式中　D_{nT}——标准声压级差,dB;

　　　$\overline{L}_{p1}$,$\overline{L}_{p2}$——分别为声源室和受声室平均声压级,dB;

　　　T——受声室混响时间,s;

T_0——基准混响时间,通常取 0.5s。

在确定建筑构件隔声特性时,采用表观隔声量 R',按下式计算:

$$R' = \overline{L}_{p1} - \overline{L}_{p2} + 10 \lg \frac{S}{A} \qquad (22\text{-}13)$$

式中　S——构件面积,m²;

　　　A——受声室吸声量,m²。

用计权隔声量表示时,称为计权表观隔声量,符号为 R'_w,单位为 dB。

由于侧向传声的影响,现场测得的表观隔声量要低于实验室测得的隔声量。

用现场测量法还可测量外墙面及外墙构件的空气声隔声量。这时通常将声源置于室外。为确定现有声学条件下的隔声效果,可采用交通噪声作为声源。通过在相同时刻测量试件两侧各频率的等效声压级来确定交通噪声隔声量 R_{tr},即:

$$R_{tr} = L_{ep,1} - L_{ep,2} + 10 \lg \frac{S}{A} \qquad (22\text{-}14)$$

式中　R_{tr}——交通噪声隔声量,dB;

　　　$L_{eq,1}$——室外离试件 2m 处的等效声压级,dB;

　　　$L_{eq,2}$——受声室内平均等效声压级,dB;

　　　S——试件面积,m²,指受声室的外墙面面积;

　　　A——受声室的吸声量,m²。

为确定外墙隔声效果时,采用扬声器作为噪声源。测量时扬声器按一定入射角(通常为 45°)向外墙辐射噪声,根据贴近试件前面的平均声压级和受声室内的平均声压级来确定外墙的扬声器噪声隔声量:

$$R_\theta = \overline{L}''_{p1} - \overline{L}''_{p2} + 10 \lg \frac{4S\cos\theta}{A} \qquad (22\text{-}15)$$

式中　R_θ——在 θ 入射角下的隔声量,dB;

　　　θ——入射角,指向试件中心的扬声器轴和试件表面法线间的夹角。

　　　$\overline{L}''_{p1}$——贴近外墙试件表面但不考虑试件反射效应时的平均声压级,dB;

　　　$\overline{L}''_{p2}$——受声室内的平均声压级,dB;

S——试件面积，m^2；

A——受声室的吸声量，m^2。

测量贴近外墙面的平均声压级 $\overline{L}''_{p1}$ 的方法如下：在其他条件基本相同，但无测试墙的自由场内，按与测量时相同的位置和角度放置扬声器和传声器，然后测出相当于测试墙表面处的平均声压级。

3. 楼板撞击声隔声测量

将待测楼板按使用要求安装在隔声实验室试件洞口上，由标准打击器在其上打击发声，在试件下方的受声室内测量各 1/3 倍频带声压级，实验室及测试装置见图22-10。然后按下式计算规范化撞击声压级 L_{pn}：

$$L_{pn}=\overline{L}_{pi}+10\lg\frac{A}{A_0}\qquad(22-16)$$

式中　L_{pn}——规范化撞击声压级，dB；

　　　$\overline{L}_{pi}$——受声室内的平均撞击声压级，dB；

　　　A——受声室的吸声量，m^2；

　　　A_0——等效吸声量，取 $10m^2$。

标准打击器在楼板试件上应至少放置 4 个不同的位置。对各向异性的楼板结构（如有梁或肋等），打击器应与梁或肋成 45° 角。打击器位置与楼板边界及和其他打击器位置之间的距离应不小于 0.5m。

受声室内的撞击声压级应为空间和时间的平均值。该平均值可采用多个固定传声器位置（对每个打击器位置宜采用一个或一个以上的传声器位置），或一个具有 P^2 积分特性的连续旋转传声器来获得。

测试频率为 100 ～ 3150Hz 共 16 个 1/3 倍频程中心频率。通常需根据规范化撞击声压级计算单值评价指标计权撞击声级 $L_{pn,w}$（有的书上称撞击声隔声指数 I_i）。计算方法参见第 7 章。

当测量某种面层材料对提高撞击声隔声能力的效果时，铺放试件的楼板基层应采用（120±20）mm 厚的钢筋混凝土板，并应是均质和厚薄一致的，以便使测量结果可以进行比较。分别测量有、无面层材料

时的撞击声压级，两者之差即为面层材料的改善量。

楼板撞击声隔声的现场测量，方法类似于实验室测量法。为了确定建筑物构件的撞击声隔声特性时，采用规范化撞击声压级，计算方法同式（22-16）。

在确定建筑物对居住者所提供的隔声效果时，采用标准化撞击声压级 L'_{pnT}，计算方法如下：

$$L'_{pnT}=\overline{L}_{pi}-10\lg\frac{T}{T_0}\qquad(22-17)$$

式中　T——受声室混响时间；

　　　T_0——参考混响时间，对于住宅 $T_0=0.5s$。

22.6　厅堂扩声特性测量

厅堂扩声特性测量包括传声增益及传输频率特性、最大声压级、声场不均匀度和总噪声级测量等数项。

1. 传声增益及传输频率特性

传输频率特性测量有声输入法和电输入法两种，图 22-11 为声输入法测量仪器框图。

测量时，先调节扩声系统增益，使之达到最高可用增益，即达到自激临界点后，再下降 6dB（电压降为一半）。然后开启测试系统，将 1/3 倍频程粉红噪声信号经功率放大器放大后加到测试声源上，调节功率放大器输出，使测点的信噪比大于 15dB。改变 1/3 倍频程滤波器的中心频率，在扩声系统传声器处和观众厅内的测点上分别测量声压级。将观众厅内所有测点的声压级平均值减去传声器处的声压级，即得传声增益及其频率特性，通常可用传声增益频率特性来表示扩声系统传输频率特性。测量全过程中，保持测试声源输出不变。测量时扩声系统传声器置于设计所定的使用点上，传声器指向性按设计要求调节。测试声源置于传声器前的距离，

对语言扩声为 0.5m，对音乐扩声为 5m。

测点的选取应符合以下条件：测点数不得少于全场座席的千分之五，并且最少不得少于 8 点。其中图 22-12 中的 P、P′、P″ 三点及池座、楼座距后墙 1.5m 处的座席共五个测点必须包括在内。所有测点必须离墙 1.5m 以上，测点离地高 1.1 ~ 1.2m。

测量在传输频率范围内进行，通常对于音乐扩声，测试频率可选 63 ~ 8000Hz 共 22 个 1/3 倍频程中心频率；对语言扩声，可选 100 ~ 4000Hz 共 17 个 1/3 倍频程中心频率。

2. 最大声压级

最大声压级是扩声系统在观众席处产生的最高稳态声压级。测试仪器框图同图 22-11。测量时扩声系统置于最高可用增益状态。调节测试系统测试扬声器的功率输出，使扩声系统给扬声器系统的输入功率为 1/4 设计功率。用声级计在厅堂内规定测点上进行测量，把各点测得的声压级按频率平均，然后加上 6dB 即得相应频带的最大声压级。

测试频率及测点选取同传声增益测量。

3. 声场不均匀度

声场不均匀度是指使用扩声时，不同观众席处稳态声压级的差值。测试仪器框图同 22-11。测量信号用 1/3 倍频带粉红噪声，测量信号的中心频率一般按倍频程中心频率取值。测量时，测试扬声器发出测试信号，扩声系统置于最高可用增益状态，用声级计测量各测点不同频率的声压级。根据不同频率在各测点的声压级可作出该频率的声场分布图。

测点数不少于全场观众席数的 1/60，测点可以是沿中心线布设一列，在左半场（或右半场）再均匀布设 1 ~ 2 列。

4. 总噪声

总噪声测量在空场条件下进行。测量仪器框图见图 22-13。

测量时，厅堂内空调（或通风）、调光等设备全部开启，扩声系统置最高可用增益，但无测试信号输入。用声级计测量各点噪声声压级。测量频率可选 63 ~ 8000Hz 范围内倍频程中心频率，并应包括线性和 A 计权声级。测点数不少于 5 个，图 22-12 中各点应包括在内。

对于传声增益、传输频率特性、最大声压级也可采用符合一定条件的宽频噪声作为测试信号，或采用把测试电信号直接输入扩声系统的电输入法进行测量。

扩声系统扩声特性测量还包括系统失真、反馈系数等的测量，这里不作介绍，有兴趣者可参见国家标准《厅堂扩声特性测量方法》GB4959—85。

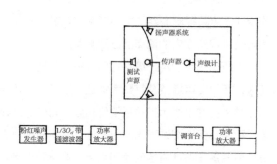

图 22-11 声输入法传输频率特性测量框图

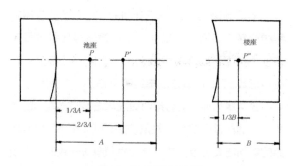

图 22-12 典型测点位置

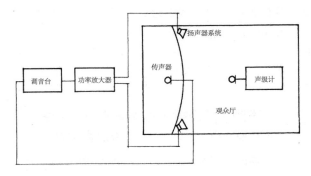

图 22-13 总噪声测试仪器框图

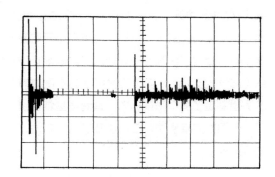

图 22-14 脉冲响应示例

22.7　其他建筑声学测量简介

　　除了上述几种声学测量外，在建筑声学中还有几种常用的声学测量，如脉冲响应测量、声场扩散测量、声源声功率及指向性测量等。

　　混响时间、声场分布（不均匀度）、脉冲响应、声场扩散、背景噪声是厅堂音质常规测量项目。混响时间测量已在第三节中介绍。声场分布测量可参考厅堂扩声特性测量中的声场不均度测量方法，所不同的是不需要有扩声系统，直接利用测试声源进行测量，测试声源放置在自然声源位置。背景噪声测量方法基本与厅堂扩声特性测量中的总噪声测量相同，区别仅在于没有扩声系统参与。脉冲响应、声场扩散测量将在下面作一简介。除了上述几个项目外，音质评价的其他参量如双耳互相关系数（IACC）等也是厅堂音质的重要测量项目。目前，关于 IACC 尚没有明确的设计标准，也没有专门的测量仪器，故这里不作介绍。

1. 脉冲响应测量

　　脉冲响应测量常用于厅堂缩尺模型试验。测量时舞台上自然声源的位置由电火花发生器发出脉冲声，由传声器、测量放大器接收的信号用长余晖示

波器显示，并可用照相机摄下示波器上显示的脉冲响应图（图 22-14）。通常脉冲信号宽度应小于 20ms。

　　脉冲响应图显示了接收点反射声的时间和强度分布，从脉冲响应图中可以看到早期反射声的数量、大小，并可发现某些重要的音质缺陷，包括缺乏早期反射声，强反射声之间的时间间隔太长以及回声干扰等。有了脉冲响应图，其他单耳性重要音质参量都可以从中计算得出。

2. 声场扩散测量

　　脉冲响应测量用于了解接收点反射声的时间分布，而扩散测量则是为了了解接收点处反射声的空间分布形态。测量时测试声源在自然声源的位置发出 1/3 倍频程频带噪声，测试频率范围根据需要而定，一般可只测 2000Hz。选择具有代表性的几个测点，将强指向性传声器置于转盘上旋转并与记录的极坐标同步。为了加强传声器的指向性，可把传声器置于抛物面声反射镜的焦点上，或在传声器前加声透镜。

3. 声源声功率测量

　　声功率（包括频率特性和指向性）是声源的主

要声学指标。声源声功率通常在混响室或消声室（全消声室或半消声室）中测量，也可在与混响室或消声室具有近似声学条件的现场测量。国际标准化组织（ISO）按测试环境和测量精度的不同对声源功率测量制定了多个测试标准，有消声室精密法、工程法，混响室精密法、工程法及现场工程法、普查法等几种。

1）混响室精密法

把待测声源置于体积为 $200 \sim 300m^3$ 的标准混响室中，按规定测量各点倍频带或 1/3 倍频带声压级，平均后得到平均声压级 L_p，则声源声功率可按下式计算：

$$L_w = L_p - 10 \lg T + 10 \lg V + 10 \lg \left(1 + \frac{S\lambda}{8V} \right)$$
$$- 10 \lg \left(\frac{P_0}{10000} \right) - 14 \qquad （22-18）$$

式中　L_w——声源声功率级，dB；

　　　L_p——测试室平均声压级，dB；

　　　T——测试室混响时间，s；

　　　V——测试室容积，m^3；

　　　S——测试室总面积，m^2；

　　　λ——测试频带中心频率所对应的波长，m；

　　　P_0——测试时大气压，Pa。

2）混响室及现场工程法

工程级测量时，测试室可以是混响室，也可以是吸声较少、混响较长的大房间。测量方法同精密级。声功率级可按下式近似计算：

$$L_w = L_p - 10 \lg T + 10 \lg V - 14 \qquad （22-19）$$

式中符号意义同式（22-17）。

声源声功率也可通过与一个标准声源作比较而测得。先测量待测声源发声时测试室内的平均声压级 L_p（dB），然后用一个已知声功率的标准声源置换待测声源，得测试室内平均声压级 L_{Pr}（dB），如果标准声源的声功率级为 L_{Wr}（dB），则待测声源功率级 L_w（dB）为：

$$L_w = L_p + (L_{Wr} - L_{pr}) \qquad （22-20）$$

3）声源功率及指向性测量的消声室法

如要测量声源声功率，又要测量声源指向性，就必须在消声室、半消室或室外空旷硬地面上进行。消声室的体积必须大于声源体积 200 倍以上。在声源四周，划出一个包围面，通常是以声源几何中心为球心的球面（自由场）或半球面（半自由场）。球面半径应为声源主尺寸的 2 倍以上，且不小于 1m。在包围面上确定测点，通常使每个测点代表相等的面积。对于自由场，测点数取 20 个，表 22-2 为各点对应坐标。图 22-15 为与表 22-2 相对应的各测点（传声器）位置图。测试时，可以由传声器

球面测量表面传声器等面积分布的位置　表 22-2

序号	x/r	y/r	z/r
1	−0.99	0	0.15
2	0.50	−0.86	0.15
3	0.50	0.86	0.15
4	−0.45	0.77	0.45
5	−0.45	−0.77	0.45
6	0.89	0	0.45
7	0.33	0.57	0.75
8	−0.66	0	0.75
9	0.33	−0.57	0.75
10	0	0	1.0
11	0.99	0	−0.15
12	−0.50	0.86	−0.15
13	−0.50	−0.86	−0.15
14	0.45	−0.77	−0.45
15	0.45	0.77	−0.45
16	−0.89	0	−0.45
17	−0.33	−0.57	−0.75
18	0.66	0	−0.75
19	−0.33	0.57	−0.75
20	0	0	−1.0

 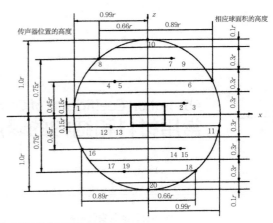

图 22-15 自由场中传声器列阵位置图

列阵，或单只传声器逐次测量，来测取包围面上各点的声压级 L_{pi}，然后按下式计算平均声压级 L_p：

$$L_p = 10 \lg \frac{1}{S} \left[\sum_{i=1}^{n} S_i 10^{L_{pi}/10} \right] \quad (22\text{-}21)$$

式中 S_i——第 i 个测点代表的面积，m²；

S——包围面总面积，$S = \sum_{i=1}^{n} S_i$，m²。

当每个测点对应的面积相等时，平均声压级 L_p 为：

$$L_p = 10 \lg \left[\sum_{i=1}^{n} 10^{L_{pi}/10} \right] \quad (22\text{-}22)$$

根据声压级平均值，由下式计算声源声功率级 L_w（dB）：

$$L_w = L_p + 10 \lg S - 10 \lg \left[\left(\frac{293}{273 + t} \right)^{1/2} \cdot \frac{P_0}{10000} \right]$$

$$(22\text{-}23)$$

式中 S——包围面面积，对于球面，$S = 4\pi r^2$（m²），
对于半球面，$S = 2\pi r^2$（m²）；

t——室温，℃；

L_p——平均声压级，dB。

根据各测点的声压级 L_{pi}，可以得到噪声源在该方向上的指向性指数。

$$DI_i = L_{pi} - L_p \quad (22\text{-}24)$$

将传声器固定，通过连续转动声源，并与极坐标仪同步，可以连续画出空间某个平面上声源的指向性图。

为了方便测量，对建筑设备、家用电器等，通常采用声源前方 45° 方向离声源一定距离处的 A 计权声级来表示声源噪声大小。对于尺寸较小的家用电器，这一距离通常取为 1m。

附录一

Absorption Coefficients of Commonly Used Materials and Structures
常用材料和结构的吸声系数

序号	吸声材料及其安装情况	下述频率（Hz）的吸声系数 a					
		125	250	500	1000	2000	4000
1	50mm 厚超细玻璃棉，表观密度 20kg/m³，实贴	0.20	0.65	0.80	0.92	0.80	0.85
2	50mm 厚超细玻璃棉，表观密度 20kg/m³，离墙 50mm	0.28	0.80	0.85	0.95	0.82	0.84
3	20mm 厚超细玻璃棉，表观密度 20kg/m³，实贴	0.05	0.10	0.30	0.65	0.65	0.65
4	20mm 厚超细玻璃棉，表观密度 30kg/m³，实贴	0.03	0.04	0.29	0.80	0.79	0.79
5	20mm 厚玻璃棉板，表观密度 80kg/m³，实贴	0.11	0.13	0.22	0.55	0.82	0.94
6	15mm 厚玻璃棉板，表观密度 80kg/m³，实贴	0.10	0.14	0.17	0.43	0.75	0.96
7	50mm 厚矿渣棉，表观密度 250kg/m³，实贴	0.15	0.46	0.55	0.61	0.80	0.85
8	50mm 厚矿渣棉，表观密度 250kg/m³，离墙 50mm	0.21	0.70	0.79	0.98	0.77	0.89
9	12mm 厚矿棉吸声板，毛毛虫图案，实贴	0.09	0.25	0.59	0.53	0.50	0.64
10	12mm 厚矿棉吸声板，毛毛虫图案，离墙 50mm	0.38	0.56	0.43	0.43	0.50	0.55
11	材料同上，离墙 100mm	0.54	0.51	0.38	0.41	0.51	0.60
12	25mm 厚聚氨酯吸声泡沫塑料，表观密度 18kg/m³，实贴	0.12	0.21	0.48	0.70	0.77	0.76
13	50mm 聚氨酯吸声泡沫塑料，表观密度 18kg/m³，实贴	0.16	0.28	0.78	0.69	0.81	0.84
14	35mm 厚珍珠岩吸声板，表观密度 300kg/m³，实贴	0.23	0.42	0.83	0.93	0.74	0.83
15	板厚 50mm，其他同上	0.29	0.46	0.92	0.98	0.84	0.63
16	板厚 100mm，其他同上	0.47	0.59	0.59	0.66	—	—
17	三夹板，龙骨间距 50cm×50cm，空腔厚 50mm	0.21	0.74	0.21	0.10	0.08	0.12
18	同上，空腔填矿棉	0.27	0.57	0.28	0.12	0.09	0.12
19	三夹板，龙骨间距 50cm×45cm，空腔厚 100mm	0.60	0.38	0.18	0.05	0.04	0.08
20	五夹板，龙骨间距 50cm×45cm，空腔厚 50mm	0.09	0.52	0.17	0.06	0.10	0.12
21	空腔厚 100mm，其他同上	0.41	0.30	0.14	0.05	0.10	0.16
22	空腔厚 150mm，其他同上	0.38	0.33	0.16	0.06	0.10	0.17
23	七夹板，龙骨间距 50cm×45cm，空腔厚 160mm	0.58	0.14	0.09	0.04	0.04	0.07

续表

序号	吸声材料及其安装情况	下述频率（Hz）的吸声系数 a					
		125	250	500	1000	2000	4000
24	空腔厚 250mm，其他同上	0.37	0.13	0.10	0.05	0.05	0.10
25	空腔厚 50mm，内填玻璃棉毡，其他同上	0.48	0.25	0.15	0.07	0.10	0.11
26	9mm 厚纸面石膏板，空腔厚 45mm	0.26	0.13	0.08	0.06	0.06	0.06
27	4mm 厚 FC 板，空腔厚 100mm	0.22	0.15	0.08	0.05	0.05	0.05
28	吊顶：预制水泥板厚 16mm	0.12	0.10	0.08	0.05	0.05	0.05
29	穿孔三夹板，孔径 5mm，孔距 40mm，空腔厚 100mm	0.04	0.54	0.29	0.09	0.11	0.19
30	板后贴布，其他同上	0.28	0.69	0.51	0.21	0.16	0.23
31	穿孔三夹板，孔径 5mm，孔距 40mm，空腔厚 100mm，内填矿棉	0.69	0.73	0.51	0.28	0.19	0.17
32	穿孔五夹板，孔径 8mm，孔距 50mm，空腔厚 50mm	0.09	0.19	0.34	0.28	0.17	0.15
33	空腔厚 100mm，其他同上	0.11	0.35	0.30	0.23	0.23	0.19
34	空腔厚 150mm，其他同上	0.18	0.55	0.32	0.20	0.23	0.10
35	空腔厚 100mm，内填 0.5kg/m² 玻璃丝布包玻璃棉，其他同上	0.33	0.55	0.55	0.42	0.26	0.27
36	9.5mm 厚穿孔石膏板，穿孔率 8%，空腔 50mm，板后贴桑皮纸	0.17	0.48	0.92	0.75	0.31	0.13
37	空腔厚 360mm，其他同上	0.58	0.91	0.75	0.64	0.52	0.46
38	12mm 厚穿孔石膏板，穿孔率 8%，空腔 50mm，板后贴无纺布	0.14	0.39	0.79	0.60	0.40	0.25
39	空腔厚 360mm，其他同上	0.56	0.85	0.58	0.56	0.43	0.33
40	4mm 厚穿孔 FC 板，穿孔率 8%，后腔 50mm		0.05	0.16	0.29	0.24	0.10
41	4mm 厚穿孔 FC 板，穿孔率 8%，空腔 100mm，板后衬布	0.21	0.41	0.68	0.60	0.41	0.34
42	4mm 厚穿孔 FC 板，穿孔率 8%，空腔 100mm，板后衬布，空腔填 50mm 厚玻璃棉	0.53	0.77	0.90	0.73	0.70	0.66
43	4mm 厚穿孔 FC 板，穿孔率 4.5%，空腔 100mm，板后衬布	0.42	0.33	0.30	0.21	0.11	0.06
44	空腔填 50mm 厚玻璃棉，其他同上	0.50	0.37	0.34	0.25	0.14	0.07
45	4mm 厚穿孔 FC 板，穿孔率 20%，空腔 100mm，内填 50mm 厚超细玻璃棉	0.36	0.78	0.90	0.83	0.79	0.64
46	1.2mm 厚穿孔钢板，孔径 2.5mm，穿孔率 15%，空腔 30mm，填 30mm 厚超细玻璃棉	0.18	0.57	0.76	0.88	0.87	0.71

续表

序号	吸声材料及其安装情况	下述频率（Hz）的吸声系数 a					
		125	250	500	1000	2000	4000
47	0.8mm 厚微穿孔板，孔径 0.8mm，穿孔率 1%，空腔 50mm	0.05	0.29	0.87	0.78	0.12	
48	空腔厚 100mm，其他同上	0.24	0.71	0.96	0.40	0.29	
49	空腔厚 200mm，其他同上	0.56	0.98	0.61	0.86	0.27	
50	微孔玻璃布（成品），空腔厚 100mm	0.06	0.21	0.69	0.95	0.61	0.76
51	微孔玻璃布，空腔 360mm	0.26	0.53	0.61	0.64	0.74	0.63
52	微孔玻璃布，空腔 720mm	0.38	0.42	0.58	0.65	0.65	0.73
53	双层微孔玻璃布，前空腔 180mm，后空腔 180mm	0.31	0.57	0.93	0.83	0.75	0.73
54	微孔玻璃布悬挂大厅中心	0.12	0.18	0.41	0.61	0.54	0.43
55	清水砖墙勾缝	0.02	0.03	0.04	0.04	0.05	0.05
56	砖墙抹灰	0.01	0.01	0.02	0.02	0.02	0.03
57	水磨石或大理石面	0.01	0.01	0.01	0.02	0.02	0.02
58	板条抹灰	0.15	0.10	0.05	0.05	0.05	0.05
59	混凝土地面	0.01	0.01	0.02	0.02	0.02	0.02
60	木搁栅地板	0.15	0.10	0.10	0.07	0.06	0.07
61	实铺木地板	0.05	0.05	0.05	0.05	0.05	0.05
62	化纤地毯 5mm 厚	0.12	0.18	0.30	0.41	0.52	0.48
63	短纤维羊毛地毯 8mm 厚	0.13	0.22	0.33	0.46	0.59	0.53
64	塑料壁纸贴在墙面上	0.02	0.02	0.03	0.03	0.03	0.04
65	玻璃窗（窗格 12.5cm×35cm），玻璃厚 3mm	0.35	0.25	0.18	0.12	0.07	0.04
66	木门	0.16	0.15	0.10	0.10	0.10	0.10
67	水面	0.01	0.01	0.01	0.02	0.02	0.02
68	舞台反射板（九夹板）	0.18	0.12	0.10	0.09	0.08	0.07
69	帷幕 0.25 ~ 0.30kg/m², 打双褶，后空 50 ~ 100mm	0.10	0.25	0.55	0.65	0.70	0.70
70	舞台口（与舞台吸声量有关）	0.30	0.35	0.40	0.45	0.50	0.55
71	耳光口、面光口（内部无吸声）	0.10	0.15	0.20	0.22	0.25	0.30
72	耳光口、面光口（内部有吸声）	0.25	0.40	0.50	0.55	0.60	0.60
73	通风口（送回风口）	0.80	0.80	0.80	0.80	0.80	0.80
74	听众席包括座椅和 0.5m 宽走道（按面积计算吸声系数）	0.54	0.66	0.75	0.85	0.83	0.75

注：表中吸声系数均为无规入射吸声系数。

附录二　Sound Insulation of Commonly Used Walls and Panels
常用墙板空气声隔声量

参考图号	序号	构造说明	面密度 (kg/m²)	下述频率（Hz）的隔声量（dB）						计权隔声量 R_w
				125	250	500	1000	2000	4000	
①	1	1mm 厚铝板	2.6	13	12	17	23	29	33	22
	2	1mm 厚钢板	7.8	19	20	26	31	37	39	31
	3	2mm 厚钢板	15.6		26	29	34	42	45	35
②	4	1mm 厚钢板，2～3mm 厚石棉漆	9.6	21	22	27	32	39	45	32
	5	1mm 厚钢板，沥青一层（3.9kg/m²）	11.7	29	27	30	31	38	45	34
	6	2mm 厚钢板，4mm 厚沥青	19.9	31	33	34	38	45	47	40
③	7	1.5mm 厚钢板，80mm 厚超细棉	15.5	29	35	45	54	61	61	47
	8	3mm 厚钢板，80mm 厚超细棉	27.1	29	40	44	54	60	57	48
④	9	60mm 厚石膏圆孔板		26	31	30	29	36	40	32
	10	60mm 厚珍珠岩圆孔板	38	25	25	26	31	40	44	31
	11	80mm 厚菱苦土圆孔板墙	50	30	28	27	33	41	45	33
	12	120mm 厚菱苦土圆孔板墙，双面抹 15mm 厚水泥沙浆	90	30	31	32	33	43	48	36
⑤	13	75mm 厚加气混凝土墙（抹灰）	70	30	30	30	40	50	56	38
	14	150mm 厚加气混凝土墙（抹灰）	140	29	36	39	46	54	55	46
	15	120mm 厚粉煤灰加气块墙（抹灰）		29	33	36	40	47	52	40
⑥	16	140mm 厚硅酸盐砌块墙（喷浆）	220	34	37	38	45	46	56	44
	17	240mm 厚硅酸盐砌块墙（粉刷）	450	35	41	49	51	58	60	52
⑦	18	100mm 矿渣三孔空心砖墙（抹灰 40mm）	120	30	35	36	43	53	51	43
	19	210mm 厚矿渣三孔空心砖墙（抹灰 20mm）	210	33	38	41	46	53	52	46
⑧	20	60mm 厚砖墙（煤屑粉刷）	160	26	30	30	34	41	40	35
	21	120mm 厚砖墙，抹灰	240	37	34	41	48	55	53	47
	22	240mm 厚砖墙，抹灰	480	42	43	49	57	64	62	55
	23	370mm 厚砖墙，抹灰	700	40	48	52	60	63	60	57
	24	490mm 厚砖墙，抹灰	833	45	58	61	65	66	68	62
	25	240mm 厚空斗砖墙，粉刷	298	21	22	31	33	42	46	33

续表

参考图号	序号	构造说明	面密度 (kg/m²)	下述频率（Hz）的隔声量（dB）						计权隔声量 R_w
				125	250	500	1000	2000	4000	
⑨	26	木龙骨，两侧 12mm 厚纸面石膏板各一层，空腔 80mm	21	16	32	39	44	45	36	37
	27	其他同上，空腔 140mm	25	25	38	43	54	48	44	46
	28	木龙骨，两侧均为 12mm 和 9mm 厚纸面石膏板各一层，空腔 80mm	40	34	34	41	48	56	54	45
⑩	29	轻钢龙骨，两侧 12mm 厚纸面石膏板各一层，空腔 75mm	21	16	32	39	44	45	36	37
	30	轻钢龙骨，一侧 12mm 厚，另一侧 2mm×12mm 厚纸面石膏板，空腔 75mm	31	21	36	44	49	55	42	43
	31	轻钢龙骨，两侧均为 2mm×12mm 厚纸面石膏板，空腔 75mm	42	28	42	47	52	60	47	49
⑪	32	轻钢龙骨，龙骨与板间有减振钢条，两侧 12mm 厚纸面石膏板各一层，空腔 95mm	21	21	31	42	50	49	37	40
	33	其他同上，一侧改为 2mm×12mm 厚板	31	28	36	44	51	54	42	45
	34	其他同上，两侧均为 2mm×12mm 厚板	42	31	40	47	54	57	46	49
⑫	35	双排轻钢龙骨，一侧 12mm 厚，另一侧 2mm×12mm 厚纸面石膏板，空腔 95mm	33	29	39	46	50	54	39	44
	36	其他同上，两侧均为 2mm×12mm 厚板	43	35	45	50	56	60	44	51
⑬	37	双层 120mm 砖墙，空腔 20mm（粉刷）	484	28	31	33	43	45	46	38
	38	双层 240mm 砖墙，空腔 150mm	800	50	51	58	71	78	80	63
	39	双层 240mm 砖墙（基础分开，抹灰），空腔 100mm	960	46	55	65	80	95	103	68
⑭	40	轻钢龙骨，两侧 12mm 厚纸面石膏板各一层，空腔 75mm，内填 30mm 厚超细棉	22	28	44	49	54	60	46	47
	41	其他同上，两侧均为 2mm×12mm 板	42	33	47	50	57	64	51	51
	42	其他同上，空墙内填 40mm 岩棉	62	40	51	58	63	64	57	52
⑮	43	分立轻钢龙骨，一侧 12mm 厚，另一侧 2mm×12mm 厚纸面石膏板，空腔 95mm，内填 30mm 超细棉	34	33	45	54	57	60	49	54
	44	其他同上，两侧均为 2mm×12mm 厚板	44	40	47	54	55	61	53	55

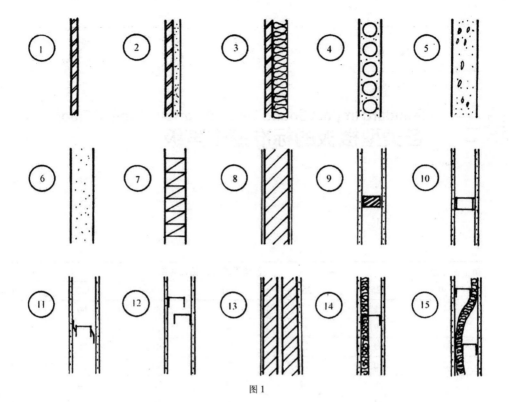

图 1

附录三 Standard Impact Sound Level of Various Type of Floors
各类型楼板的标准撞击声级

楼板序号	单位面积质量 （kg/m²）	各频带的标准撞击声级 L_n(dB)					
		125	250	500	1000	2000	4000
①	144	71	77	83	85	80	74
②	220	59	73	74	73	59	53
③	300	69	73	78	81	76	70
④	410	70	74	77	79	72	64
⑤	322	78	74	73	76	64	58
⑥	—	64	70	75	80	77	65
⑦	300	65	71	71	65	48	40
⑧	291	63	70	72	66	54	52
⑨	279	65	72	72	59	43	40
⑩	—	70	79	79	70	58	—
⑪	—	70	73	72	71	66	—
⑫	—	71	66	60	54	43	37
⑬	—	61	59	66	59	52	47
⑭	246	63	65	56	48	42	38
⑮	300	74	77	74	67	55	42
⑯	—	58	57	48	40	28	20

各类型楼板的构造做法

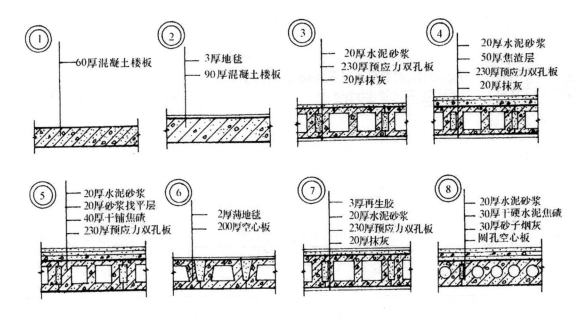

图 1 (a)
(图中长度单位：mm)

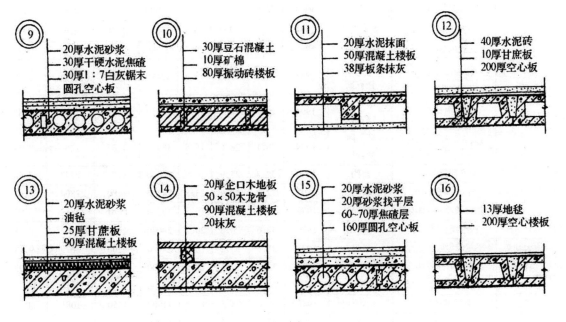

图 1 (b)
(图中长度单位：mm)

附录四　Acoustical Data of Famous Halls
重要厅堂数据

国外重要音乐厅数据　　　　　　　　　　　　　　　　　　表附 4-1

序号	国别	厅堂名称	地点	建成时间	平均长 L(m)	平均宽 W(m)	平均高 H(m)	体积 V(m³)	中频满场混响时间 RT (s)	座位数 N	每座容积 V/N (m³/人)
1	美国	约瑟夫麦耶霍夫交响乐厅	巴尔的摩	1982	35.4	29.3	18.0	21524	2.00	2467	8.72
2		波士顿音乐厅	波士顿	1900	39.0	22.9	18.6	18750	1.85	2625	7.14
3		芝加哥音乐厅	芝加哥	1904	25.6	28.7	18.0	18000	1.20	2582	7.00
4		席瓦伦斯厅	克里夫兰	1931	32.9	27.4	16.8	15690	1.50	2101	7.50
5		麦克德尔莫特音乐厅	达拉斯	1989	30.8	25.4	26.2	23900	2.80	2065	11.60
6		唐列坞音乐棚	麻省列诺克斯	1938	50.9	61.0	13.4	42480	1.90	5121	8.29
7		赛吉奥札瓦厅	麻省列诺克斯	1994	28.6	20.7	14.9	11610	1.70	1180	9.83
8		明尼苏达交响乐厅	明尼阿波利斯	1974	38.1	28.6	16.5	18975	1.85	2450	7.74
9		阿维利费舍尔厅	纽约	1976	38.4	25.9	16.8	20400	1.75	2742	7.44
10		卡内基音乐厅	纽约	1891	32.9	25.9	23.8	24270	1.80	2804	8.65
11		阿伯拉伐涅尔交响乐厅	盐湖城	1979	37.8	29.3	16.5	19500	1.70*	2812	6.93
12		戴维斯交响乐厅	旧金山	1980	32.6	28.0	20.7	24070	1.85	2743	8.78
13	澳大利亚	悉尼歌剧院音乐厅	悉尼	1973	31.7	33.2	16.8	24600	2.00	2679	9.18
14	奥地利	维也纳音乐友协厅	维也纳	1870	35.7	19.8	17.4	15000	2.00	1680	8.93
15	加拿大	罗伊汤普逊音乐厅	多伦多	1982	27.1	31.1	23.2	28300	1.80	2812	10.10
16	丹麦	音乐演播厅 I	哥本哈根	1945	18.6	33.5	17.7	11900	1.50	1081	11.00
17	德国	菲哈莫尼室内乐厅	柏林	1987	18.3	48.5	11.3	11000	1.80	1138	9.66
18		柏林音乐厅（绍斯皮尔厅）	柏林	1986	24.1	20.7	17.7	15000	2.00	1575	9.52
19		菲哈莫尼厅	柏林	1963	29.0	42.7	12.8	21000	1.90	2325	9.03
20		格万特豪斯厅	莱比锡	1981	32.3	36.0	19.8	21000	2.00	1900	11.00
21		赫尔库勒厅	慕尼黑	1953	32.0	22.0	15.5	13590	1.80	1287	10.60

续表

序号	国别	厅堂名称	地点	建成时间	平均长 L(m)	平均宽 W(m)	平均高 H(m)	体积 $V(m^3)$	中频满场混响时间 RT (s)	座位数 N	每座容积 V/N (m^3/人)
22	德国	夏斯泰格菲哈莫尼厅	慕尼黑	1985	40.8	51.2	14.6	29737	1.95	2387	12.40
23		里德音乐厅	斯图加特	1956	41.8	36.2	13.4	16000	1.60	2000	8.00
24	英国	伯明翰交响乐厅	伯明翰	1991	31.7	27.4	22.9	25000	1.85	2211	11.30
25		克尔斯顿厅	布里斯托尔	1951	27.4	22.6	17.7	13450	1.70	2121	6.34
26		圣 · 戴维德厅	加的夫	1982	27.4	27.4	18.0	22000	2.00	1952	11.20
27		优舍尔厅	爱丁堡	1914	30.5	23.8	17.0	15700	1.50	2547	6.16
28		巴比肯音乐厅	伦敦	1982	27.4	39.3	14.3	17750	1.60	2026	8.76
29	匈牙利	帕特里亚厅	布达佩斯	1985	26.2	42.1	13.1	13400	1.60	1750	7.66
30	以色列	弗列德里克阿曼厅	特拉维夫	1957	30.5	40.2	12.2	21240	1.55	2715	6.76
31	日本	大阪交响乐厅	大阪	1982	28.3	31.7	20.7	17800	1.80	1702	10.50
32		哈马里库依阿萨希厅	东京	1992	24.7	15.0	12.0	5800	1.70	552	10.50
33		大都会艺术空间厅	东京	1990	35.0	28.0	15.5	25000	2.18	2017	12.40
34		三得利厅	东京	1986	30.5	31.1	16.5	21000	2.00	2006	10.50
35	墨西哥	涅札华尔科约特厅	墨西哥城	1976	34.4	40.8	15.8	30640	1.85	2376	12.90
36	荷兰	阿姆斯特丹音乐厅	阿姆斯特丹	1888	26.2	27.7	17.1	18780	2.00	2037	9.20
37		德 · 多依伦厅	鹿特丹	1966	31.7	24.4	14.3	24070	2.05	2242	10.70
38	瑞典	哥德堡音乐厅	哥德堡	1935	30.5	25.3	13.7	11900	1.60	1286	9.25
39	瑞士	斯塔德 · 卡西诺厅	巴塞尔	1876	23.5	21.0	15.2	10500	1.80	1448	7.25
40		通哈尔厅	苏黎世	1895	29.6	19.5	14.0	11400	2.00	1546	7.37

注：标 * 号者为估计值。

国外重要歌剧院数据 表附 4-2

序号	国别	厅堂名称	地点	建成时间	平均长 L(m)	平均宽 W(m)	平均高 H(m)	体积 $V(m^3)$	中频满场混响时间 RT (s)	座位数 N	每座容积 V/N (m^3/人)
1	美国	大都会歌剧院	纽约	1966	39.6	33.5	25.0	24724	1.70	3816	6.48
2		费城音乐院	费城	1857	31.1	17.7	19.5	15100	1.20	2827	5.34
3		战争纪念歌剧院	旧金山	1932	36.6	31.7	22.2	20900	1.70*	3252	6.34
4		肯尼迪表演艺术中心歌剧院	华盛顿	1971	32.0	31.7	17.1	13027	1.50	2142	6.08
5	阿根廷	科龙剧院	布宜诺斯艾利斯	1908	34.4	24.4	26.5	20570	1.80*	2487	8.27
6	奥地利	维也纳国家歌剧院	维也纳	1869	29.9	18.3	18.9	10665	1.30	1709	6.24
7	法国	巴士底歌剧院	巴黎	1989	31.1	16.2	21.3	21000	1.55	2700	7.80
8		加尼尔歌剧院	巴黎	1875	27.7	18.9	20.7	10000	1.10*	2131	4.68
9	德国	拜罗伊特节日厅	拜罗伊特	1876	32.3	33.2	12.8	10308	1.55	1800	5.72
10	英国	皇家歌剧院	伦敦	1858	29.9	24.4	18.6	12250	1.10	2120	5.80
11	意大利	阿拉斯卡拉剧院	米兰	1778	30.2	20.1	19.2	11252	1.20	2289	4.92

注：标 * 号者为估计值。

国外重要多功能厅数据

表附 4-3

序号	国别	厅堂名称	地点	建成时间	平均长 L(m)	平均宽 W(m)	平均高 H(m)	体积 V(m³)	中频满场混响时间 RT (s)	座位数 N	每座容积 V/N (m³／人)
1		印第安纳大学礼堂	伯鲁明顿	1941	52.7	39.3	13.7	26900	1.42	3760	7.20
2		克莱汉斯音乐厅	布法罗	1940	37.5	39.3	13.4	18240	1.32	2839	6.42
3	美国	橘子郡演艺中心剧院	橘子郡	1986	36.2	41.5	24.4	27800	1.60	2903	9.58
4		依斯曼剧院	纽约	1923	35.7	36.6	20.4	25500	1.65	3347	7.62
5		米恰尼克厅	沃彻斯特	1857	27.1	24.7	12.5	10760	1.55	1343	8.01
6	奥地利	萨尔茨堡节庆厅	萨尔茨堡	1960	29.6	32.9	14.3	15500	1.50	2158	7.20
7	比利时	帕拉斯艺术厅	布鲁塞尔	1929	31.1	23.2	29.3	12520	1.43	2150	5.83
8		北阿尔伯塔朱比利厅	埃德蒙顿	1957	40.0	34.8	15.8	21500	1.43	2678	8.00
9	加拿大	舍勒威尔弗里德彼列梯尔厅	蒙特利尔	1963	37.5	32.9	23.5	26500	1.70	2982	8.90
10	丹麦	梯沃里音乐厅	哥本哈根	1956	32.3	33.2	13.7	12740	1.30	1789	7.10
11	芬兰	库尔吐里塔罗厅	赫尔辛基	1957	23.8	46.0	9.45	10025	1.10	1500	6.70
12	法国	夏乐普列耶尔厅	巴黎	1927	30.5	25.6	18.6	15500	1.60	2386	6.50
13	德国	贝多芬厅	波恩	1959	34.8	36.6	12.2	15728	1.65*	1407	11.20
14		皇家音乐厅	格拉斯哥	1990	27.8	32.9	19.2	22700	1.75	2459	9.23
15		菲哈莫尼厅	利物浦	1939	28.6	30.0	14.0	13560	1.50	1824	7.43
16	英国	皇家阿尔伯厅	伦敦	1871	44.5	47.0	36.0	86650	2.40	5080	17.00
17		皇家节日厅	伦敦	1951	36.8	32.3	15.2	21950	1.50	2901	7.56
18		自由贸易厅	曼彻斯特	1951	28.0	24.4	20.7	15430	1.60	2351	6.60
19	以色列	耶路撒冷会议厅	耶路撒冷	1960	37.2	47.6	13.7	24700	1.75	3142	7.90
20		本卡·开康厅	东京	1961	31.7	26.5	17.4	17300	1.50	2327	7.40
21	日本	NHK 厅	东京	1973	37.8	38.4	14.9	25200	1.70	3677	6.85
22		果园厅	东京	1989	38.4	24.4	23.0	20500	1.82	2150	9.53
23	新西兰	克赖斯特彻奇厅	基督城市	1972	28.0	29.3	18.6	20500	2.10*	2662	7.70
24	委内瑞拉	欧拉·玛格纳厅	卡拉卡斯	1954	31.1	57.6	17.7	24920	1.25	2660	9.37

注：标 * 号者为估计值。

国内一些厅堂数据

表附 4-4

序号	类型	厅堂名称	地点	建成时间	长度 (m)	宽度 (m)	高度 (m)	体积 (m³)	中频满场混响时间 (s)	座位数	每座容积 (m³／人)
1		中央戏剧学院实验剧场	北京	1983	27.0	24.0	8.5	4860	1.10	1000	4.90
2	话剧院	上海戏剧学院实验剧场	上海	1985	29.5	24.0	11.0	4650	1.15	1000	4.70
3	歌剧院	北京歌剧院	北京		31.0	26.0	12.0	8250	1.40	1550	5.30
4	地方戏	山东京剧院	济南	1986	31.5	24.0	10.0	6282	1.20	1500	4.20
5		瑞金剧场	上海	1983	26.0	24.0	9.5	4510	1.05	1106	4.10
6		山西晋剧院	太原		28.0	24.0	7.5	4620	1.07	1056	4.40
7	剧院	四川川剧学校剧场	成都	1982	27.0	24.0	7.0	4550	1.29	1049	4.30
8		大众剧场	北京		20.0	21.0	9.5	4230	1.10	1130	3.70
9		易俗社	西安	30 年代	27.0	18.0	9.0	3880	0.79	902	4.20

续表

序号	国别	厅堂名称	地点	建成时间	长度(m)	宽度(m)	高度(m)	体积(m³)	中频满场混响时间(s)	座位数	每座容积(m³/人)
10		红塔礼堂	北京	1976(改建)	36.0	24.0	12.0	7800	1.36	2010	3.90
11		锦城剧场	成都	1987	29.0	20.0	12.0	8400	1.40	1467	5.70
12		海淀影剧院	北京	1980	24.0	24.0	9.5	6000	1.86	1245	4.80
13		民族文化宫礼堂	北京	1958	34.0	24.0	10.0	8500	1.58	1271	6.70
14		安徽剧场	合肥	1986	30.0	30.0	11.5	8450	1.03	1814	4.70
15		北方剧场	哈尔滨	1982	30.0	29.0	10.0	8260	1.27	1562	5.30
16		北京音乐堂	北京	1982(改建)	32.4	37.0	10.85	17900	1.49	2300	7.80
17		群众艺术宫剧院	郑州	1986	29.0	28.5	11.5	9140	1.50	1780	5.10
18		杭州剧场	杭州	1978	31.0	30.0	12.0	10000	1.42	2000	5.00
19		工人文化宫剧场	哈尔滨	1955	32.0	20.0	13.5	8060	1.57	1556	5.20
20		河南大会堂	郑州	1980	31.5	40.0	15.0	19000	1.41	3052	6.20
21		湖滨会堂	太原	1975(改建)	42.0	51.0	12.0	24700	1.32	3895	6.30
22		青岛大礼堂	青岛	1960	33.5	36.0	13.0	11000	1.28	2000	5.50
23		黑天鹅影剧院	哈尔滨	1986	22.5	26.0	10.0	5842	0.83	1120	5.20
24		蓓蕾剧场	广州	1984	28.0	27.0	10.5	7400	1.53	1400	5.20
25	多功能厅	新兴影剧场	天津	1982	24.0	27.0	10.5	7100	1.44	1423	5.00
26		新疆人民会堂	乌鲁木齐	1985	42.0	50.0	17.0	26300	1.10	3200	8.20
27		台湾大戏院	福州	1983	27.0	21.0	9.8	5850	1.01	1252	4.70
28		中兴剧场	上海	1976(改建)	25.0	20.0	10.5	4750	1.05	1340	3.54
29		开明大戏院	苏州	30年代	24.0	36.3	12.0	8370	1.65	1450	5.70
30		中州剧场	郑州	1978(改建)	25.0	25.0	10.5	6560	1.04	1435	4.50
31		滨海影剧院	上海金山	1978	30.0	27.0	11.0	9750	1.22	1805	5.40
32		郫县剧场	成都	1986	27.0	24.0	7.0	4550	1.13	1115	4.10
33		青少年宫影剧院	郑州	1980	32.0	27.0	7.5	6480	1.40	1512	4.30
34		漓江剧场	桂林		30.0	26.0	11.0	6500	1.31	1300	5.00
35		良乡剧场	北京	1981	22.0	22.0	10.0	5200	1.14	1373	3.80
36		南宁剧场	南宁	1974	18.5	18.0	12.0	9088	1.20	1720	5.30
37		友谊会堂	苏州	1978	24.0	20.0	6.5	2800	1.12	571	4.90
38		杭州文化中心剧场(东坡大剧院)	杭州	1990	26.0	28.0	14.7	7887	1.20*	1120	6.95
39		上海大剧院	上海		30.0	31.0	18.5	15000	1.97*	2000	7.90
40		台北文化中心剧场	台北	1987	25.0	27.0	13.0	11200	1.40	1522	7.70
41	音乐厅	北京音乐厅	北京	1985	27.5	21.5	17.5	10400	1.60*	1182	8.00
42		台北文化中心音乐厅	台北	1987	32.3	26.8	18.0	16700	2.00	2074	8.00

注：1. 观众厅长度指池座长；
　　2. 标＊号者为设计值。

21 世纪国内一些厅堂数据

名称	地点	建成时间	总面积（m²）	座位数		台口（m）		主台（m）		
				池座	楼座	宽	高	宽	深	高
国家大剧院歌剧院			149000	2416		18.6	14	32.6	25.8	32
国家大剧院戏剧院				1040		15	9	26	20.5	23
浙江省人民大会堂	省府路 9 号	2002 年 12 月	58500（大会堂 8357）	907 总 1577 座	670	20	11	30	24	26
杭州大剧院	杭州市之江东路	2004 年 7 月	55000	997 1670	610	18	12	28	24	29
宁波大剧院	宁波市大闸路 1 号	2004 年 4 月	52680	747 1489	742	8	11.4	32	22	31.4
宁波音乐厅	宁波市灵桥路 768 号	2003 年	2676	605		17	6.73		11.6	11.5
绍兴大剧院	绍兴市解放北路 405 号	2003 年	26500	857 1349	492	16.6	10.5	30	21.6	24.7
嘉兴大剧院		2003 年	28800	968 1406	438	18	10.5	33	24	26.5
桐乡大剧院	桐乡市振兴东路	2003 年	24000	932 1193	261	16	9.5	31.2	24	22.86
温州大剧院			30990	1500		16	11	26	23.5	26
金华大剧院	金华江、义乌江和武义江三江交汇处		41000							
台州大剧院	台州经济开发区市民广场		40000	1800						
鄞州大剧院						15.7	9	29.4	16.8	22
东莞大剧院			43977	1600		16	10	30	23.8	30
中山文化艺术中心			演艺中心部分 23879	1400		18	11.5	30	23	26
顺德演艺中心			32000	1500		16	11	30	21	24.5

* 采用卢向东著《中国学者剧场的演进—从大舞台到大剧院》附录 B（中国建筑工业出版社，2009，北京）

侧台（m）			后台（m）			升降台	车台	转台	吊杆	升降乐池	设计单位	投资
宽	深	高	宽	深	高							
21.6	25.8		24.6	23.6	18.5	有	有	有		有	法国机场设计公司 保罗·安德鲁	26亿
18.6	18	12				有	有	有	61道	有		5.5亿
20	20	13.5	20	22	15	有	有	有	60	有	加拿大卡洛斯·奥特建筑师事务所、PPA建筑事务所	9.5亿
18.3	22.6	15	22	20.5	16	有	有	有	51	有	法国何裴德建筑事务所	6亿
									32			
16	21.6	14	20	20.4	12	5块	5块	直径16m	66		上海建筑设计研究院	3.1亿
16.5	18	12	22.8	10	19.3	有	有	有	59	有	浙江省建筑设计研究院	1.7亿
18	15.7	9.4	16	12	14	有	有	有	64	有	浙江省建筑设计研究院	1.7亿
18	18.5	12	18	18.5	12	有	有			有	卡洛斯	3亿
											广州市设计院	2亿
												4亿
14.7	13.2	9.8	29.4	12.4	13	有	有	有		有		
19	20	12.4	20	20.2	11	6块	每侧4块	直径14m		有	同济大学建筑设计院、加拿大卡洛斯·奥特建筑师设计所、PPA建筑事务所	6.18亿
16.2	18	11	22	16	11	6块	每侧4块	直径15m		有	中建国际（深圳）设计公司	
12.9	15	12	20	12	15	5块	每侧3块	直径15m		有	香港巴马丹那建筑事务所、顺德建筑设计院	2.56亿

附录五　Physical Indicators of Room Acoustic Evaluation and Their Related Subjective Feelings
音质评价物理指标及其相关的主观感受

音质评价物理指标	符号（单位）	定义式	建议者	相关的主观感受	容许值及优选值
早期衰变时间	EDT(s)	室内声级从 0 到 −10dB 的衰变曲线推出的衰变至 −60dB 的时间	Jordan 1975 根据 Atal 等人 1965	混响感与活跃度	(1.8 ~ 2.6) (1.5 ~ 2.0) (1.6) [1.1 ~ 3.3]
混响时间	RT(s)	室内声级从 0 到 −25dB 或 −30dB 或 −35dB 的衰变曲线推出的衰变至 −60dB 的时间	Sabine 1923	混响感与活跃度	(1.4 ~ 2.8) (1.6 ~ 2.2) (1.7 ~ 2.0) [1.2 ~ 3.4]
清晰度	D	$D = \int_0^{50ms} p_o^2(t)\mathrm{d}t \Big/ \int_0^{\infty} p_o^2(t)\mathrm{d}t$	Thiele 1953	语言清晰度及音质清晰度	(0.4 ~ 0.6) (0.34) (0.56)
明晰度	$C_{50}C_{80}$ (dB)	$C_{50} = 10\lg\left(\int_0^{50ms} p_o^2(t)\mathrm{d}t \Big/ \int_{50ms}^{\infty} p_o^2(t)\mathrm{d}t\right)$ $C_{80} = 10\lg\left(\int_0^{80ms} p_o^2(t)\mathrm{d}t \Big/ \int_{80ms}^{\infty} p_o^2(t)\mathrm{d}t\right)$	Reichardt 1975	音乐明晰度与融合	（理想值为 0dB） (−2 ~ +2) C_{50} [−6.4 ~ +1.0] C_{80} [−3.2 ~ +0.2]
重心时间	T_S(s)	$T_S = \int_0^{\infty} t \cdot p_o^2(t)\mathrm{d}t \Big/ \int_0^{\infty} p_o^2(t)\mathrm{d}t$	Cremer 1982 根据 Kürer 1969	音乐明晰度与融合	(<0.140) [0.08 ~ 0.23]
强度指数	G(dB)	$G = 10\lg\left(\int_0^{\infty} p_o^2(t)\mathrm{d}t \Big/ \int_0^{\infty} p_o^2(t)_{\text{自由场}}\mathrm{d}t\right)_{10m}$ 或 $G = L_p - L_w$	Lehmann 1976	响度	(−2.0 ~ +4.0) （或 ~ +6.0） (+1) 室内乐 (+2) 独奏 (+4) 巴洛克合奏
音色	(1)EDT (f)(s/ 倍频程） (2)低音比 Bass Ratio	(1) $EDT\ (f) = (1/3)(EDT_{2000} - EDT_{250})$ (2) 低音比 Bass Ratio $= \dfrac{EDT_{125} - EDT_{250}}{EDT_{500} - EDT_{1000}}$	(1)Jordan (2)Bradley	音色与平衡 低音温暖度	(0.8 ~ 1.3) （优选值＝1.0） [1.0 ~ 1.1]

续表

音质评价物理指标	符号（单位）	定义式	建议者	相关的主观感受	容许值及优选值
侧向能量因子	LEF	$LEF = \int_{t_s}^{80ms} [^2_{pL(t)dt}]_{侧向} / \int_0^{80ms} [^2_{po(t)dt}]_{总}$ $t_s = 0$ 或 5ms	Jordan1980 Barron1981	空间感 空间印象 环绕感	$(0.20 \sim 0.30)$ (0.26) $[0.08 \sim 0.20]$
双耳互相关系数	IACC	$\Phi_{rl}(\tau) = \int_{t_s}^{t_e} Pr(t) \cdot Pl(t+\tau)\, dt /$ $\left(\int_{t_s}^{t_e} [^2_{pr(t)dt}] \cdot \int_{t_s}^{t_e} [^2_{pr(t)dt}] \right)^{1/2}$ $IACC = \max |\Phi_{rl}(\tau)|, |\tau| \leqslant 1ms$ $t_e = 80、100ms$ 或 1000ms 以上	Gottlob 1973 根据 keet1969 及 Damaske $1967 \sim 1968$	空间感、视在声源宽度 主观扩散度	$(0.3 \sim 0.4)$ $(0.2 \sim 0.6)$
语音传输指数及快速语言传输指数	STI RASTI	据复调制传输函数 $m(F)$ $m(F) = \int_0^\infty {}^2_{po(t)} \cdot e^{-j(2\pi F)}\, dt / \int\int_{t_s}^\infty {}^2_{po(t)dt}$ ，此处， F= 调制频率，Hz　对于扩散场 $m(F)=$ $\dfrac{1}{\sqrt{1 + (2\pi F\,(T/13.8))^2}} \cdot \dfrac{1}{1 + 10^{(-S/N)/10}}$ $(S/N)_{app} = 10 \cdot \lg(m(F)/1 - m(F)), dB(-15 \leqslant (S/N)_{app} \leqslant +15$ $RASTI = [(\overline{S}/N)_{app} + 5]/30$	Steenken 及 Houtgast 1980	语言清晰度	$0 \sim 1$ $0.0 < STI \leqslant 0.32$ 差； $0.32 < STI \leqslant 0.45$ 较差； $0.45 < STI \leqslant 0.60$ 一般； $0.60 < STI \leqslant 0.75$ 良； $0.75 < STI \leqslant 1.0$ 优

注：1. 方括号 [ ] 中的值为 13 个北美厅堂测量值，为中频（500 ~ 1kHz）的下限与上限的空间平均值；

2. $_{po}(t)$ 指由无指向性传声器测得的声压脉冲响应。

3. $_{pr}(t)$、$_{pl}(t)$ 指右耳及左耳声压脉冲响应测量值。

4. S/N 指信噪比；$(S/N)_{app}$ 指视在信噪比。

5. t_s 指起始积分时间，t_e 指终止积分时间。

6. 容许值及优选值中（ ）的值为不同声学家建议值。

7. 建议者及建议时间据 A.Abdou 及 R.W.Guy 提供的资料给出，仅供参考，它们可能是根据正式发表的文献，实际的建议时间可能有所出入。

Important National and Western Musical Instruments
附录六   重要民族与西洋乐器图

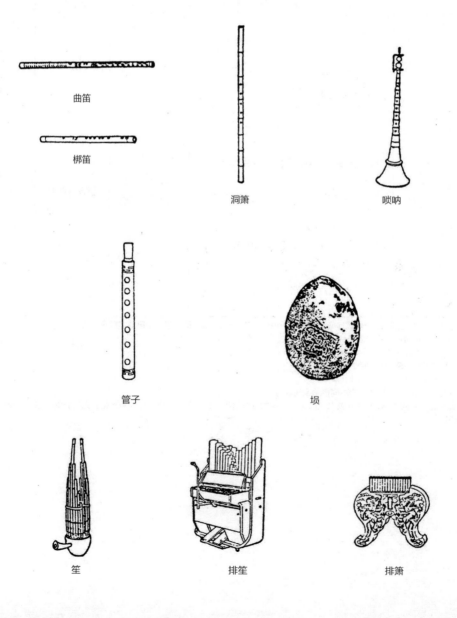

曲笛

梆笛

洞箫

唢呐

管子

埙

笙

排笙

排箫

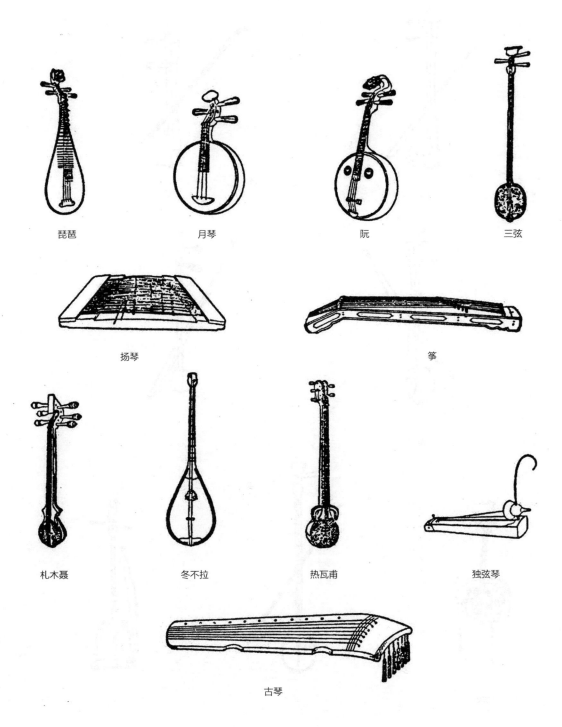

琵琶　　　　　月琴　　　　　阮　　　　　三弦

扬琴　　　　　　　　　　　　筝

札木聂　　　　冬不拉　　　　热瓦甫　　　　独弦琴

古琴

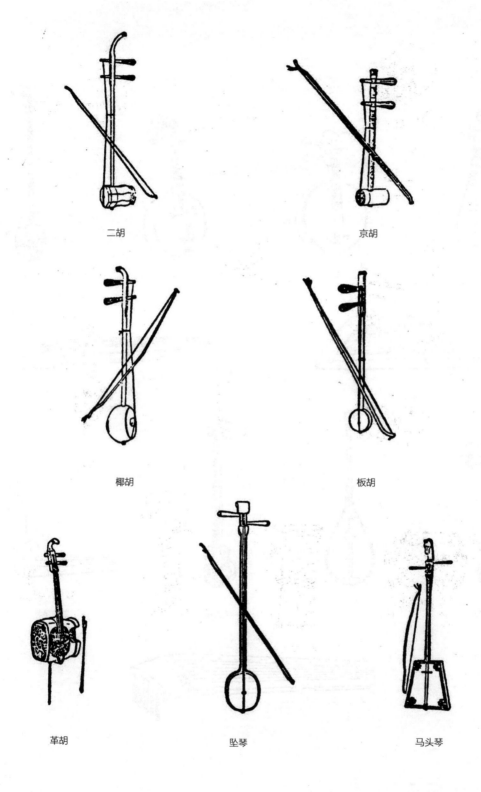

二胡

京胡

椰胡

板胡

革胡

坠琴

马头琴

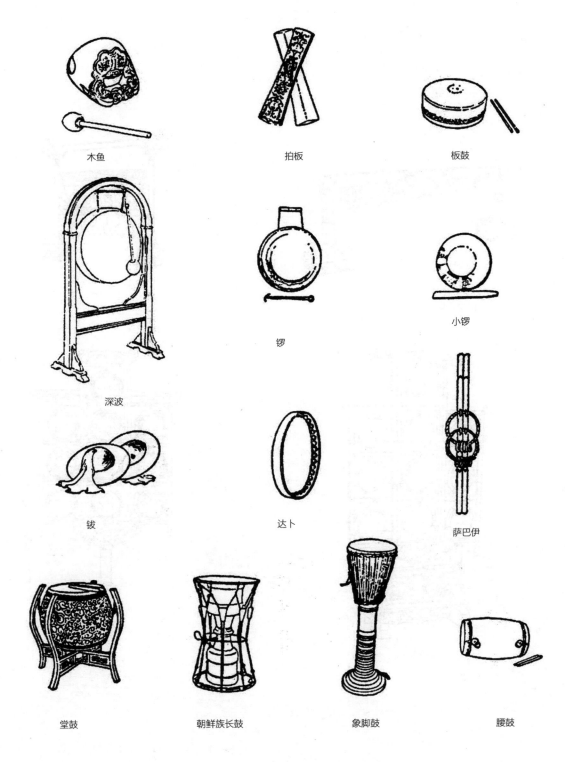

木鱼　　　　　　　　　　　　拍板　　　　　　　　　　　　板鼓

深波　　　　　　　　　　　　锣　　　　　　　　　　　　小锣

钹　　　　　　　　　　　　达卜　　　　　　　　　　　　萨巴伊

堂鼓　　　　　　　　朝鲜族长鼓　　　　　　　　象脚鼓　　　　　　　　腰鼓

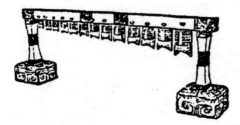

编钟

编磬

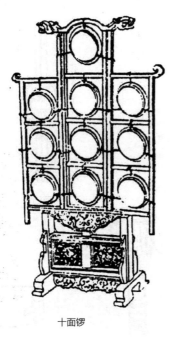

十面锣

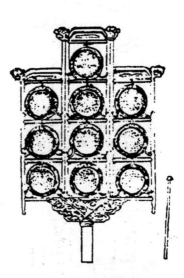

云锣

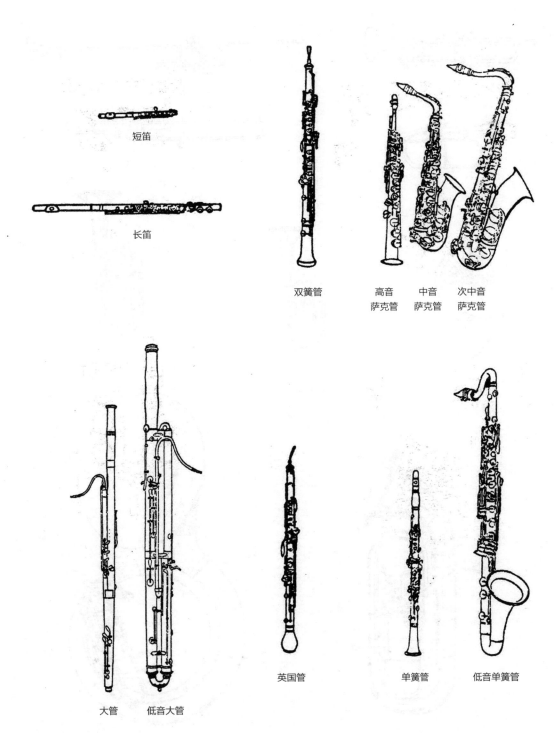

短笛

长笛

双簧管

高音
萨克管

中音
萨克管

次中音
萨克管

大管　　低音大管

英国管

单簧管

低音单簧管

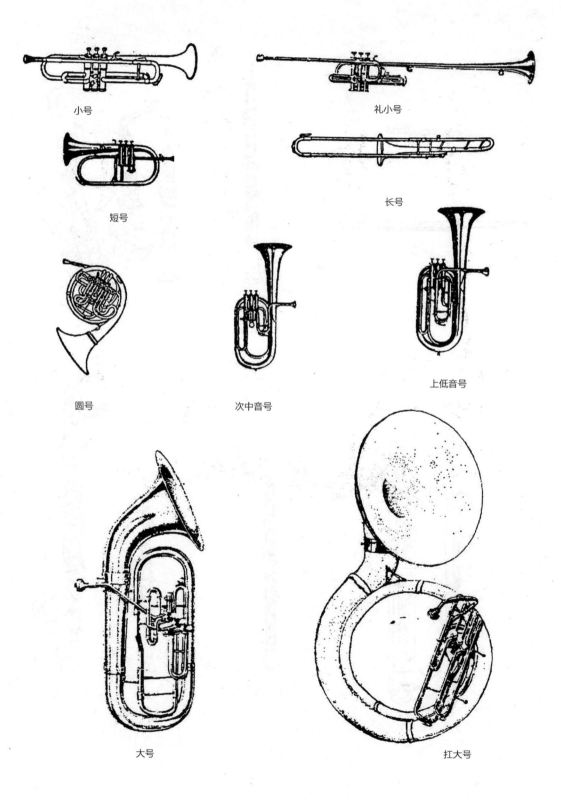

小号

礼小号

短号

长号

圆号

次中音号

上低音号

大号

扛大号

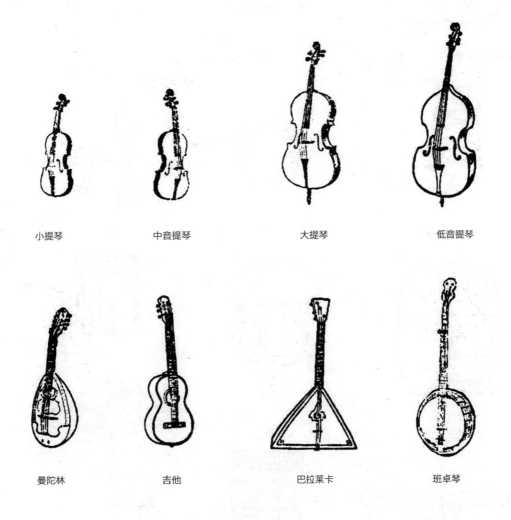

小提琴   中音提琴   大提琴   低音提琴

曼陀林   吉他   巴拉莱卡   班卓琴

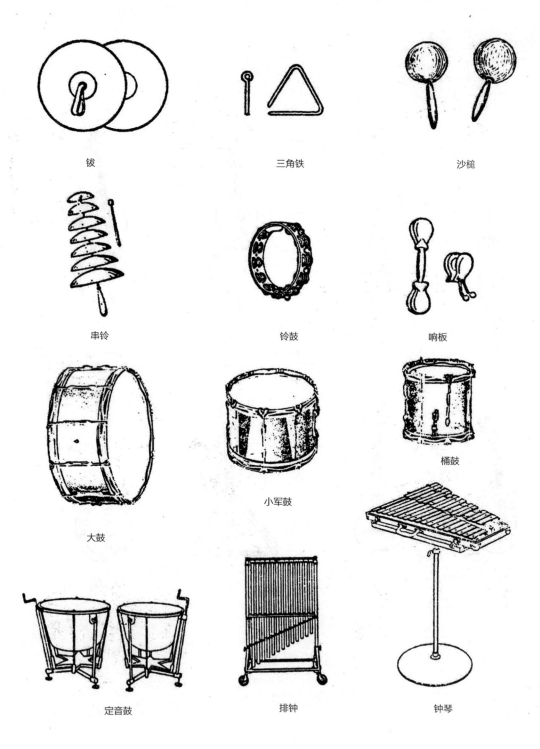

铙   三角铁   沙槌

串铃   铃鼓   响板

大鼓   小军鼓   桶鼓

定音鼓   排钟   钟琴

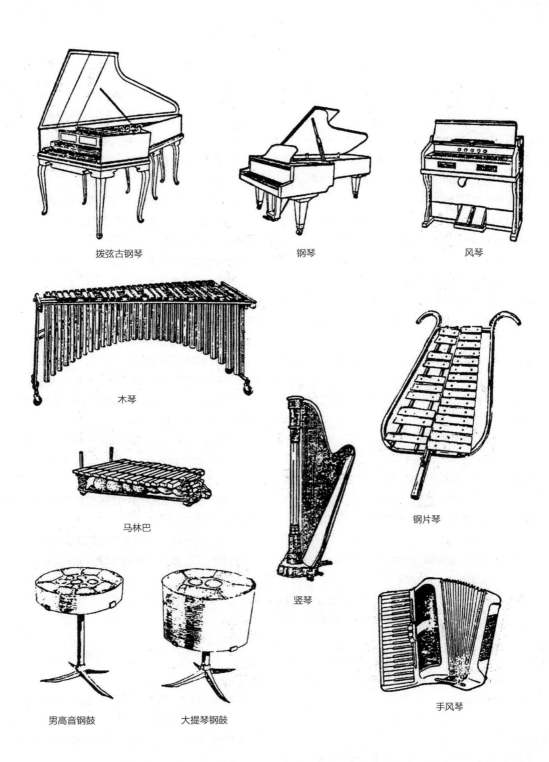

拨弦古钢琴　　　　　　　　　钢琴　　　　　　　　　　风琴

木琴

马林巴　　　　　　　　　　钢片琴

竖琴

男高音钢鼓　　　　大提琴钢鼓　　　　　　　　手风琴

参考文献

第 1 章

1　V. L. Jordan. Acoustical Design of Concert Halls and THeatres. London: Applied Science Publishers LTD, 1980.

2　L. L. Beranek. Music, Acoustics and Architecture. New York: John Wiley & Sons. Inc, 1962.

3　L. L. Beranek. Concert and Opera Halls: How They Sound. New York: ASA, 1996.

4　吴硕贤.厅堂声学一百周年 // 那向谦,龚晓南,吴硕贤.建筑环境与结构工程最新发展.杭州:浙江大学出版社,1994. 29-39.

5　清华大学土建系剧院建筑设计研究组.国外剧院建筑图集.北京:1960.

6　魏大中,等.伸出式舞台剧场设计.北京:中国建筑工业出版社,1992.

7　L·L·多勒.建筑环境声学.吴伟中,等,译.北京:中国建筑工业出版社,1981.

8　葛坚,吴硕贤.中国古代剧场演变及音质设计成就.浙江大学学报,1997,11(1):136-141.

9　戴念祖.我国古代的声学.物理通报,1976,3,4:120-126;166-175.

10　北京大学物理系编写组.中国古代科学技术大事记.北京:人民教育出版社,1977.

11　杨荫浏.中国古代音乐史稿.北京:音乐出版社.1964.

12　王季卿.中国建筑声学的过去和现在.声学学报.1996,1:1-9.

13　M. Nagatomo. Historical Background of Concert Hall Acoustics in Japan-Art and Concept-Proc. of MCHA95.

第 2 章

1　柳孝图.建筑物理(第一版).北京:中国建筑工业出版社,1991.

2　中国建筑科学研究院建筑物理研究所.建筑声学设计手册(第一版).北京:中国建筑工业出版社,1987.

3　H·库特鲁夫.室内声学.沈清,译.北京:中国建筑工业出版社,1982.

4　车世光等.建筑声环境.北京:清华大学出版社,1988.

5　吴硕贤,夏清等.室内环境与设备.北京:中国建筑工业出版社,1996.

6　项端祈.实用建筑声学.北京:中国建筑工业出版社,1992.

第 3 章

1　L·H·肖丁尼斯基.声音·人·建筑.林达悯等,译.北京:中国建筑工业出版社,1985.

2　刘万年.影视音响学.南京:南京大学出版社,1994.

3　中国建筑科学研究院建筑物理研究所.建筑声学设计手册.北京:中国建筑工业出版社,1987.

4　J.Meyer.Zur Dynamik und Schalleistung von Orchesterinstrumenten. Acustica. 1990, 71: 277-286.

5　王维杰,交响乐队的乐器编制及位置编排.高保真音响,1995,7: 32-35.

6　王沛纶.音乐辞典.中国台湾:文艺书屋印行.

7　李祥章,等.音响、音乐发烧友手册.北京:人民音乐出版社,1995.

第 4 章

(同第 2 章)

第 5 章

1　吴硕贤,夏清,等.室内环境与设备.北京:中国建筑工业出版社,1996.

2　吴硕贤,E.Kittinger.音乐厅音质综合评价.声学学报,1994,19 (5): 382-393.

3　安藤四一.音乐厅声学.戴根华,译.北京:科学出版社.1989.

4 孙广荣，吴启学．环境声学基．南京：南京大学出版社，1995.

建筑工业出版社，2010.

（同第二章）

第 6 章

1 中国建筑科学研究院建筑物理研究所．建筑声学设计手册．北京：中国建筑工业出版社，1987.

2 车世光等．建筑声环境．北京：清华大学出版社，1988.

3 前川纯一．建筑·环境音响学．日本：共立出版株式会社，1990.

4 项端祈．实用建筑声学．北京：中国建筑工业出版社，1992.

5 孙广荣，吴启学．环境声学基础．南京：南京大学出版社，1995.

6 车世光，张三明．用组合隔声窗降低临街建筑的交通噪声干扰．应用声学，1989 (3).

7 张三明．多功能体育馆建声设计研究．艺术科技，1995（2）：46-49.

8 吴硕贤，夏清，等．室内环境与设备．北京：中国建筑工业出版社，1996.

9 日本放送协会．放送建筑技术．监修：高桥良．日本：日本放送出版协会．

10 Michael Rettinger. Acoustic Design and Noise Control VI&V2. New York, N.Y. Chemical Publishing Co., 1977.

第 7 章

1 陈继浩．隔声屏障结构声学模拟、设计与性能优化应用研究．中国建筑材料科学研究总院博士学位论文，2009.

2 柳孝图．建筑物理（第三版）．北京：中国建筑工业出版社，2010.

3 GB/T 50121-2005 建筑隔声评价标准．北京：中国建筑工业出版社，2005.

4 GB 50118-2010 民用建筑隔声设计规范．北京：中国

第 8、9 章

（同第 6 章）

第 10、11 章

1 M. Nagata. Design problems of concert hall acoustics.J.Acoust. Soc. Jpn. (E). 1989, 10 (2):59-72.

2 M. Nagata. Uncertain factors in acousticsl desigh, Proc. of MCHA95.

3 车世光等．建筑声环境．北京：清华大学出版社，1988.

4 项端祈．实用建筑声学．北京：中国建筑工业出版社，1992.

5 R. Johnson etal. Variable coupled cubage for music performance. Proc. of MCHA95.

6 项端祈．剧场建筑声学设计实践．北京：北京大学出版社，1990.

7 L.L.Beranek. Concert and Opera Halls: How They Sound. New York: ASA, 1996.

第 12 章

1 C. Jaffe. Design considerations for a demountable concert enclosure (Symphonic Shell).J.Audio Eng. Soc.1974, 22 (3): 163-170.

2 J. H. Rindel. Design of new ceiling reflectors for improved ensemble in a concert hall. Applied Acoustics, 1991, 34: 7-17.

3 韩金晨．舞台反射板的声学效应和设计问题．北京：清华大学建筑系，1982.

4 J.S. Bradley. Some effects of orchestra shells. J. Acoust. Soc. Am., 1996.100 (2): 889-898.

5 C. Jaffe. Selective reflection and acoustic coupling

in concert hall design. Proc. of MCHA95.

6　L.L.Beranek. Concert and Opera Halls: How They Sound. New York: ASA,1996.

第 13、14、15 章
（同第 6 章）

第 16 章

1　顾涛 . 家庭影院音箱系统摆位要点 . 高保真音响，1996，9.

2　H.Pearson. 如何在听音室内摆放喇叭 . 高保真音响，1995，5.

3　R.Harley. 喇叭摆位的六大要诀 . 高保真音响，1995,5.

4　G.Cardas. 如何在长方形房间内摆位 . 高保真音响，1995，5.

5　谢芳谷 . 杜比环绕声技术原理 . 高保真音响，1995,4.

6　唐涛 . 家庭影院琐谈（续）. 家电大视野，1997，1：28 - 31.

第 17 章
（同第 6 章）

第 18 章

1　L.L.Beranek. Concert and Opera Halls: How They sound. New York. ASA, 1996.

2　魏大中，等 . 伸出式舞台剧场设计 . 北京：中国建筑工业出版社，1992.

3　吴硕贤 . 剧院与音乐厅的形成与演变 . 新建筑，1995，4：49-53.

4　李宛华 . 现代城市步行空间 . 建筑师，1997，74：35-42.

5　D.Braslau.Outdoor Concert Sound in Urban Settings. Proc. Inter-Noise 95，809-814.

6　W.I.Cavanaugh. Evaluating the Severity of

Community Response at Outdoor Concert Sites: A Model that Seems to Work. Proc. Inter Noise 95，797-800.

7　N.D.Stewart. Two Years of Sound Level Monitoring at Walnut Creek Amphitheatre-Experiences and Results. Proc.Inter-Noise 95, 791-795.

第 19 章

1　吴硕贤，夏清等 . 室内环境与设备 . 北京：中国建筑工业出版社，1996.

2　赵济安 . 现代建筑电子工程设计技术 . 上海：同济大学出版社，1995.

3　Rober E.Fischer. Adjustable acoustics derive from two electronic systems. Architectural Record, 1983 (5)：130-133.

4　P.H. Parkin & K.Morgan. Assisted Resonance in the Royal Festival Hall. London: 1965~1969.J. Acoust.Soc. Am., 1970, 48 (5): 1025-1035.

5　Fukushi kanakami & Yasushi shimizu. Active Field Control in Auditoria. Applied Acoustics. 1990，31：47~75.

第 20 章

1　Allred.C.J., Newhouse, A., (1)J.Acoust. Soc. Am., 30 (1):1-3, (2)J.Acoust. Soc. Am.,30 (10): 903-904.

2　Schroeder, M. R., Proc. of 4th ICA. 1962, M21.

3　Krokstad, A., Strom, S., and Sosdal, S.,J.Sound Vib.,1968,8(1)：118-125.

4　Schroeder, M. R.,J.Acoust. Soc Am., 47 (2): 424-431.

5　Kuttruff, H., Acustica. 1971, 25:333-342.

6　Jones,D.K., Gibbs,B.M., Acustica. 1972, 26:24-32.

7　Santon, F., Revue d'Acoustigue, 1977, 43:294-297.

8　Allen,J.B., Berkley, D. A.,J.Acoust. Soc. Am., 1979, 65:943-950.

9　Vian,J.P., Proc. of 11th ICA, Paris, 1983:117-120.

10　Sekiguchi, K., et al.J.Acoust. Soc. Jpn. (E),1985, 6(2):103-115.

11　蒋国荣. 电声模拟软件 EASE 在声学设计中的应用. 电声技术, 1996, 5.

12　彭杰. 室内声场的数字模拟—历史、现状与发展. 电声技术, 1987, 6.

13　车世光等. 建筑声环境. 北京: 清华大学出版社. 1988.

14　吴硕贤, 夏清, 等. 室内环境与设备. 第一版. 北京: 中国建筑工业出版社, 1996.

15　黄春杰. 浅谈声学模拟软件 EASE4.3 的运用. 门窗, 2017(3):237.

16　陈剑军. 建筑声学软件 ODEON 应用研究. 重庆: 重庆大学, 2012.

第 21 章

1　B.G. Watters. Instrumentation for acoustic modelling.J.Acoust. Soc. Am. 1970, 47 (2): 413-418.

2　M.E.Delanv et al.A scale model technique for investigating traffic noise propagation.J.Sound Vib., 1978,56 (3): 325-340.

3　康健. 厅堂声学缩尺模型五十二年. 应用声学, 1988 7(2):29-35.

4　P.S.Veneklasen. Model techniques in architectural acoustics.J.Acoust. Soc. Am.,1970, 47 (2): 419-423.

第 22 章

（同第 6 章）

美国新泽西州表演艺术中心剧场

　　采用可变吸声结构，实现观众厅混响时间可变。墙面吸声板后是弧形反射板，墙面吸声结构降下时，墙面为全反射面。台口上部设置了可调角度的反射板。舞台配置活动声反射罩。

　　声学设计：美国ARTECH公司，摄影：张三明

拉斯维加斯恺撒大酒店剧场

4800 座大剧场，采用电声演出，观众厅采用短混响时间。观众厅墙面、顶部均为吸声结构。

摄影：张三明

美国 MEYER SOUND 公司，Don Pearson 剧场

小规模短混响时间，观众厅墙面为吸声面。剧场内安装 Constellation（原名 VARS）系统，使剧场内声场灵活可变。

摄影：张三明

杭州音乐厅

不规则平面，采用活泼的建筑形式。为兼顾歌舞演出，舞台采用活动声反射罩。

受规划条件限制，观众厅顶棚较低，为获得较长混响时间，装修不作任何吸声，并明装面光灯，以减少观众厅吸声。

声学设计：杭州智达建筑科技有限公司，摄影：张三明

桐乡科技会展中心剧场

多用途剧场，舞台配置活动声反射罩，观众厅后墙及侧墙后部设置活动吸声结构。

建筑声学设计：杭州智达建筑科技有限公司，摄影：张三明

某会议厅木穿孔板使用情况

UT 斯达康圆形大会议厅

为防止声聚焦，同时具有完整的圆形造型，大部分墙面采用双层吸声结构。

建筑声学设计：杭州智达建筑科技有限公司，摄影：张三明

浙江大学文体中心体育馆

　　体育馆墙面采用木穿孔板吸声结构，屋面采用吸声保温复合金属屋面，屋面中间天窗处，采用平板蜜胺泡绵空间吸声体，满足吸声需要的同时，解决了眩光问题。

　　声学设计：浙江大学建筑技术研究所，摄影：张三明

杭州低碳科技馆球幕影院

穿孔金属球幕，背后上空袋装玻璃棉
强吸声结构，前面为阻燃织物面吸声结构。

摄影：张三明

杭州低碳科技馆巨幕影院

观众厅顶部为穿孔 FC 板吸声结构，墙面为阻燃织物面吸声结构。

摄影：张三明